GEOGRAFIA GENERAL

(TIERRA Y HOMBRE)

Colección ESTUDIOS SOCIALES

1.—ETICA COMUNISTA, por *E. Vagovic.*

2.—LA REPRESION Y LA TORTURA, por *J. Vialatoux.*

3.—MISION DEL CRISTIANO EN LA REVOLUCION SOCIAL, por *J. San Clemente.*

4.—LA REVOLUCION ESTUDIANTIL, por *R. Aron.*

5.—EVANGELIO Y REVOLUCION, por *M. J. Le Guillou, O. Clement, J. Bosc.*

6.—SOCIALISMO Y LIBERTAD, por *L. Lombardo Radice.*

7.—¿QUE ECONOMIA? ¿PARA QUE SOCIEDAD? 56.ª Semana Social de Francia.

8.—MARX Y SAN PABLO, por *F. Refoulé.*

9.—EL MARXISMO: TEORIA Y PRACTICA DE LA REVOLUCION, por *J. Guichard.*

10.—EL HOMBRE COMO MERCANCIA. Españoles en Alemania, por *Javier Domínguez.*

11.—GEOGRAFIA GENERAL (Tierra y hombre), por *Andrés Mateos.*

GEOGRAFIA GENERAL

(TIERRA Y HOMBRE)

Por ANDRES MATEOS RODRIGUEZ,
Catedrático de Geografía e Historia de la Escuela
Universitaria de Profesorado de E. G. B. de Bilbao,
y Profesor excedente de Instituto de Enseñanza Media

ESTUDIOS SOCIALES

Henao, 6 - BILBAO-9

ISBN: 84-330-0349-6
Depósito Legal: BI - 2.177-1976

LA EDITORIAL VIZCAINA, S. A.-BILBAO - Carretera Bilbao a Galdácano, 20 - BILBAO-4

PRESENTACION

Este libro de GEOGRAFIA GENERAL (TIERRA Y HOMBRE) pretende ser una sinopsis de lo mucho que hay escrito sobre los problemas de la llamada Geografía general, como puede comprobarse si se examina la bibliografía que se cita al final del mismo, consultada al escribirlo, pudiendo servir para ampliación de estudios.

Cuantos se interesan por las ciencias geográficas necesitan ordenar los conceptos referentes a tantos títulos o divisiones que vienen haciéndose en el campo de la Geografía, tales como Geografía económica, Geografía urbana, Geografía del subdesarrollo, Geografía del hambre, Geografía física, Geografía de centros de mercado, Geografía humana, etc., etc.

En este libro de Geografía general se ordenan en diez capítulos los más diversos conceptos geográficos. Primeramente el estudio del medio físico del planeta Tierra. Seguidamente las modificaciones que el hombre ha verificado en el paisaje terrestre con su laboriosidad, analizando los diversos problemas socioeconómicos derivados de la misma convivencia humana.

Espero haber sabido compendiar tantos conceptos como se vienen usando en la ciencia geográfica, con el deseo de que sirvan de preparación básica para el estudio especial de las diversas naciones o comunidades que poblamos el planeta y que constituye el objeto primordial y tradicional de la GEOGRAFIA.

Dedico este libro a cuantos trabajan por hacer la vida más grata y más tolerantes las relaciones entre los humanos.

Bilbao, junio de 1976

CAPITULO I

COSMOGRAFIA

El Universo

Lo constituye el espacio celeste que vemos al dirigir la vista a nuestro alrededor, poblándolo infinito número de astros o cuerpos celestes, especialmente percibidos en las noches serenas sin nubes.

Vulgarmente llamamos cielo o firmamento a esta bóveda o esfera celeste sobre la que gravitan el Sol, la Luna y las estrellas, éstas en gran número, que aumentan si usásemos para observarlas telescopios, invento de Galileo a principios del siglo XVII. Con el gigante telescopio norteamericano del Monte Wilson, en las Montañas Rocosas, se han llegado a contar millones de astros, ya que aumenta 24.000 veces la capacidad visual humana al estar dotado de una lente de 5 metros de diámetro. A simple vista se pueden percibir unos 5.000 astros.

Para la orientación en el espacio celeste y poder determinar la situación de los diversos astros, se considera a la Tierra como centro de una inmensa esfera celeste en la que se proyectan los diversos astros o puntos brillantes del espacio infinito. Las coordenadas celestes determinan el lugar de cada astro.

Clases de astros

Todos los astros que brillan en el espacio se dividen en dos clases: cuando tienen luz propia, centelleante, por estar en ignición, se llaman estrellas o soles; cuando no tienen luz propia, por estar apagados, aunque brillan uniformemente en el espacio celeste por recibir luz de los soles, se denominan planetas. Palabra que significa en griego errante, pues los planetas giran alrededor de los soles.

Antiguamente se creía que solamente se movían los planetas, mientras que a los soles se les consideraba fijos en el espacio. Pero en realidad no es así, ya que está comprobado que cada sistema planetario (cada sol con sus planetas) gira alrededor de otro sol o estrella, ésta a su vez alrededor de otra y así sucesivamente, formando miriadas de sistemas planetarios o estrellas en relación entre si, pero tan alejadas de nosotros, que se ven como pequeños puntos brillantes en el espacio celeste, aunque muchísimas de ellas son miles de veces mayores que nuestro Sol o estrella de la que recibimos la luz y la vida.

Constelaciones, cúmulos y nebulosas o galaxias

Las estrellas más cercanas a la Tierra han sido agrupadas convencionalmente por los hombres desde la más remota antigüedad para diferenciarlas más cómodamente en el firmamento, formando así, con grupos de estrellas, imaginarias figuras o constelaciones. La Osa Menor es la constelación en la que se encuentra la estrella Polar por la que nos orientamos en el hemisferio Norte. Por la constelación de la Cruz del Sur se orientan los habitantes de este hemisferio. Alrededor del horizonte terrestre se divisan las constelaciones de: Aries, Tauro, Géminis, Cáncer, Leo, Virgo, Libra, Escorpión, Sagitario, Capricornio, Acuario y Piscis. Signos del Zodiaco que ya desde los primeros tiempos de la cultura mesopotámica se identificaban con los meses del año, siendo objeto de la Astrología, que todavía hoy tiene sus seguidores, más o menos sinceros.

Cuando las estrellas se encuentran formando grupos compactos, en considerable número y poco espacio celeste, se denominan cúmulos.

Cuando las estrellas forman especie de nubes de aspecto lechoso, en que puntos más o menos brillantes se mezclan con materia difusa

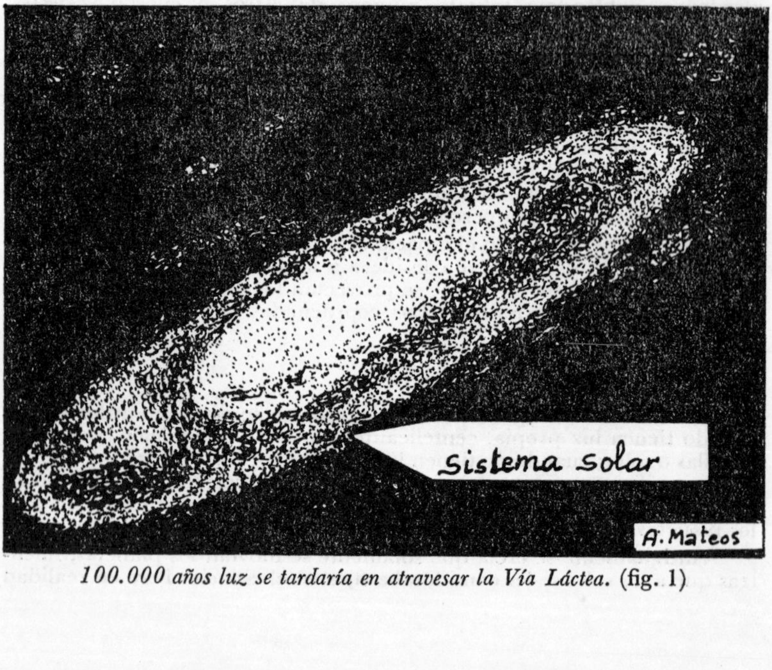

100.000 años luz se tardaría en atravesar la Vía Láctea. (fig. 1)

cósmica en ignición, se denominan nebulosas o galaxias. Constelaciones y cúmulos forman pues parte de las galaxias. Y nuestro sistema planetario se encuentra, juntamente con las constelaciones o signos del Zodíaco citadas, integrando la que denominamos Vía Láctea o Camino de Santiago, que es una galaxia, llamada también nebulosa anular porque observada con los más potentes telescopios tiene forma de disco o anillo. Como la Tierra se encuentra en una de sus curvas o espiras nos aparece la Vía Láctea durante la noche como un inmenso arco celeste.

A gran distancia de la Vía Láctea se encuentran muchas más nebulosas, pocas menores que nuestra galaxia, divisando los grandes telescopios cerca de dos millones de galaxias, lo que puede darnos idea de la grandeza inconmensurable del Universo, que nos anonada y nos hace sentir humildes criaturas por nuestra insignificancia temporal, ya que, sabiendo que la luz recorre 300.000 kilómetros por segundo, solamente atravesar nuestra Vía Láctea consumiría más de 100.000 años luz. ¿Cuál será la distancia a otras galaxias? (Fig. 1).

Nuestro sistema solar

Está formado por el Sol, con sus planetas, satélites, cometas, asteroides y pequeños cuerpos cósmicos o astrolitos, gravitando todos alrededor del astro rey del cual reciben la luz.

Los planetas giran alrededor del Sol describiendo órbitas elípticas, a la vez que tienen otro movimiento de rotación sobre sus ejes. Son nueve y en el siguiente orden según su cercanía al Sol: Mercurio, Venus, la Tierra, Marte, Júpiter, Saturno, Urano, Neptuno y Plutón, este último descubierto en 1930. (Fig. 2).

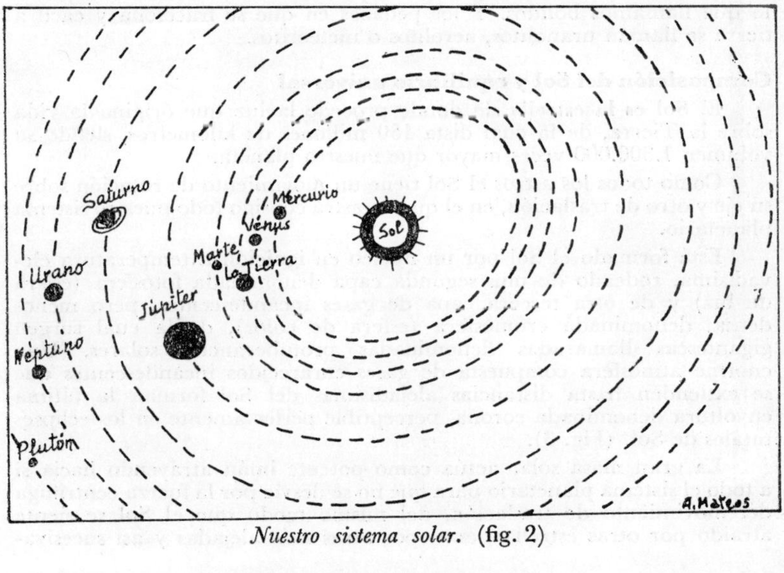

Nuestro sistema solar. (fig. 2)

Mercurio es 20 veces menor que la Tierra. Venus es semejante a la Tierra y se divisa fácilmente en los crepúsculos. Marte es como la mitad de la Tierra y se cree que tenga vida orgánica por poseer atmósfera. Júpiter es el mayor de los planetas, 1.300 veces mayor que la Tierra. Saturno está rodeado de un anillo de materia cósmica. Urano, Neptuno y Plutón, mayores que la Tierra, son menos conocidos por su mayor alejamiento. Sin embargo a Venus y Marte han podido ser enviados diversos artefactos para que transmitan noticias sobre sus cualidades.

Los satélites son pequeños astros que giran alrededor de los planetas. La Tierra tiene por satélite a la Luna, donde recientemente han podido llegar los humanos para mejor estudiarla. Marte tiene dos satélites, Júpiter 11, Saturno 10, Urano 5 y Neptuno 2.

Los cometas son astros de materia menos densa que los planetas, poseyendo una parte más brillante llamada núcleo o cabeza y una cabellera de materia más ténue, seguida de larga cola muy difusa dispuesta en sentido opuesto al Sol, sobre el cual giran describiendo órbitas parabólicas o elípticas, diferentes las más de las veces, por lo que en general no es regular su aparición sobre el firmamento.

Los asteroides o planetoides son pequeñísimos planetas que en su mayoría se encuentran entre Marte y Júpiter.

Los astrolitos son diminutos cuerpos celestes no percibidos por los telescopios, los cuales, por su pequeño tamaño, suelen perder su órbita y por eso llegan a chocar contra la atmósfera terrestre poniéndose incandescentes hasta volatizarse, produciendo las llamadas estrellas fugaces o lluvia de estrellas. Pero a veces no llegan a volatizarse, sino que se ponen incandescentes y explosionan, produciendo fuerte ruido, que es lo que llamamos bólidos. Y los pedazos en que se fracciona y caen a tierra se llaman uranolitos, aerolitos o meteoritos.

Composición del Sol y equilibrio universal

El Sol es la estrella de donde procede la luz que origina la vida sobre la Tierra, de la cual dista 150 millones de kilómetros, siendo su volumen 1.300.000 veces mayor que nuestro planeta.

Como todos los astros el Sol tiene un movimiento de rotación sobre su eje y otro de traslación, en el que arrastra consigo todo nuestro sistema planetario.

Está formado el Sol por un núcleo en ignición a temperatura elevadísima, rodeado de una segunda capa denominada fotósfera (esfera de luz) y de otra tercera capa de gases incandescentes, pero menos densa, denominada cromósfera (esfera de color), de la cual surgen gigantescas llamaradas denominadas protuberancias solares. Una enorme atmósfera compuesta de gases enrarecidos incandescentes que se extienden hasta distancias alejadísimas del Sol forman la última envoltura denominada corona, perceptible perfectamente en los eclipses totales de Sol. (Fig. 3).

La gran masa solar actúa como potente imán atrayendo hacia si a todo el sistema planetario para que no se desvíe por la fuerza centrífuga del movimiento de traslación, del mismo modo que el Sol se siente atraido por otras estrellas, éstas por otras más alejadas y así sucesiva-

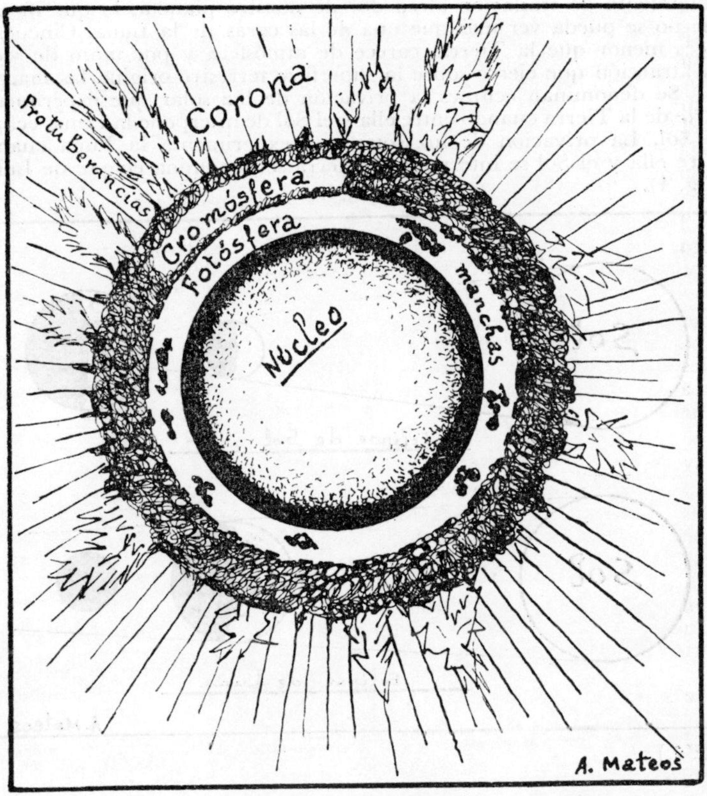

Partes del Sol. (fig. 3)

mente, ejerciendo en el Universo una mutua atracción que permite a los astros mantenerse girando en el espacio celeste.

Esta mutua atracción que ejercen los astros entre si unos sobre otros depende de la distancia que los separe y de su masa, siendo enunciada por el matemático inglés del siglo XVII Newton con el nombre de Ley de gravitación universal. Los cuerpos se atraen con fuerza proporcional a sus masas e inversamente proporcional al cuadrado de las distancias que los separan.

Eclipses de Sol y de Luna

La Luna es el satélite de nuestra Tierra, sobre la cual gira, tardando el mismo tiempo en el movimiento de rotación sobre su eje que en el movimiento de traslación alrededor de nuestro planeta, lo que motiva que no se pueda ver más que una de las caras de la Luna. Cincuenta veces menor que la Tierra, carece de atmósfera y por tanto de vida. La atracción que ejerce sobre la superficie terrestre origina las mareas.

Se denominan eclipses la privación de luz solar que experimenta parte de la Tierra cuando entre ella y el Sol de interpone la Luna, eclipse de Sol. La privación de luz solar que experimenta la Luna cuando entre ella y el Sol se interpone la Tierra se denomina eclipse de Luna. (Fig. 4).

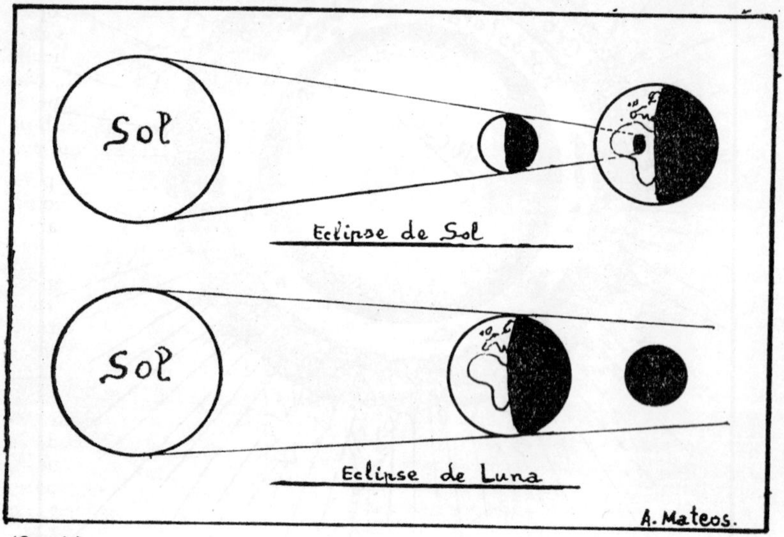

(fig. 4.)

Concepto actual del Universo

Hace más de tres siglos que Galileo ideó el primer telescopio, permitiendo los progresos en el estudio de la Geografía astronómica. Y entre los años 1920 y 1930 se construyeron telescopios gigantes, como los de los montes Wilson y Palomar, cuyo espejo de 5 metros de diámetro permite aumentar la cantidad de luz recogida, penetrando más en el espacio sideral, de tal modo que el astrónomo norteamericano Harlow Shapley descubrió que la Vía Láctea es un disco galáctico que contiene unos diez millones de estrellas, de las cuales el Sol es una de tantas, integrando una masa que para atravesarla se tardaría 100.000 años luz, constituyendo el conjunto brazos espirales que parten del núcleo galáctico.

Posteriormente se comprobó la existencia de miles de nebulosas similares y aún mayores que la Vía Láctea, estimándose su número en unos 400 millones de galaxias.

Ahora bien, nuestra visión es sensible a una parte solamente del espectro electromagnético, que se extiende del rojo al violeta. Peio las radiaciones de longitud de onda más larga que el rojo o más cortas que el violeta no alcanza a percibirlas nuestra visión, por ser absorbidas por la atmósfera terrestre.

Los cuerpos calientes emiten radiaciones, según pudo detectar en el año 1931 el ingeniero norteamericano Jansky. Y con el radar, a partir de la última Guerra Mundial se han estudiado las ondas cósmicas de radio de longitud de onda mil veces más largas que las de la luz percibida por nuestro ojo, por lo que se construyeron grandes telescopios para captar más cantidad de radioondas procedentes de los astros más lejanos en el espacio celeste. Son los radiotelescopios que han hecho progresar la radioastronomía, consistentes en enormes pantallas, fijas o giratorias, como los ingleses de Jodrell Bnak, el de Arecibo de Puerto Rico, de 305 metros de diámetro, inaugurado en el año 1963; el de Bon, inaugurado en el año 1971, con pantalla de 100 metros de diámetro, etc.

Con los radiotelescopios se han detectado galaxias que tienen poca intensidad de onda óptica, pero gran potencial de radioemisión, considerándose que son de constitución mucho más densas que las galaxias conocidas, denominándolas quasars.

Los telescopios ópticos y los radiotelescopios se complementan en el trabajo de análisis de las lejanas galaxias. Pero pronto se comprobó la existencia de la ionosfera a partir de los 650 kilómetros de altura, constituyendo a partir de allí un campo magnético que absorbe o refleja las radiaciones recibidas, por lo que fue necesario enviar instrumentos capaces de ser situados por encima de la ionosfera, para lo cual se utilizaron los satélites y cabinas espaciales, desde donde se tramsmitían las informaciones científicas por telemetría. De donde la importancia de la conquista del espacio exterior a la Tierra, que ha permitido hacer estudios sobre las más lejanas galaxias y a la vez utilizar los satélites artificiales para retransmisiones terrestres de toda clase de noticias al reflejar las ondas etéreas y salvar la curvatura terrestre.

Gran progreso para la ciencia supuso la invención de los proyectiles balísticos, capaces de alcanzar blancos muy lejanos con extraordinaria precisión, con tal potencia y velocidad que permitían colocar fuera de la atmósfera pesados cuerpos, por lo que el día 4 de octubre de 1957, el primer satélite artificial Sputnik ruso sorprendía al mundo girando sobre la Tierra e iniciando la era de la conquista del espacio o conocimiento del macrouniverso, o macrocosmos, del mismo modo que desde finales del año 1942 se produjese la primera reacción atómica en cadena en los laboratorios de la Universidad de Chicago, bajo la dirección del sabio italiano Enrico Fermi, huido de la musoliniana Italia fascista, madurando los estudios realizados sobre el microuniverso para dar entrada a la era atómica.

Ya en 1958, los norteamericanos lanzan al espacio su primer satélite artificial, que descubría la existencia de los llamados cinturones Van Allen, de partículas radiactivas, que se llegaron a considerar como un insuperable obstáculo para continuar las exploraciones del mundo cósmico. Pero las dificultades se superaron y la rivalidad por el dominio del espacio lanza a rusos y norteamericanos a una carrera competitiva en que los éxitos se suceden sin interrupción.

El 12 de abril de 1961, el ruso Gagarin, pilotando el Voskod I, sorprendía al mundo verificando un viaje orbital sobre la Tierra. Hazaña que repetía su compatriota Germán Titof al dar 17 vueltas alrededor de la Tierra, el día 6 de agosto del mismo año. Pero el 20 y 24 de febrero de 1962, respectivamente, los norteamericanos Glenn y Scott daban cada uno tres vueltas al planeta, demostrando que en ciencia y tecnología espaciales no estaban retrasados respecto a los rusos.

Aquel mismo año de 1962, en agosto, los rusos Nicolaief y Popovich dieron, respectivamente, 68 y 48 vueltas a la Tierra. Y en octubre el norteamericano Schirra conseguía dar 22 vueltas. Hazañas que repiten en 1963 los rusos Bikovsky y Valentina Tereshkova.

Y ya en marzo de 1965, el piloto Alexis Leonof abandonó la cabina del Volkod II para pasearse por el espacio celeste durante 20 minutos, si bien enlazado a un artefacto por medio de un cordón umbilical, percibiéndolo miles de teleespectadores, al igual que en marzo del año siguiente los pilotos norteamericanos Armstrong y Scott, desde el Géminis VIII se embutieron en el satélite Agena, en un intento de conectar satélites.

El 3 de febrero de 1966, aluniza el Lunik IX ruso transmitiendo fotografías del paisaje lunar, y el 2 de julio del mismo año lo hacia el norteamericano Surveyor. Y en octubre de 1967, el Venusik ruso se posa en la superficie del planeta Venus, desde donde transmite múltiples datos científicos, al tiempo que los norteamericanos lanzan al espacio un artefacto de 128 toneladas de peso como tanteo para un posible viaje lunar tripulado, que al fin será un gran éxito por el alunizaje de Amstrong en el año 1969, hazaña que pudieron presenciar millones de teleespectadores.

Hoy las grandes potencias como Francia, Inglaterra, China, etc., han lanzado satélites artificiales para la retransmisión de noticias y estudios científicos. De tal modo que el radar detecta la existencia de más de mil artefactos extraterrestres, siendo varios cientos satélites de la Luna, la Tierra o incluso el Sol, portadores de ingenios de estudio celeste; pero quedan también en el espacio artefactos inservibles, verdadera chatarra que podría ser obstáculo para futuros estudios.

Los satélites artificiales y los viajes extraterrestres han permitido obtener interesantísimas noticias sobre la constitución de la Luna, el Sol y diversos astros. Así hoy se cree que la fotósfera solar tiene temperaturas de unos 100.000 grados, producidas por reacciones atómicas constantes, al igual que en los demás astros de la Vía Láctea y de las otras múltiples galaxias. Considerando que el mundo debió originarse por explosión de un núcleo densísimo hace unos 10.000 millones de años. Expansión energética que continuará durante varios miles de millones de años en que retornará a nueva condensación sideral. Teorías de un mundo en expansión que las limitadas velocidades de la luz y de las ondas de radio impiden comprobar en toda su extensión. Ondas recibidas ahora pero que se produjeron hace millones de años.

CAPITULO II

LA TIERRA Y SU REPRESENTACION

Forma y dimensiones de la Tierra

La Tierra es un planeta que tiene forma de esfera imperfecta, por estar ligeramente achatada por los polos. Pero hasta el siglo XVI, en que el marino español Juan Sebastián Elcano la circunnavegó, no se conoció experimentalmente su redondez. Se demuestra que es redonda viendo a los barcos alejarse en el mar, porque lo último que dejamos de percibir son sus chimeneas. También se demuestra por la llamada depresión del horizonte terrestre, en que a medida que descendemos de una

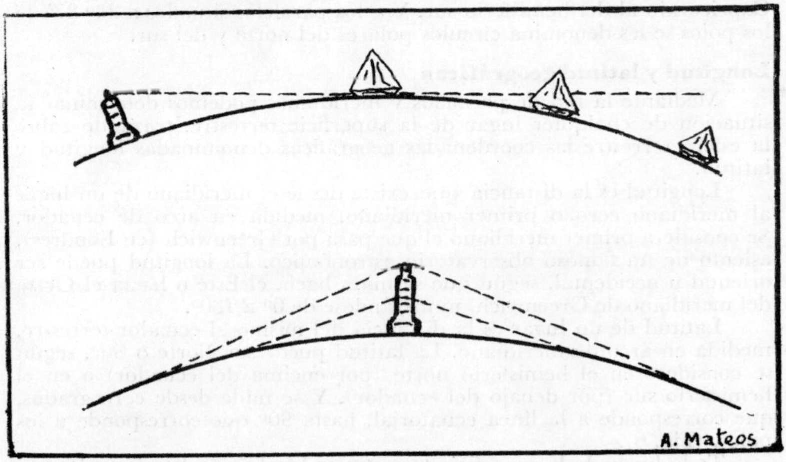

Demostración de la redondez de la Tierra. (fig. 5)

torre disminuye el horizonte visible. Y por fin demuestran la redondez de la Tierra los viajes de los astronáutas, así como las fotografías obtenidas por cohetes y satélites artificiales desde gran altura. (Fig. 5).

El radio máximo o ecuatorial de la Tierra es de 6.378 kilómetros, y el radio mínimo o polar es de 6.357 kilómetros. Siendo la circunferencia ecuatorial de 40.075 kilómetros y la superficie terrestre de 510.082.000 kilómetros cuadrados, o unas mil veces la superficie de España.

Líneas y círculos de la esfera terrestre

A fin de poder orientarnos en la superficie terrestre y facilitar su estudio se han trazado sobre la esfera terrestre, que es su más fiel representación, una serie de líneas y círculos imaginarios formando una tupida red.

Eje terrestre o línea imaginaria que atraviesa a la Tierra por su centro y sobre el cual gira en movimiento de rotación. Eje que no es perpendicular, sino que tiene una inclinación de 23 grados y 27 minutos sobre la eclíptica o camino que recorre la Tierra alrededor del Sol.

Los meridianos, que son circunferencias máximas que pasan por los polos. Cada meridiano divide a la esfera terrestre en dos partes iguales denominadas hemisferios.

El Ecuador es una circunferencia máxima perpendicular al eje de la Tierra y equidistante de los polos, que divide a la esfera en dos hemisferios: El hemisferio norte (septentrional, ártico o boreal) y el hemisferio sur (meridional, antártico o austral).

Los paralelos son circunferencias paralelas al ecuador y por tanto perpendiculares al eje terrestre, pero más cortos a medida que se aproximan a los polos. Por tanto el ecuador es la única circunferencia máxima entre los paralelos. A los paralelos situados a 23º 27 minutos del ecuador se les denomina trópico de Cáncer al del hemisferio norte, y trópico de Capricornio al del hemisferio sur. Y a los paralelos situados a 23º 27' de los polos se les denomina círculos polares del norte y del sur.

Longitud y latitud geográficas

Mediante la red de paralelos y meridianos podemos determinar la situación de cualquier lugar de la superficie terrestre, trazando sobre la esfera terrestre las coordenadas geográficas denominadas longitud y latitud.

Longitud es la distancia que existe desde el meridiano de un lugar al meridiano cero o primer meridiano, medida en arco de ecuador. Se considera primer meridiano el que pasa por Greenwich (en Londres), asiento de un famoso observatorio astronómico. La longitud puede ser oriental u occidental, según que se mida hacia el Este o hacia el Oeste del meridiano de Greenwich, numerándose de 0º a 180º.

Latitud de un lugar es la distancia del mismo al ecuador terrestre, medida en arco de meridiano. La latitud puede ser Norte o Sur, según se considere en el hemisferio norte (por encima del ecuador) o en el hemisferio sur (por debajo del ecuador). Y se mide desde cero grados, que corresponde a la línea ecuatorial, hasta 90º que corresponde a los polos. (Fig. 6).

Todo lugar de la superficie terrestre se localiza midiendo su latitud y su longitud. Así Castellón de la Plana está a 0º de longitud y a 40º de

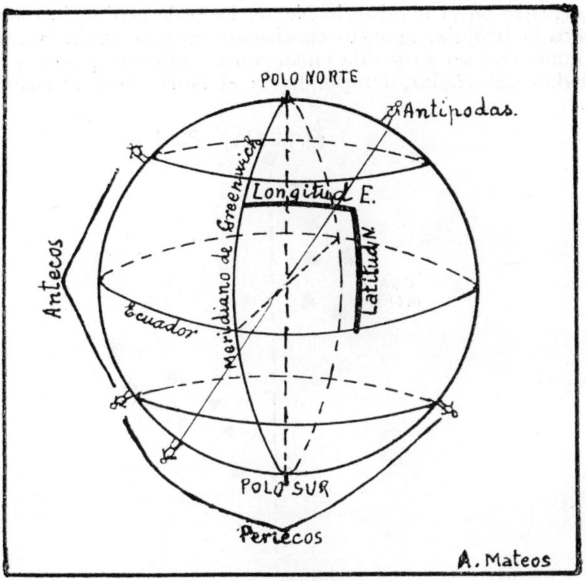

Longitud y latitud. (fig. 6)

latitud norte; Ciudad Real está a 4º de longitud occidental y a 39º de latitud norte; Nueva Orleans está a 90º de longitud occidental y a 30º de latitud norte; El Cairo está a 31º de longitud oriental y a 30º de latitud norte; Tokio está a 140º de longitud oriental y a 35º de latitud norte; Oslo está a 10º de longitud oriental y a 60º de latitud norte, etc.

Procedimientos de orientación

Orientarse consiste en encontrar los puntos cardinales sobre el horizonte o infinito visual que se extiende a nuestro alrededor. Estos puntos cardinales son: El Norte o Septentrión, que corresponde hacia el Polo Norte; el Sur o Mediodía, que corresponde hacia el Polo Sur; el Este, también llamado Oriente o Levante, por ser el lugar por donde nace el Sol; y el Oeste, también llamado Occidente o Poniente, por ser el lugar por donde desaparece el Sol cada atardecer. Estos puntos cardinales se escriben abreviadamente así: N. (Norte), S. (Sur), E. (Este) y O. ó W. (Oeste).

Corrientemente nos orientamos por el nacimiento y puesta del Sol, ya que al amanecer surge por el Este y al atardecer se pone por el Oeste, mientras que a mediodía, cuando el Sol está más alto sobre el horizonte, la sombra de nuestro cuerpo se dirige hacia el Norte. También puede orientarnos de noche la estrella Polar, de la constelación de la Osa Menor, situada en la bóveda celeste hacia la prolongación imaginaria del eje terrestre en el hemisferio Norte. Pero de ordinario usamos para orientarnos la brújula, aparato consistente en una aguja imantada que gira libremente al ser sostenida en su centro sobre un pivote y que tiene la propiedad de señalar siempre hacia el Norte uno de sus extremos. (Fig. 7).

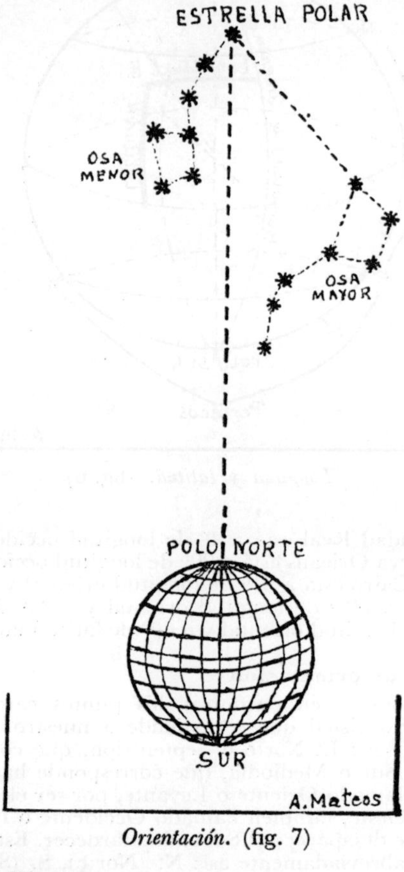

Orientación. (fig. 7)

La Rosa de los Vientos

La brújula tiene como fondo de la aguja imantada un plano circular en el que señala la rosa de los vientos, o figura en que aparecen los diversos rumbos o direcciones intermedias entre los 4 puntos cardinales, apareciendo hasta 32 direcciones. Intermedias entre los puntos cardinales son el Nordeste (NE), Noroeste (NO), Sudeste (SE) y Suroeste (SO), que sitúan a su vez otros intermedios como SSE, OSO, SSO, etc.

Antípodas, antecos y periecos

Con el nombre de antípodas denominamos a los habitantes de los países que se encuentran en los extremos de un diámetro terrestre. Así, los antípodas de los españoles son los habitantes de Nueva Zelanda.

Antecos son los que habitan en un mismo meridiano, unos al Norte y otros al Sur pero a la misma distancia del ecuador.

Periecos son los que habitan en el mismo paralelo, pero en extremos opuestos. (Ver Fig. 6).

Movimiento de rotación terrestre y sus consecuencias

En el movimiento de rotación la Tierra realiza una revolución completa o giro, sobre su eje en 24 horas, en el sentido contrario al movimiento de las agujas de un reloj.

De acuerdo con este movimiento de la Tierra, todos los puntos situados en el mismo meridiano recorren el mismo ángulo en el mismo tiempo, es decir, tienen la misma velocidad angular. Pero sin embargo, cuando más cercanos estén al ecuador tienen mayor velocidad lineal, ya que se recorre más espacio (en el mismo tiempo) que en la proximidad de los polos. Por ello los crepúsculos (matutino de paso de la noche al día o amanecer y vespertino o paso del día a la noche o atardecer) son más rápidos en las zonas ecuatoriales que en las polares.

Como consecuencia del movimiento de rotación es de día la parte que recibe la luz solar y de noche la parte terrestre de espaldas al Sol. Y si nos situamos en observación mirando hacia el ecuador, en cualquiera de los hemisferios, N. ó S., veremos diferentemente un objeto que se dirigiese del E. hacia el O., ya que para el observador del hemisferio norte iría de izquierda a derecha y para el observador del hemisferio sur lo haría de derecha a izquierda. Por fin a consecuencia del movimiento de rotación existen diferencias horarias entre los puntos que se encuentren a diferente longitud geográfica, ya que cuando en un país es mediodía en el antimeridiano y sus antípodas están en medianoche.

Usos horarios y línea de cambio de fechas

Existe una relación constante entre la longitud terrestre y la hora solar, que se calcula dividiendo los 360º que tienen las circunferencias terrestres formadas por los paralelos, entre las 24 horas, que tardan en ser recorridos por el Sol en su marcha aparente alrededor de la Tierra. Resultando así que a cada 15º de longitud geográfica le corresponde una hora. Y de este modo se acostumbra a dividir la Tierra en 24 usos horarios, limitados por meridianos, cada cual con su hora sucesivamente. Por tanto, Madrid tendrá una hora de retraso respecto a Roma, situada 15º más al E.; pero en cambio, Roma tendrá una hora de retraso respecto de Constantinopla situada, a su vez, 15º más al E. que la misma Roma.

Por medio de los usos horarios, pues, conocemos la correspondencia de horas entre todos los puntos de la Tierra.

Ahora bien, a causa de esta diferencia horaria entre los diversos puntos de la Tierra resulta que, si viajamos en dirección E. (por ejemplo partiendo de Madrid), a medida que recorramos 15º de longitud tendremos que adelantar una hora nuestro reloj para tener la misma hora que los habitantes de las ciudades que atravesamos. Y cuando, dando la vuelta a la Tierra, regresemos a la ciudad de origen (Madrid), nos encontraremos que hemos adelantado 24 horas nuestro reloj y que, por tanto, llevamos un día de adelanto sobre nuestros familiares y vecinos. Para evitar estos trastornos entre las gentes se ha acordado internacionalmente considerar el meridiano 180º, o antimeridiano de Greenwich, como línea de cambio de fecha, retrasando, al llegar aquí, un día en el almanaque los que caminan de Este a Oeste. Y adelantándolo los que atraviesan esta línea convencional en sentido contrario. Por eso se le llama línea de cambio de fechas.

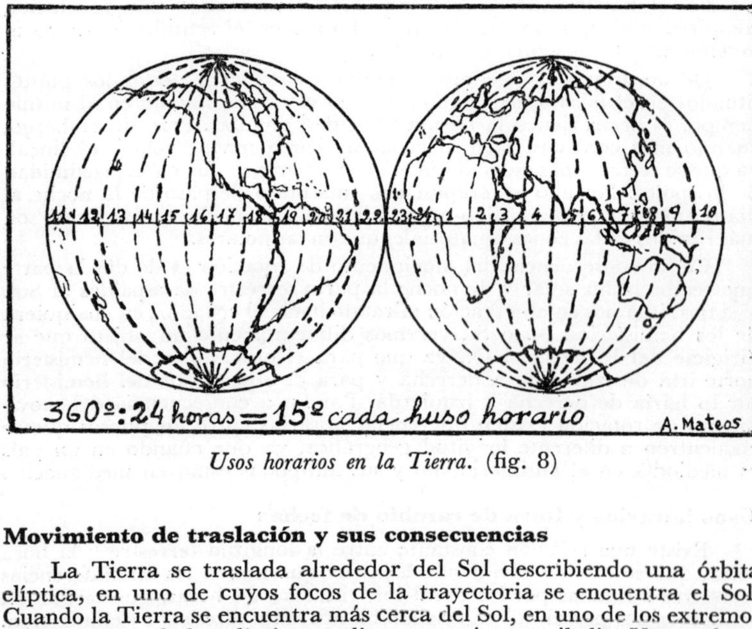

Usos horarios en la Tierra. (fig. 8)

Movimiento de traslación y sus consecuencias

La Tierra se traslada alrededor del Sol describiendo una órbita elíptica, en uno de cuyos focos de la trayectoria se encuentra el Sol. Cuando la Tierra se encuentra más cerca del Sol, en uno de los extremos del eje mayor de la eclíptica, se dice que está en perihelio. Y cuando se encuentra más alejada del Sol se dice que está en afelio. Pero los focos de la eclipse están muy cerca uno de otro, ya que la eclíptica es casi circular. Por tanto la diferencia entre afelio y perihelio en distancia es muy pequeña.

En este movimiento de traslación la Tierra tarda en dar una vuelta completa alrededor del Sol 365 días, 5 horas, 48 minutos y 49 segundos, que es lo que nosotros llamamos año trópico o solar, para distinguirlo del denominado año civil, de días justos.

Pero la Tierra al trasladarse alrededor del Sol no lo hace teniendo su eje vertical, sino inclinado 23º y 27' respecto a la vertical sobre el plano que forma la eclíptica. Inclinación del eje terrestre que origina las estaciones del año, la desigualdad entre el día y la noche y que en la Tierra se tengan diferentes zonas climáticas.

Si la Tierra tuviese su eje vertical al plano de la eclíptica los rayos solares iluminarían constantemente a nuestro planeta de polo a polo y los días serían iguales a las noches todos los días del año y en todos los puntos de la Tierra, coincidiendo con las mismas temperaturas para todos los puntos situados a la misma latitud. Pero la posición de la Tierra con el eje inclinado solamente permite que dos días del año tengamos los días iguales a las noches, el 21 de marzo y el 23 de septiembre, llamados equinocios de primavera y de otoño respectivamente, porque entonces el ecuador terrestre coincide con el plano de la eclíptica.

Imposible comprender la existencia de las estaciones del año y las diferencias entre días y noches a través del año sin el manejo de una esfera terrestre.

Coloquemos una esfera terrestre sobre una mesa y la traslademos haciendo una trayectoria circular alrededor de un supuesto Sol, pero con el eje de la Tierra siempre inclinado en la misma dirección como indica la figura 9.

A partir de la posición de equinocio de primavera o 21 de marzo, la Tierra, en su recorrido hacia el solsticio de verano en nuestro hemisferio septentrional, comienza a presentar el Polo Norte hacia el Sol, que se alza cada día más sobre nuestro horizonte, terminando por iluminar constantemente toda la superficie del Círculo Polar Artico el 21 de junio al caer los rayos perpendicularmente al trópico de Cáncer, ya que entonces dicho trópico de Cáncer coincide con el plano de la eclíptica. En esta posición de solsticio de verano en nuestro hemisferio las tierras del Círculo Polar Artico están constantemente iluminadas, es su día sin noche.

Al trasladarse la Tierra hacia la posición de nuestro equinocio de otoño, con el eje de la Tierra siempre inclinado en la misma dirección, observamos que nuestro hemisferio se ofrece cada día menos al Sol, hasta alcanzar la posición de nuestro equinocio de otoño (23 de septiembre) en que el plano de la eclíptica coincide con el ecuador y el Sol iluminará la Tierra de polo a polo, con días iguales a las noches en todas las latitudes.

Desde la posición de nuestro equinocio de otoño será el hemisferio Sur el que terminará por ofrecer todo su Círculo Polar Antártico hacia el Sol, ya que es el solsticio de nuestro invierno (22 de diciembre), en que el trópico de Capricornio coincide con el plano de la eclíptica. Entonces las tierras antárticas tienen su día sin noche, mientras que las tierras árticas la noche polar, sin día.

Finalmente, la Tierra al pasar de nuestro solsticio de invierno a nuestro equinocio de primavera volverá a hacer coincidir el plano del ecuador con la eclíptica y se igualarán los días y las noches en todas las latitudes.

Vemos pues, que la línea del sol-sombra se extiende de un polo al otro solamente en los días de los equinocios de primavera y otoño, resultando entonces en todos los lugares del globo los días iguales a las noches.

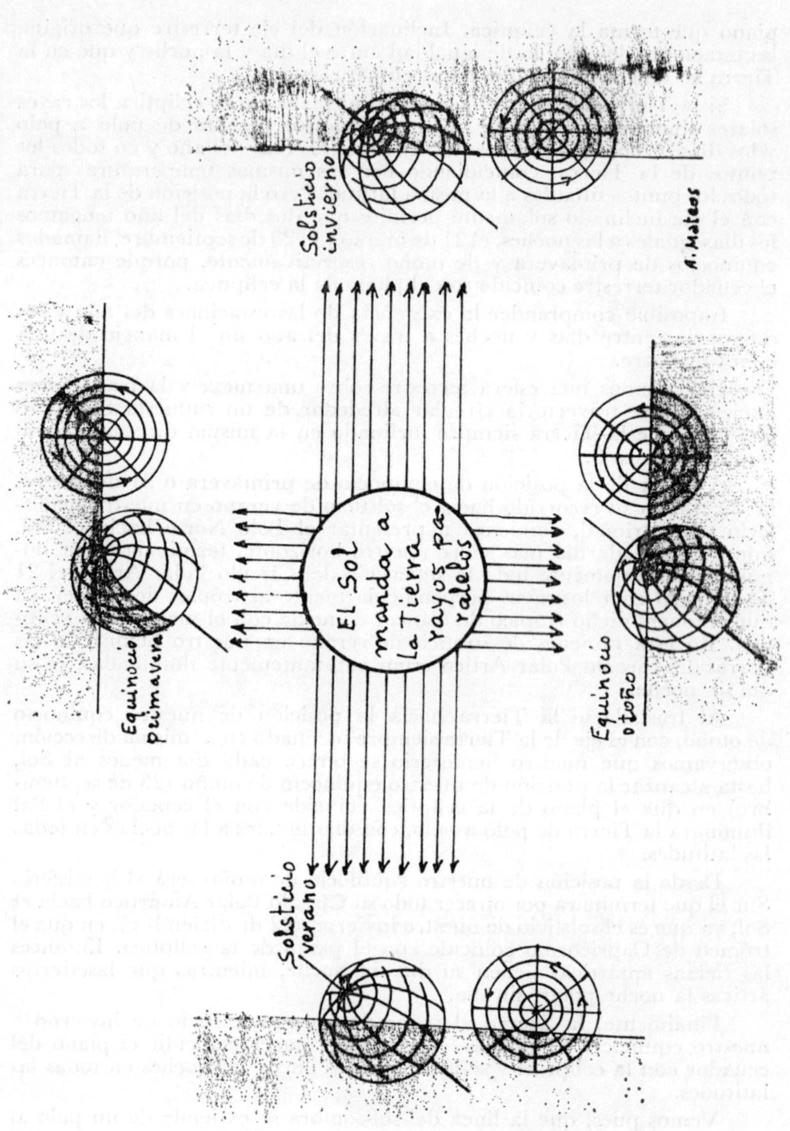
Solsticio invierno
A. Mateos
Equinoccio primavera
El Sol manda a la Tierra rayos paralelos
Equinoccio otoño
Solsticio verano

(fig. 9)

Pero en los restantes días del año la Tierra al girar alrededor del Sol expone hacia éste el hemisferio norte o el hemisferio sur, según sea nuestro verano o nuestro invierno, alcanzando la máxima exposición en los solsticios de verano en cada hemisferio. En el momento de exposición del hemisferio Norte hacia el Sol (21 de junio) toda la zona del Círculo Polar Artico está iluminada las 24 horas del día y en medianas latitudes la Tierra recorre más espacio de paralelo durante el día que durante la noche. Lo contrario sucede en el hemisferio Sur, que entonces tiene todas las tierras antárticas en noche de 24 horas y en medianas latitudes la Tierra recorre más espacio de paralelo de noche que de día.

Pero además de alumbrar más horas el Sol durante nuestro verano, recibimos también los rayos solares más perpendiculares que durante nuestro invierno. Los mismos rayos de luz solar bañan mucha menos extensión de tierra durante el verano que durante el invierno, por lo cual recoge más calor, o mejor dicho, la misma energía calorífera es absorbida por menos extensión de tierra, lo que origina las mayores temperaturas veraniegas. (Fig. 10).

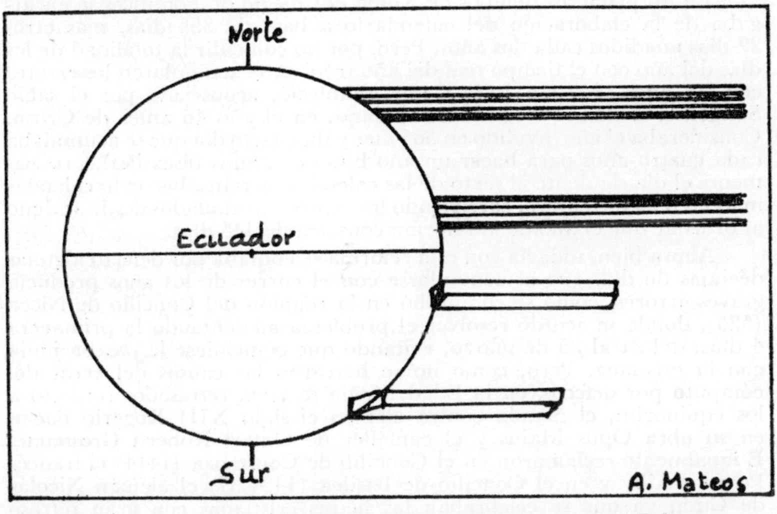

Haces de rayos solares de igual anchura ocupan más tierra cerca del Polo que cerca del Ecuador. Y una tiza, paralela a los rayos solares, al incidir cerca del Polo tiene una superficie de tangencia mucho mayor que al incidir cerca del Ecuador. (fig. 10)

Ahora bien, las zonas terrestres próximas al ecuador siempre reciben los rayos solares muy perpendiculares, por lo que disfrutan de temperaturas elevadas durante todo el año. Son las tierras de climas cálidos.

En cambio, las tierras situadas entre los círculos polares en su respectivo invierno no reciben rayos solares. Y en su verano los reciben durante las 24 horas del día, pero tan inclinados que las temperaturas son siempre poco elevadas. Son las tierras de climas fríos.

En medianas latitudes, o tierras comprendidas entre los trópicos y círculos polares, reciben en verano los rayos muy verticales, haciendo entonces mucho calor; pero en invierno reciben los rayos solares muy inclinados y hace frío. Son las tierras de climas templados.

El año civil

El año trópico o solar es el tiempo comprendido entre dos pasos consecutivos del Sol por el equinocio de primavera. Como hemos dicho, consta de 365 días, 48 minutos y 49 segundos. Pero por no ser días completos, exactos, para el cómputo corriente se utiliza el año civil de 365 días exactos. De este modo usamos con comodidad el calendario o conjunto de convenciones para hacer coincidir el año trópico con el año civil.

Ya entre los egipcios y los mesopotámicos, en los primeros tiempos de la civilización, usaron de calendarios de bastante perfección, pero sujetos a errores.

En los primeros tiempos de Roma el Colegio de Pontífices se encargaba de la elaboración del calendario a base de 355 días, más otros 22 días añadidos cada dos años. Pero, por no coincidir la totalidad de los días del año con el tiempo real del año trópico, se acumularon los errores con los años. Por eso Julio César estableció, aconsejado por el sabio Sosígenes, el llamado calendario juliano, en el año 46 antes de Cristo. Consideraba el año dividido en 365 días y un cuarto día que se acumulaba cada cuatro años para hacer un año bisiesto (annus bisextiles), precisamente el día siguiente al sexto de las calendas marcius, bis sexto calendas marcias o 25 de febrero, corrigiendo los errores acumulados desde antiguo al ordenar que el año de la reforma constara de 445 días.

Ahora bien, todavía con esta reforma se contaba por defecto algunas décimas de día, que al acumularse con el correr de los años producía graves errores, como se comprobó en la reunión del Concilio de Nicea (525), donde se acordó resolver el problema adalentando la primavera 4 días, del 21 al 25 de marzo, evitando que coincidiese la pascua judía con la cristiana. Pero, como no se buscaron las causas del error del cómputo por defecto, en la Edad Media se vivía retrasados respecto a los equinocios, clamando contra ello en el siglo XIII Rogerio Bacon en su obra Opus Maius y el canciller de Oxfort Roberti Grossetete. E igualmente reclamaron en el Concilio de Constanza (1414) el francés Pedro d'Ailly y en el Concilio de Basilea (1434-37) el alemán Nicolás de Cusa, ya que se celebraban las fiestas cristianas con gran retraso respecto a la realidad de las estaciones del año.

El Papa León X solicitó la opinión de los obispos y Universidades para la reforma del calendario y Gregorio XIII en el Concilio de Trento (por necesidad de uso del Misal y Breviario entre los clérigos) subsanó los errores ordenando pasar del 5 al 15 de octubre, en la llamada reforma o calendario gregoriano, que es el usado actualmente, con un año bisiesto cada cuatro años y serán también bisiestos uno de cada cuatro de los seculares. El error que perdura es pequeñísimo así, pues equivale a un día cada 4.000 años. El año civil consta por ello de 365 días, 5 horas, 49 minutos y 32 segundos.

Prácticas con la esfera terrestre

La esfera es irrepresentable, por tanto es imprescindible que desde las primeras nociones de Geografía nos acostumbremos a percibir intuitivamente los movimientos de la Tierra, reparto de continentes, océanos, zonas climáticas, etc., a base del manejo de la esfera terrestre. Ya que serán básicas estas globalizaciones intuitivas para captar el contenido científico de la Geografía, interpretación de mapas y relaciones entre los diversos hechos geográficos entre sí.

Desde nuestros primeros pasos escolares deberíamos familiarizarnos con la esfera terrestre y comprender que de acuerdo con su posición hay zonas que reciben luz solar y otras no, en su movimiento de rotación. Toda persona que tenga uso de razón percibirá con la esfera las diferentes posiciones que adopta la Tierra en el movimiento de traslación para que se produzcan las estaciones del año y las diferencias entre los días largos y cortos de cada estación. Comprobando que en este movimiento de traslación la masa polar de cada hemisferio se ofrece hacia el Sol en su verano y recibe entonces los rayos solares más perpendicularmente, elevando la temperatura. Igualmente verá que la Tierra recorre en el verano más espacio de meridiano de día que de noche, sucediendo lo contrario en invierno, para lo cual hemos de acostumbrarnos a percibir la esfera terrestre siempre inclinado su eje en la misma dirección en todas las estaciones del año.

Fácil será hacer sobre la esfera (que luego se traslada a los mapas), ejercicios de longitudes y latitudes de diversos lugares, diferencias de horas, diversidad de climas en cada estación, etc.

Pueden hacerse múltiples ejercicios para saber las diferencias del día y la noche entre ciudades que se encuentran en latitudes septentrionales y meridionales respecto al ecuador en cada estación del año, o en el mismo hemisferio de acuerdo con su diferencia de latitud. También pueden resolverse problemas de horas entre ciudades de diferentes meridianos. Por ejemplo. ¿Qué hora será en Tokio que está a 140º de longitud oriental cuando en Bilbao que está a 3º de longitud occidental son las 11 de la mañana?

Igualmente se puede deducir de la definición del metro, como diezmillonésima parte del cuadrante del meridiano terrestre, que la longitud de la Tierra es de 40.000 kilómetros, ya que 1 m = 0,000.000.01 del cuadrante.

Igualmente dividiendo los 40.000 kilómetros de longitud de la Tierra entre los 360º de la circunferencia de la misma, resultan 111'111 km. el grado terrestre. Y la milla, por ser igual a un minuto terrestre ó 1/60 del grado, será igual a 1.852 m. Y la legua por ser 1/20 del grado es igual a 5.555 m.

Croquis y planos como formas más simples de representación terrestre

Tanto los pueblos primitivos como los cultos han usado de representaciones de las tierras que habitan. Pero los pueblos cultos saben hacer representaciones exactas y proporcionales, fundamentadas en la existencia de unas normas científicas que constituyen la ciencia de la cartografía.

Sin embargo, todas las gentes usan de sencillas representaciones de un terreno por medio de dibujos simples. Estos dibujos verificados a mano alzada, a ojo, bien sea sobre la arena, sobre una corteza de árbol, sobre un papel, u otro material, es lo que llamamos croquis.

Los educadores utilizamos los croquis continuamente, para enseñar a los alumnos el contorno de una nación, de una región, de un pueblo, la longitud de una carretera, de un río, etc., cuando hacemos en la pizarra, a mano alzada, un sencillo mapa que represente dichos accidentes. Y por medio de croquis, en la vida corriente, informamos a nuestros interlocutores de la situación de una calle, de una casa, de un edificio público, de un itinerario, etc.

También podemos representar una habitación, nuestra clase, el espacio ocupado por nuestra casa, nuestra calle o nuestro barrio. Entonces tenemos un plano. Plano que podemos perfeccionar si al hacerlo nos regimos por la proporcionalidad de dimensiones respecto a la realidad, que es lo que constituye su escala. Así decimos que tiene un plano la escala 1/100 cuando representamos en el dibujo a tamaño cien veces menor que la realidad. Un centímetro en el plano resultará entonces igual a un metro de la realidad.

Una modalidad del croquis son los llamados diagramas bloques, que consisten en representar un corte de terreno para apreciar la disposición de su relieve, la constitución de su subsuelo, la forma de su cuenca fluvial, etc. Tienen el inconveniente de que para realizarlos hay que tener mucha práctica, pues ha de usarse de perspectivas, lo que exige ciertas cualidades y conocimientos del dibujo. Ver figuras 23 y 24.

Diversas formas de representación de la Tierra

Para poder representar un país o región es necesario hacerlo gráficamente mediante un dibujo con proporcionalidad de distancias, indicando los accidentes costeros, hidrográficos, de relieve, etc. Para hacer esto nos valemos de tres procedimientos:

1.º Mediante globos terrestres o esferas, que representan la Tierra como copia de la realidad, como una escultura, pero con poca precisión de detalles, ya que se necesitarían esferas gigantescas, de muy difícil manejo, para poder representar con alguna precisión los accidentes terrestres.

2.º Mediante planos o mapas topográficos, en los que se representan limitadas porciones de tierras, tal y como si se viesen desde una altura, copiando directamente del terreno, prescindiendo de la esfericidad del planeta. Contrariamente a las representaciones esféricas, estos mapas topográficos especifican toda clase de detalles que se aprecien en el terreno, indicando también la altimetría con supuestos cortes horizontales o curvas de nivel.

3.º Mediante cartas o mapas geográficos, corrientemente más utilizados porque tienen en cuenta la esfericidad de la Tierra y representan con bastante precisión amplios territorios, como una región, una nación, o un continente, siendo más fáciles de manejar que los globos y a la vez representan porciones de terreno muchísimo mayores que los topográficos.

Escalas

En todas estas clases de representaciones se acostumbra a usar de las escalas, al objeto de conocer la relación que existe entre la superficie real del terreno y su representación. Así cuando decimos que un mapa tiene la escala 1/1.000.000 expresamos que a un milímetro del mapa le corresponde un kilómetro (1.000.000 de milímetros) en la realidad de la superficie terrestre. Y a un centímetro del mapa le corresponderán 10 kilómetros de la realidad terrestre, por tanto.

Al lado de esta escala llamada numérica existe en muchos mapas la llamada escala gráfica, consistente en un sector lineal dividido en divisores del metro que corresponden al kilómetro.

En las esferas terrestres suelen faltar las escalas, pero es fácil de hacer la correspondencia sabiendo que en tal esfera un círculo máximo equivale a 40.000 kilómetros y que la longitud de un grado terrestre es igual a 111'111 kilómetros. Pero de todos modos las esferas terrestres resultan a escalas muy grandes, ya que si deseásemos construir una esfera a escala 1/50.000 tendríamos que darle un diámetro de 250 metros, lo que sería de imposible realización y manejo.

Elaboración de mapas o cartografía

Por tener la Tierra forma esférica no es posible representar su superficie convexa sobre un plano adaptándose completamente a él, ya que siempre se producirán grandes deformaciones, del mismo modo que si pretendiésemos extender la superficie de un pelotón de goma sobre una mesa, se aplastaría y arrugaría, pero no se adaptaría lisamente, sino cortándolo en piezas estrechas que destruirían su primitiva superficie curva.

La ciencia que tiene por objeto la representación de la superficie de la Tierra, con el mínimo de deformación, sobre una superficie plana es la cartografía.

La cartografía se vale, para reducir la superficie convexa terrestre a superficie plana, de las proyecciones de la esfera sobre un plano, de modo que sobre él se proyecta la red de paralelos y meridianos, sobre la cual se diseñará la situación de las diversas tierras, mares, lagos, ciudades, comunicaciones, etc.

Sistemas de proyección geográfica

Las proyecciones geográficas son una serie de procedimientos para transportar y representar toda o parte de la esfera terrestre sobre un plano, con la mínima deformación.

A tres clases pueden referirse las proyecciones geográficas.

1.º Proyección de la superficie esférica sobre un plano o proyección acimutal.

2.º Proyección de la superficie esférica sobre una superficie cilíndrica que la envuelve o proyección cilíndrica.

3.º Proyección de la superficie esférica sobre una superficie cónica que le sirve de envoltura o proyección cónica.

Proyecciones acimutales

Se llaman así porque el ángulo acimutal (ángulo que forma nuestro sentido de marcha con la línea N. S.) de un punto del plano coincide con el mismo de la esfera. Y resulta de proyectar la superficie esférica, o mejor un hemisferio, sobre un plano o superficie plana. Según que el plano sea tangente a un polo terrestre, a un punto del ecuador o que esté equidistante este punto de tangencia entre el polo y el ecuador, resultan las proyecciones polares, ecuatoriales (o meridianas) u horizontales, respectivamente.

Pero en todas ellas según que el foco luminoso o punto de vista de proyección esté situado en el infinito, en la superficie de la esfera opuesta al punto de tangencia o en el centro de la misma esfera, tendremos tres clases de perspectivas en las proyecciones acimutales: proyecciones acimutales ortográficas, proyecciones acimutales estereográficas y proyecciones acimutales gnómicas.

a) La proyección acimutal ortográfica es la que representa la superficie esférica como vista a gran distancia y los rayos visuales llegan paralelos a la superficie esférica. Si se trata de proyección ortográfica polar los paralelos aparecen como círculos concéntricos, más juntos cuanto más alejados del polo, siendo los meridianos líneas rectas que se cortan en el polo. Si la proyección es ortográfica ecuatorial o meridiana es recto y vertical el meridiano central de la carta y sirve de eje mayor a las elipses que forman los demás meridianos, que se acercan a medida que se separan de dicho eje, siendo los paralelos líneas curvas paralelas, también más juntas a medida que se alejan del centro. Y si la proyección es ortográfica horizontal aparece el meridiano central como una línea recta vertical, eje de las elipses que forman los demás meridianos, siendo los paralelos también elipses respecto al polo, que aparece en el tercio superior o inferior de la carta. (Fig. 11).

b) La proyección estereográfica es la que representa la superficie esférica como vista desde el punto antípoda al de contacto con el plano. Los paralelos y meridianos aparecen en las proyecciones estereográficas polares, ecuatoriales y horizontales como en sus correspondientes ortográficas, con la diferencia de que los paralelos y los meridianos se separan a medida que se alejan del centro de la carta.

c) La proyección gnómica o central tiene como punto de vista el centro de la esfera. Tiene las mismas características que las polares, ecuatoriales y horizontales estereográficas, pero exageran desmesuradamente la separación entre los paralelos a medida que se separan del centro de la carta, por lo que apenas tienen uso estas proyecciones gnómicas.

Proyecciones cilíndricas

Consiste en proyectar el globo terrestre sobre un cilindro tangente o secante a su superficie, que luego se desenvuelve o desarrolla en superficie plana. Puede ser:

a) Proyección cuadrángular, que resulta de proyectar la superficie esférica de un cilindro tangente al ecuador. Su nombre deriva de que la red de paralelos y meridianos se cortan formando cuadrados perfectos.

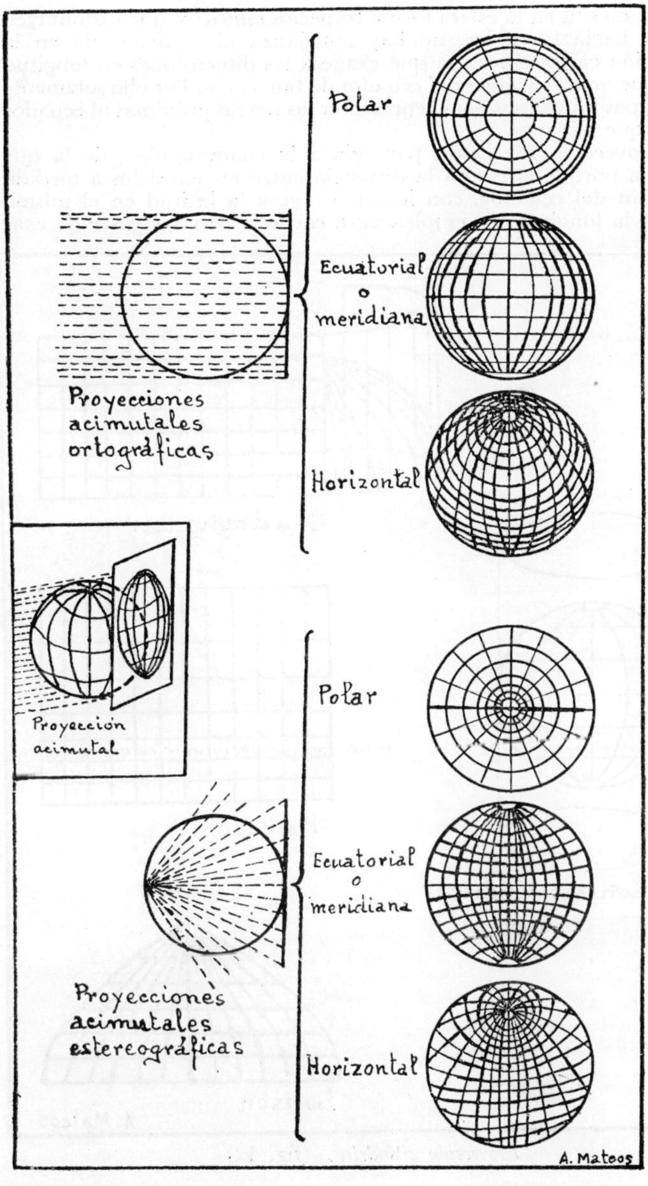

Proyecciones acimutales.

(fig. 11)

Pero como esta red en la esfera forma trapecios esféricos, que disminuyen de tamaño hacia los polos, no hay semejanza ni equivalencia en la representación cartográfica, ya que exagera las dimensiones en longitud a medida que nos separamos del ecuador de tangencia. Por ello solamente resultan mapas fidedignos para representar las tierras próximas al ecuador o al punto que elijamos.

b) Proyección Mercator, parecida a la cuadrangular, de la que se diferencia porque aumenta la distancia entre los paralelos a medida que se alejan del ecuador, con lo que exagera la latitud en el mismo sentido que la longitud. Se emplea para cartas marinas a pesar de exa-

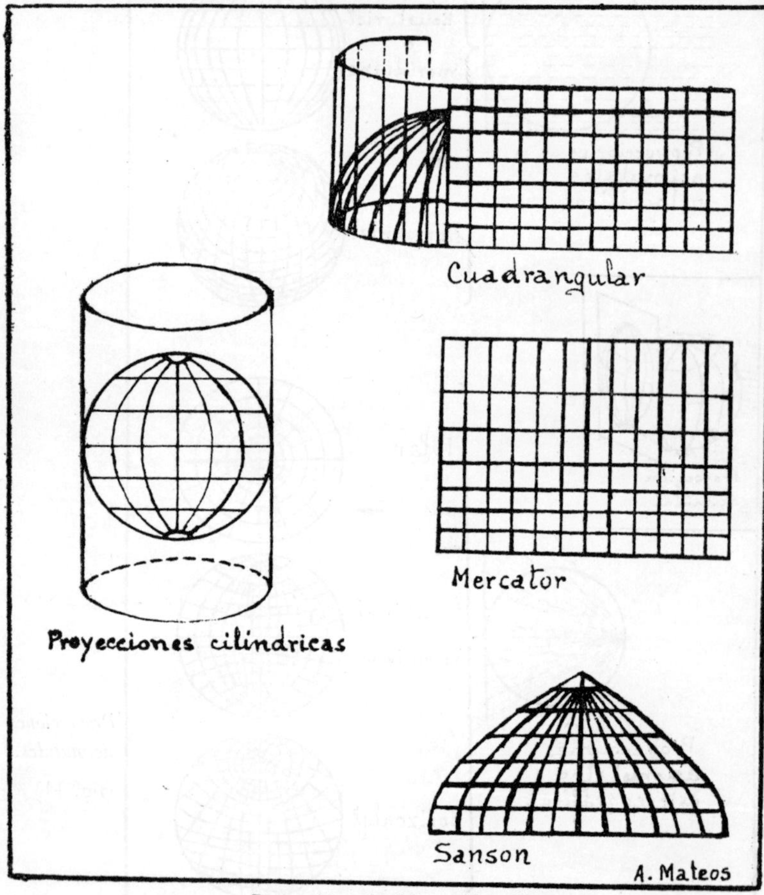

Proyección cilíndrica. (fig. 12)

gerar desmesuradamente las distancias en las zonas septentrionales, pero son muy útiles para la navegación porque la línea que siguen los barcos corta a todos los meridianos con el mismo ángulo (línea loxodrómica).

c) Proyección Sansón, inventada por un hijo de Mercator (holandés del siglo XVII), tiene la particularidad de que los paralelos son rectas horizontales equidistantes y los meridianos son curvas que cortan a los paralelos a la misma distancia que lo hacen en la esfera. (Fig. 12).

Proyecciones cónicas

Consiste en proyectar la esfera sobre un cono tangente o secante a la misma. Son de varias clases:

a) Proyección cónica verdadera, que consiste en proyectar la superficie esférica sobre un cono tangente al paralelo medio de la carta geográfica que se quiere representar. Resultando los paralelos porciones de circunferencias concéntricas y los meridianos líneas rectas convergentes en el vértice del cono, como si fuera el varillaje de un abanico.

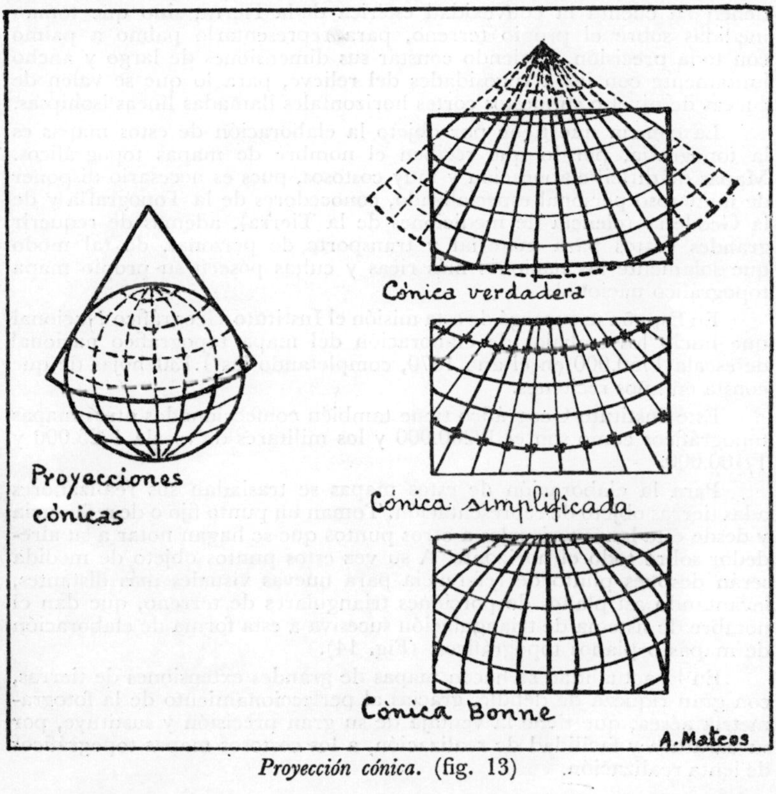

Proyección cónica. (fig. 13)

Se suelen usar para representar regiones no muy distantes a los polos.

b) Proyección cónica simplificada, que se diferencia de la anterior en que el cono es secante a la esfera y la corta por dos paralelos equidistantes del centro del mapa a representar. Por lo tanto los paralelos y los meridianos aparecen del mismo modo que en la proyección cónica verdadera, teniendo la ventaja de que la región a representar aparece con menos deformaciones a causa de proyectar la superficie más ceñida al plano de proyección.

c) Proyección Bonne, que lleva el nombre del geógrafo francés que la inventó en el siglo XVIII, caracterizándose porque los paralelos son trozos de circunferencias concéntricas cortados por meridianos curvos a la misma distancia que lo hacen en la esfera. Es una imitación de la proyección cilíndrica Sansón. (Fig. 13).

Mapas topográficos

Los mapas topográficos al representar la superficie terrestre no tienen en cuenta la convexidad esférica de la Tierra, sino que toman medidas sobre el propio terreno, para representarlo palmo a palmo con toda precisión, haciendo constar sus dimensiones de largo y ancho juntamente con las arrugosidades del relieve, para lo que se valen de curvas de nivel o supuestos cortes horizontales llamadas líneas isohipsas.

La ciencia que tiene por objeto la elaboración de estos mapas es la topografía, por lo que reciben el nombre de mapas topográficos. Mapas de difícil elaboración y muy costosos, pues es necesario disponer de numeroso personal especializado, conocedores de la Topografía y de la Geodesia (ciencia de mediciones de la Tierra), además de requerir grandes gastos para material y transporte de personal, de tal modo que solamente las naciones más ricas y cultas poseen su propio mapa topográfico nacional.

En España se encargó de esta misión el Instituto Geográfico Nacional que inició los trabajos de elaboración del mapa topográfico nacional de escala 1/50.000 en el año 1870, completando las 1.130 hojas de que consta en años recientes.

Este Instituto Geográfico tiene también confeccionados otros mapas topográficos como son el 1/200.000 y los militares de escala 1/25.000 y 1/100.000.

Para la elaboración de estos mapas se trasladan sus realizadores a las tierras objeto de representación. Toman un punto fijo o de referencia y desde éste lanzan visuales a otros puntos que se hagan notar a su alrededor sobre todo el horizonte. A su vez estos puntos objeto de medida serán después punto de referencia para nuevas visuales más distantes, levantando así planos de porciones triangulares de terreno, que dan el nombre de sistema de triangulación sucesiva a esta forma de elaboración de mapas o planos topográficos. (Fig. 14).

En la actualidad se hacen mapas de grandes extensiones de tierras, con gran riqueza de detalle, gracias al perfeccionamiento de la fotogrametría aérea, que tiene la ventaja de su gran precisión y sustituye, por su baratura y facilidad de realización, a los costosos mapas topográficos de lenta realización.

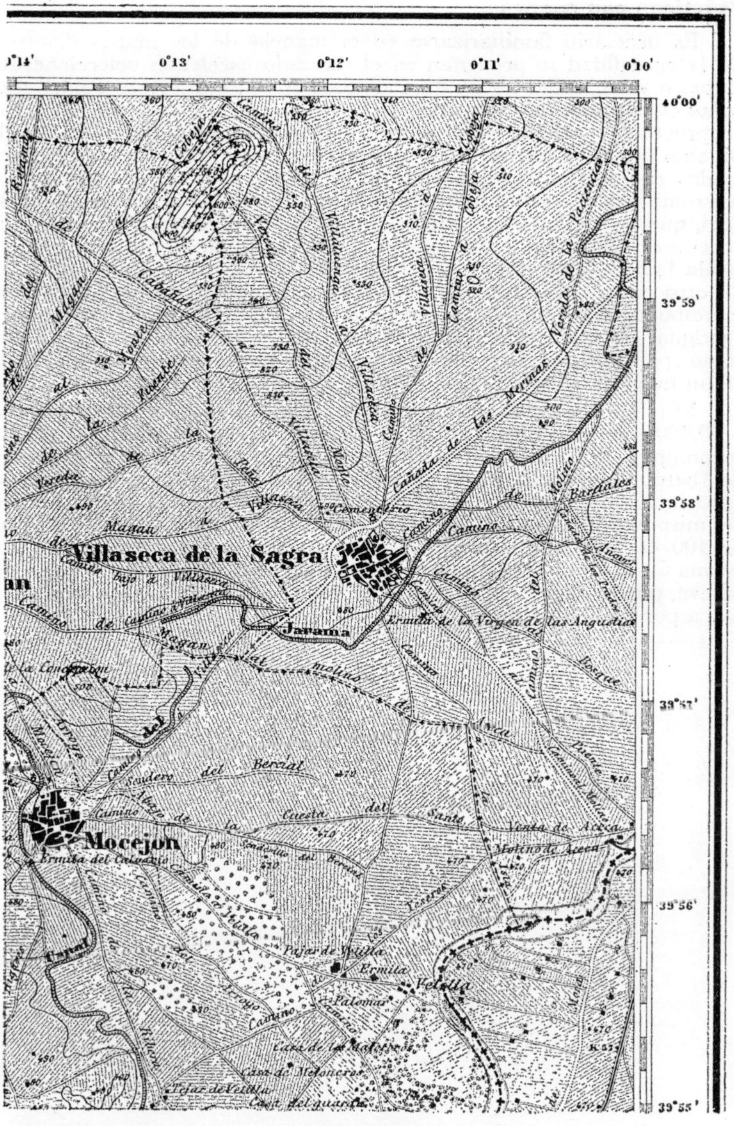
0°14'
0°13'
0°12'
0°11'
0°10'
40°00'
39°59'
39°58'
39°56'
39°55'
Villaseca de la Sagra
Mocejon
Jarama
Cementerio
Cañada de las Merinas
Ermita de la Virgen de las Angustias
Venta de Aceca
Molino de Aceca
Pajar de Velilla
Ermita
Velilla
Palomar
Casa de Meloneros
Tejar de Velilla
Casa del guarda
Ermita del Calvario
Cuesta del Santo
Sendero del Bercial
Vereda de la Paciencia
Camino de Barñales
Camino de Villaseca
Cobeja

(fig. 14)

Prácticas con mapas

Es necesario familiarizarse en el manejo de los mapas diversos. En la actualidad se presentan en el mercado excelentes colecciones de mapas o atlas, como los de Aguilar, Salinas, Vicens Vives, Teide, etc., en los cuales pueden observarse mapas realizados con las diversas formas de proyección analizadas. También tenemos en el mercado nacional, editadas por estas mismas casas comerciales, diversidad de mapas murales usados en los Centros académicos. En todos estos mapas deberemos acostumbrarnos a saber interpretar la diversidad de accidentes geográficos, que aparecen con vaiiado colorido, asi como averiguar correspondencias de distancias de conformidad con su escala. Asi en un mapa de escala 1/20.000.000 ¿a cuántos kilómetros corresponderá un centímetro? En otro mapa de escala 1/1.500.000 ¿cuántos kilómetros de la realidad corresponden a 1 centímetro del mapa? Y por tanto también saber averiguar distancias entre puntos o ciudades en un mapa de escala dada, como, por ejemplo, saber la distancia que existe entre Bilbao y París en un mapa de escala 1/5.000.000 si las separa 14 centímetros.

Muy interesante es acostumbrarse a manejar el topográfico nacional 1/50.000, que con facilidad puede encargarse en cualquier librería de renombre o escribiendo al Instituto Geográfico de Madrid, calle Ibáñez de Ibero. Recomendable es roturar o cortar una porción de mapa de aproximadamente un decímetro cuadrado y recortar planchas de cartón, del mismo grosor, conforme a las curvas de nivel, o solamente las curvas de 100 en 100 metros. Superpuestas y pegadas posteriormente, en la misma forma que aparecen en el mapa, habremos elaborado un mapa en relieve, que en definitiva es realizar la obra inversa al levantamiento del mapa por sus elaboradores.

CAPITULO III

LITOSFERA

Origen y formación de la Tierra

Con certeza nada sabemos sobre el origen del planeta que habitamos. En la Biblia se relata la creación del mundo en el famoso pasaje del Génesis. También hablan del origen de la Tierra los libros Vedas, la Mitología griega, etc.

A finales del siglo XVIII el geógrafo francés Laplace (1749-1827), expuso la popular teoría en la que afirma que la Tierra en un principio debió formar parte de una gran nebulosa junto con el Sol y demás astros de nuestro sistema planetario, pero que al desprenderse los planetas, por una gran explosión cósmica, iniciaron los movimientos de rotación y traslación que ahora tienen a consecuencia del impulso que recibieron, fragmentándose así en esferas igneas, con luz propia, por estar incandescentes como ahora el Sol, que lentamente apagó el sucesivo enfriamiento. El Sol, por tener mayores dimensiones, continúa todavía incandescente, mientras que los demás planetas enfriados se fueron recubriendo de una corteza sólida, donde por condensación los gases se precipitaron en forma de agua y otros menos densos han seguido gravitando en forma de atmósfera. La corteza terrestre tardaría en tener consistencia por el empuje de la materia ignea interna, viscosa, que con el enfriamiento perdería constantemente volumen originando arrugas y resquebrajaduras, con convulsiones que darían lugar a las altas montañas y a las oquedades de los océanos y mares. Todavía en los tiempos actuales hay regiones de inestabilidad terrestre, con gran actividad sísmica y volcánica a causa de la acción de la masa incandescente que perdura en el interior del planeta.

Modernamente el austriaco Eduardo de Suess expuso la teoría de la contracción terrestre, considerando que la Tierra está constituida por un núcleo sólido, al que llamó Nife, por creer que lo integran hierro y níquel fundamentalmente, muy pesado por tanto y de unos 4.500 kilómetros de radio. Alrededor de este núcleo, hay una envoltura menos densa, de temperaturas muy altas y de unos 1.500 kilómetros de espesor, que denomina Sima, por considerarla formada principalmente de sílice y magnesio. Por último una ligera corteza llamada Sial, la menos densa, por constituirla sólice y aluminio; la más superficial y delgada pues apenas tiene 100 kilómetros de espesor, constituyendo la litosfera propiamente dicha, en cuyos huecos se alojan las aguas marinas. (Fig. 15).

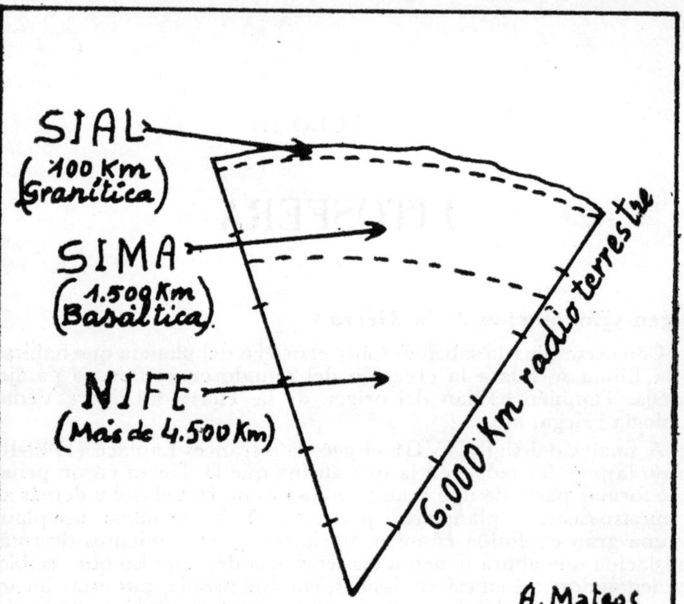

Constitución de la Tierra, según Eduardo de Suess. (fig. 15)

El alemán Alfredo Wegener (1880-1930) ideó la teoría de la traslación de los continentes, afirmando que éstos, o manto sial, primitivamente estuvieron unidos, pero se han separado a causa de una rotura y de flotar y deslizarse continuamente hacia el Oeste sobre una masa más blanda, de modo que este manto del sial, cuando encuentra resistencia al deslizarse se amontona o arruga en ciertas zonas, originando las montañas, mientras que el ensanchamiento de las primitivas roturas de la corteza permitieron la separación de los continentes, originando los océanos, coincidiendo por eso las líneas de ciertas costas opuestas, como las costas orientales de América y las occidentales de Europa y Africa.

La teoría isostática de Penk explica que el magma interno está presionado por la corteza terrestre formada por bloques que buscan la posición de equilibrio. Resultando de la interacción del magma interno y de la corteza externa zonas débiles, donde actuan predominantemente los terremotos y fenómenos volcánicos. Pero además la propagación de calor entre masas de diferente densidad por movimiento de sus moléculas o convección (interviniendo fenómenos radiactivos y reacciones químicas), origina unas corrientes magmáticas, causa de la inestabilidad terrestre. Incluso este magma interno, según Buch, dará lugar a una undación magmática, produciendo movimientos de ascenso y descenso que repercuten en la corteza terrestre al propagarse por sus ondas la inestabilidad terrestre.

Derivadas de estas teorías son las de compresión de Argand, en que la ondulación de la superficie terrestre origina fuerzas laterales o tangenciales, con corrimiento de mantos o capas de tierra, pudiendo caer las más viejas encima de las más jóvenes, pues son movimientos horizontales en dirección perpendicular al radio terrestre que representa la vertical. Como cuando presionamos una carta de baraja entre nuestras manos.

También apareció la teoría de deslizamiento o gravedad, de Signeux, para quien la ondulación terrestre es algo asi como las olas del mar, pero con movimiento lentísimo, dando lugar a derrumbamientos en sus crestas por gravedad. Teoría muy divulgada por los años de 1940 y que parece explicar ciertos fenómenos geológicos locales.

La más moderna teoría sobre constitución de la Tierra es la llamada tectónica global, en que toda la corteza terrestre está constituida por grandes placas o bloques más o menos rígidos, que en ciertos lugares se separan y allí los océanos instalados sufren ensanchamientos, mientras que en otros lugares se juntan, chocando y metiéndose masas terrestres del fondo oceánico bajo la masa continental, a la que eleva, originando los plegamientos, volcanes, terremotos y aumento de calor. Se llama por ello también teoría de las placas de la corteza terrestre.

Todas estas teorías responden a realidades científicas, ya que del análisis de la propagación de las ondas sísmicas al atravesar la Tierra, se ha comprobado que a una profundidad media de 35 kilómetros cambian de velocidad, denominándose esta línea imaginaria superficie de discontinuidad de Mohorovicie (descubridor en 1909). Posteriormente se comprobó que también disminuía en velocidad la propagación de las ondas sísmicas en capas próximas a los 1.500 kilómetros, en la zona de separación del Sial con el Sima, en la denominada superficie de discontinuidad de Gutemberg. Ambas líneas de discontinuidad parecen producirse al aumentar la fluidez hacia el núcleo del planeta. Y en la corteza terrestre existe una estabilidad por considerarse que a unos 60 kilómetros de profundidad hay una superficie de compensación isostática que amortigua sus ascensos y descensos.

Magnetismo terrestre

A causa de esta constitución interna de la Tierra (Nife, Sima, Sial) los movimientos de rotación y traslación originan deslizamientos de estas masas y roces entre las mismas, produciendo energía magnética-eléctrica, al estilo de una inmensa dinamo, que transforma a nuestro planeta en un gigante imán, con dos polos magnéticos. Estos polos magnéticos no coinciden con los geográficos, ya que el Polo Norte magnético se encuentra en la isla canadiense del Príncipe de Gales, al lado de la península de Félix Boothia.

El ángulo que forma la aguja magnética de la brújula con la línea geográfica Norte-Sur se denomina ángulo de declinación magnética. Que no debe confundirse con el acimut o ángulo que forma nuestra dirección de marcha con la línea geográfica Norte-Sur.

La aguja magnética de la brújula no se mantiene horizontal en todos los lugares, sino que conforme a la constitución de los suelos sufre pequeñas desviaciones respecto al plano horizontal. Este ángulo entre la aguja magnética y el plano del horizonte se denomina ángulo de inclinación magnética. Muy interesante para el estudio sobre la constitución de la corteza terrestre.

Y a causa de las capas que constituyen la Tierra se considera que hacia el interior de la misma aumenta el calor, manifestándose en la corteza terrestre por el llamado grado geotérmico o aumento de un grado centígrado por cada 40 metros que se profundice. Y si se profundiza en tierras de carácter volcánico el grado geotérmico se manifiesta cada 15 metros de profundidad.

Litosfera y su constitución

En la litosfera se estudian el conjunto de tierras emergidas que forman los continentes con sus diversas islas.

Existen cuatro masas continentales. El antiguo continente, cuna de la civilización, que comprende Europa, Asia y Africa. El nuevo continente, descubierto a fines del siglo XV, constituido por América del Norte y del Sur. El continente Austral, que comprende Australia y diversas islas del Océano Pacífico, ordinariamente denominado Oceanía. Y el continente Antártico o Antártida, masa tan amplia como Europa, situada en el casquete polar y apenas conocida.

Según los geólogos la historia de la Tierra está escrita en sus diversas capas geológicas, que ellos atribuyen a diversas Eras o Edades, divididas en períodos.

Era Agnoszoica, que comprende los períodos arcáico (5.000 millones de años) y Algonquino (2.000 millones de años).

Era Paleozoica o Primaria, que comprende los períodos Cambrico (600 millones de años), Selúrico (500), Devónico (400), Carbonífero (375) y Pérmico (225 millones de años).

Era Mesozoica o Secundaria, que comprende los períodos Triásico (200 millones de años), Jurásico (135 millones de años) y Cretácico (100 millones de años).

Era Cenozoica o Terciaria, que comprende los períodos Eoceno (60 millones de años), Oligoceno (40 millones de años), Mioceno (25 millones de años) y Plioceno (10 millones de años).

Era Cuaternaria constituida por un período Glacial o Pleistoceno y la actualidad geológica u Holoceno.

La corteza terrestre la constituyen las rocas. La mayoría de estas rocas son inorgánicas y las denominamos minerales, pero algunas rocas son de origen orgánico, como la hulla, antracita, lignito y grafito, que son de origen vegetal, mientras que el petróleo y el asfalto son de origen animal, todas ellas debidas a bacterias anaerobias que producen descomposiciones sin contacto con el aire.

Los elementos geoquímicos que constituyen la corteza terrestre (y por tanto los minerales) son muchos, pero los más importantes son: el oxígeno, que representa casi la mitad del peso del planeta y más del 90 % de su volumen; el siliceo, que representa algo más de la cuarta parte del peso del planeta; el aluminio, con el 8 % del peso del planeta; el hierro, con el 5 %; el calcio, con el 3,5 %; el sodio, con el 3 %; el potasio, con el 2,5 %; el magnesio, con el 2 %, etc.

Por eso el oxígeno forma óxidos con todos los elementos, que así doblan su proporcionalidad en la constitución de la corteza terrestre. El óxido de silicio ($Si\ O_2$) es la sílice, presentada en forma de cuarzo, silex, calcedonia, pedernal, etc. y ocupa caso el 60 % del peso del planeta. La alumnina ($Al_2\ O_3$) es óxido de aluminio y representa el 15 % del peso del planeta. Los óxidos de hierro representan un 6 %, los óxidos de calcio casi el 5 %, etc. Pero además combinados con otros elementos dan lugar a sulfatos, carbonatos, etc.

Son rocas, por consiguiente, cuantas tierras vemos a nuestro alrededor, ya cubiertas de vegetación, ya totalmente desprovistas de plantas, como los arenales y laderas pétras de las montañas. Y según se hayan originado estas rocas las dividiremos en rocas volcánicas, plutónicas, sedimentarias y metamórficas-sedimentarias. (Fig. 16).

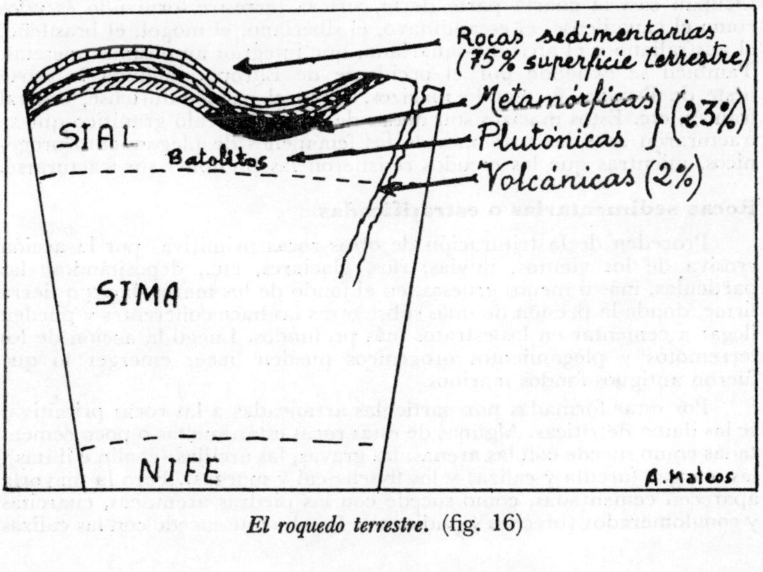

El roquedo terrestre. (fig. 16)

Rocas volcánicas

Las constituyen tierras originadas por erupciones volcánicas, por lo que también se las llama rocas efusivas o extrusivas. Son magmáticas, ya que aparecen cuando el magma líquido sale al exterior en forma de lava, solidificándose, constituyendo así basaltos y pórfidos, con cristales vítreos o amorfos, que ha hecho se las llame también rocas microlíticas. Si la lava salta al aire pulverizada por la explosión volcánica se solidifica en forma esponjosa, dando lugar a la toba o piedra pómez; pero también puede salir en forma de escoria y cenizas, extendiéndose por los alrededores del volcán.

Aunque las rocas volcánicas solamente ocupan un 2 % de la superficie terrestre, aparece formando enormes masas de lava solidificada en las mesetas del Decán de la India, en el Oregón de Estados Unidos, en la zona de los grandes lagos africanos, en los bordes del Mediterráneo y en todas las zonas volcánicas, en especial en el llamado cinturón de fuego del Pacífico.

Rocas plutónicas

Son rocas duras, graníticas, que afloran en las zonas terrestres más erosionadas desde épocas geológicas antiquísimas y en la mayoría de las grandes cordilleras.

Son magmáticas y constituyen el núcleo del Sial, formando profundas masas pétreas continuas llamadas batolitos, o disgregadas de su masa principal, llamándose entonces lacolitos. Resultantes del enfriamiento y solidificación del magma que constituyó la primitiva corteza terrestre, se las llama también rocas intrusivas o abisales y también cristalinas. Ocupan casi la cuarta parte de la corteza terrestre formando escudos como el canadiense, el escandinavo, el siberiano, el mogol, el brasileño, el australiano y el africano-sahariano, que integran amplísimas mesetas. También se extiende por el occidente de Europa, incluida la parte oeste de España, formando macizos, como el galaico-duriense, central francés, etc. Estos macizos son masas de antiguo zócalo granítico que se fracturaron ante las presiones de los fenómenos de plegamiento orogénicos, mientras que los escudos resistieron las presiones sin fracturarse.

Rocas sedimentarias o estratificadas

Proceden de la trituración de otras rocas primitivas por la acción erosiva de los vientos, lluvias, ríos, glaciares, etc., depositándose las partículas, más o menos gruesas, en el fondo de los mares, lagos o tierra firme, donde la presión de unas sobre otras las hace coherentes y pueden llegar a cementar en los estratos más profundos. Luego la acción de los terremotos y plegamientos orogénicos pueden hacer emerger lo que fueron antiguos fondos marinos.

Por estar formadas por partículas arrancadas a las rocas primitivas se las llama detríticas. Algunas de estas rocas están sueltas o poco cementadas como sucede con las arenas, las gravas, las arcillas (caolín e illitas), las margas (arcilla y caliza) y los flysch (cal y margas). Pero la mayoría aparecen cementadas, como sucede con las piedras arenuscas, cuarcitas y conglomerados (brechas y pudingas). Igualmente sucede con las calizas (de carbonato cálcico cristalizado), como las dolomias, creta, calcita, aragonito, espato, etc., y las diversas rocas coralíferas procedentes de caparazones de animales marinos que absorbieron el carbonato cálcico de las aguas formando capas calizas, al igual que hoy hacen las colonias de corales de los mares cálidos. En estas tierras calizas la erosión produce los llamados fenómenos cársticos como los torcales o dolinas, lapiaz, simas, cuevas, etc.

También pertenecen a estas rocas sedimentarias los yacimientos de yeso, potasa y sal gema por decantación de sales marinas en aguas cada vez más concentradas por efecto de la continua evaporación.

Igualmente pertenecen a estas rocas sedimentarias las de origen orgánico, como yacimientos de carbón (absorbiendo óxido de carbono), asfaltos, abonos nitrogenados procedentes de excrementos avícolas y los petróleos procedentes de animales descompuestos en profundidades.

Las tres cuartas partes de la superficie terrestre la ocupan las rocas sedimentarias, rellenando cuencas fluviales completas (cubetas), la mayoría de las grandes llanuras y mesetas que el hombre cultiva y hasta algunas de las tierras montañosas, si bien les sirven de soporte, a mayor o menor profundidad, rocas plutónicas o metamórficas.

Rocas metamórficas o cristalifílicas

Por su estructura cristalina se asemejan a las plutónicas, pero por su disposición en estratos a las sedimentarias. Proceden de antiguas rocas sedimentarias que a grandes profundidades se vieron sometidas a fuertes presiones y temperaturas. Así sucede con los mármoles, cuarzos, gneis, anfíboles, pizarras, etc., e igualmente la mayoría de los yacimientos metálicos.

Modelado del relieve terrestre

La geodinámica o fuerzas que obran continuamente sobre la corteza terrestre han cambiado, a través de milenios, el aspecto de su superficie, dando lugar a la aparición de montañas, que a su vez han sido desgastadas por la erosión y han modificado, lenta pero sin cesar, el relieve terrestre.

Dos tipos de fuerzas actúan en la superficie terrestre. Unas por depender de la acción de la gravedad actúan de fuera hacia dentro (movimientos exógenos) erosionando o desgastando la superficie terrestre por medio de los ríos (erosión fluvial), los glaciares (erosión glaciar), vientos (erosión eólica), olas marítimas, plantas, animales y la humedad y cambios de temperatura, que ayudan a disgregar las rocas. Otras fuerzas, independientes de la gravedad, actúan de dentro hacia fuera (movimientos endógenos) como los volcanes, seismos, movimientos orogénico o de arrugamiento y movimientos epirogénicos de ascenso y descenso de nivel de la superficie terrestre.

Por ello analizaremos sucesivamente los agentes exógenos y endógenos de modelado terrestre.

Erosión fluvial

Las aguas de las lluvias y deshielos de nevadas y glaciares atacan, por acción de la gravedad y por disolución química, a las rocas sobre las que actúan, originando una erosión más fuerte cuanto más blandas, inclinadas y desprovistas de vegetación son las tierras. Asi se forman arroyamientos, cárcavas y barrancos por las torrenteras y regatos, arrastrando los materiales hacia las zonas más bajas, mientras que la acumulación de estas pequeñas corrientes de agua originan riachuelos y grandes ríos que a su vez verifican continua acción erosiva sobre las tierras por donde discurren.

El estudio de las características generales de los ríos constituye el contenido de una rama de la geografía denominada hidrología, que para mejor comprender la erosión fluvial pasamos a analizar.

Nacimiento, desembocadura, cauce, cuenca, caudal y régimen de los ríos

El río es una corriente continua de agua que impulsada por la acción de la gravedad discurre por la tierra hasta desembocar en el mar, en un lago, en otro río o desaparece absorbido por el terreno y la evaporación.

Cuando la corriente de agua es temporal es un wadis o rambla. Y si solamente discurre en el momento de las lluvias se llama torrente, arroyo o regato.

El lugar de origen de un río se llama nacimiento, formando una fuente de origen pluvial o glacial. Donde termina el río es la desembocadura, ya en otro río, en un lago o en el mar, formando aquí un canal de desagüe por donde penetra la marea, dando lugar a un estuario. Aunque a veces se precipita en el mar formando rápidos o cataratas y otras veces forma deltas por acumulación de materiales de arrastre o aluviones, que integran tierras pantanosas atravesadas por varios brazos del río.

El canal por donde corren las aguas fluviales se denomina cauce o lecho, recogiendo las aguas de todas las tierras inclinadas hacia el mismo a derecha e izquierda (vertiente derecha e izquierda), tierras que constituyen su cuenca, separadas de otras cuencas hidrográficas por la llamada línea divisoria de aguas, o tierras altas de separación de vertientes o cuencas.

La cantidad de agua que arrastra un río constituye su caudal, que en zonas húmedas aumenta hacia la desembocadura y en zonas secas disminuye. Esta variación de caudal de un río es lo que constituye su régimen, que depende de las precipitaciones y de la evaporación, pero se atenúa su variabilidad de caudal con la vegetación forestal o la permeabilidad de las tierras por donde discurre.

De acuerdo con el régimen tenemos varios tipos de ríos: a) Ríos de régimen glacial o alimentados al menos en la cuarta parte de su cuenca por los glaciares, que al fundirse en el verano le dan un máximo de caudal, tales como los ríos alpinos y lapones.

b) Ríos de régimen nival, cuyo máximo de agua corresponde a la primavera, cuando se funden las nieves de su cuenca, tales como los ríos siberianos y canadienses. Son pues ríos de climas fríos, al igual que los anteriores.

c) Ríos de régimen pluvial de la zona templada, en los que al depender su caudal de las lluvias, tienen su máximo en invierno y primavera, aunque generalmente llueva más en verano, pero entonces la evaporación es muy grande en su cuenca hidrográfica, por lo que entonces corresponde con su mínimo, así sucede con los ríos gallegos, los de Inglaterra, etc.

d) Ríos de régimen pluvial tropical, en los que el máximo de caudal corresponde a las estaciones lluviosas, con grandes desbordamientos a veces. Son los ríos de las zonas tropicales y monzónicas, como el Niger, Nilo, Mekong, Yangtse Kiang, etc.

e) Ríos de régimen complejo en que el caudal puede ser alimentado juntamente con las lluvias, nieves o glaciares, así tenemos el Rin, el Po, el Ródano, el Ebro, etc., cuyos máximos de caudal están en función del aporte del líquido elemento, teniendo algunos varios máximos y mínimos.

Curso de un río y perfil de equilibrio

Curso de un río es el camino que recorre entre su nacimiento y su desembocadura. Resultando de más desarrollo o longitud los ríos que deslizan por llanuras (por hacer más ondulaciones o meandros) que los ríos que discurren por fuertes pendientes, más rectilíneos. Pero en el curso de todos los ríos se distinguen tres partes. Primera parte o curso alto, en la montaña, impetuoso, abundante en cascadas o rápidos, dónde la erosión vertical arranca porciones de rocas, arrastradas luego por un cauce de paredes abruptas en forma de V, que se ahonda con el choque de los mismos materiales arrastrados. Segunda parte o curso medio más tranquilo, con menor pendiente y más lento transporte de materiales de erosión, que deposita a veces en las partes salientes de las sinuosidades, dejando una oquedad seguidamente, favoreciendo inundaciones por aumento de caudal y creando llanuras aluviales. Tercera parte o curso bajo, próximo a la desembocadura, donde la pendiente es mínima, acumulando los materiales aportados por la corriente en capas sedimentarias, sobre las que discurre lentamente formando meandros e inundándose con facilidad en las crecidas.

El perfil de equilibrio de un río se verifica cuando la erosión ha desgastado la cuenca y depositado sus materiales en el curso bajo, alargándolo y ensanchándolo por haber llegado a un nivel de base o nivel del mar, discurriendo entre meandros con escasa acción erosiva y pobre aportación de aluviones de su empequeñecido tramo alto o cabecera.

El perfil de equilibrio de un río se representa por medio de una curva parabólica tangente a la vertical en el nacimiento del río y tangente a la horizontal en el curso hacia su desembocadura. (Fig. 17).

Prácticamente ningún río ha alcanzado el perfil de equilibrio, pues siempre en su curso alto las aguas con la erosión cambian este perfil, aunque se haya nivelado su curso medio y bajo. No obstante, en estos casos, se dice que el río ha envejecido, para distinguirlo de los ríos de montaña, que son ríos jóvenes, con fuertes desniveles en su curso. En cambio los ríos viejos discurren por amplias llanuras, asiento de

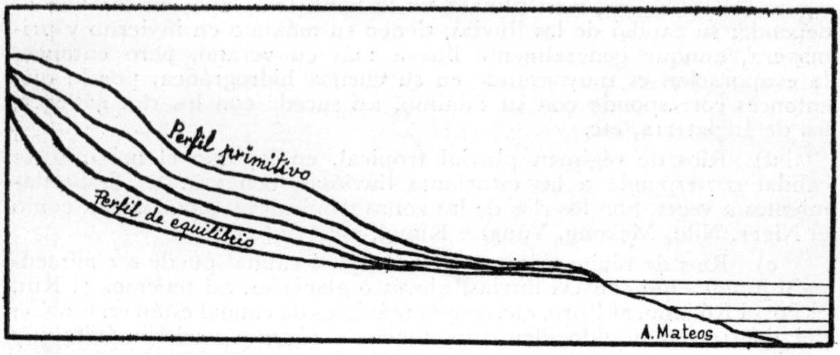

Perfil primitivo y perfil de equilibrio de un río. (fig. 17)

civilizaciones por la facilidad de ser regadas y porque sus corrientes pueden ser excelentes vías de navegación.

El trabajo de erosión fluvial

En el curso alto de un río o parte juvenil del mismo, así como en la de sus afluentes, al existir grandes desniveles se producen, sobre las laderas, cárcavas y arroyamientos múltiples, formando una especie de abanico de arroyadas convergentes hacia el cauce del río, donde afluyen con las aguas los materiales erosionados, constituyendo por eso la cuenca de recepción de materiales del río.

Las pequeñas partículas erosionadas se disuelven en las aguas, mientras que arenas y piedras más gruesas son arrastradas por la corriente fluvial (que se precipita por el inclinado terreno), constituyendo así el canal de recepción y transporte de materiales, muchos de los cuales materiales se depositan sobre el lecho al disminuir la pluviosidad en las estaciones secas, pudiendo rellenar así un valle fluvial cuando discurre por las tierras más llanas de este curso medio. Originando poteriormente desbordamientos del río si se producen lluvias torrenciales, que además incrementan el arrastre de materiales en cabecera. En las pendientes del curso medio y alto de un río, si los materiales por donde discurre el cauce son de rocas compactas, como granítos, areniscas, pizarras, etc., las aguas y sus materiales arrastrados, haciendo de percutores, excavan redondeadas cavidades llamadas pilancones o marmitas de gigante, que al unirse entre sí por aumento de la erosión se irán transformando en gargantas y desfiladeros. (Fig. 18). Y si se suceden materiales duros y blandos en el curso del río se formarán cascadas y cataratas, fenómeno que también acaece si encuentra una falla o fractura del terreno en su curso, que al desgastarse puede transformarse en un rápido. Y cuando discurre el río por tierras de capas sedimentarias, calizas y margosas, la erosión de fondo y la acción química de las aguas ahonda

Gargantas de río Duero, sobre roquedo granítico, en las cercanías del Puente de Pino, cerca de la frontera portuguesa. (fig. 18)

el lecho y da lugar a profundos cañones, como los famosos del río Colorado. (Fig. 19).

En el cauce de los ríos, en sus cursos medio y bajo, la corriente puede acumular materiales formando umbrales, excavando a continuación de los mismos pozos u oquedades que las riadas o crecidas hacen desaparecer o cambiar de lugar conforme a su fuerza y materiales de aporte. Estos materiales de arrastre pueden llegar a formar llanuras extensas de aluvión, principalmente si alternan los largos períodos de sequías y lluvias torrenciales que favorecen la erosión y el transporte, insertándose en ellas los meandros. Y en la desembocadura del mar (o sobre otro río) pueden formarse deltas con varios cursos fluviales en abanico, que es lo que se llama un cono de deyección.

Si posteriormente, en nuevos períodos geológicos, baja el nivel de base en la desembocadura o bien aparece un clima más lluvioso, se produce un rejuvenecimiento del río, excavando en estas terrazas de aluvión un cauce más profundo, estrangulando los bucles de los meandros, que dejan lagos de valle en sus concavidades y acumula nuevos materiales en una segunda terraza aluvial más baja que la anterior, quedando ésta como terraza testigo, separada de la nueva por un escarpe o escalón.

Hoy día podemos observar en las tierras secas y blandas de las montañas que los temporales de lluvias dejan amplias zonas de cárcavas y arroyamientos en lo que es una cuenca de recepción. Y donde se juntan los arroyamientos en abanico se ve el canal de transporte excavado y relleno de cantos gruesos, mientras que en la terminación del canal, en la parte baja de la ladera, la acumulación de materiales más ligeros forman un cono de deyección, muchas veces sobre los bordes de un camino o carretera que discurre por esta zona baja o de valle.

Cascada Trinidad del Monasterio de Piedra, sobre roquedo calizo erosionado por el río Piedra, afluente del río Jalón. (fig. 19)

También se percibe en las tierras tropicales y mediterráneas, donde las lluvias actúan sobre tierras desprovistas de vegetación y pueden hacer fuerte erosión en las laderas. Incluso sus ramblas y wadis son un ejemplo de esa erosión.

Caso especial de erosión fluvial es el de las tierras calizas, donde las lluvias originan un fenómeno químico disolviendo el carbonato cálcico por contacto del gas carbónico ($C\,O_2$) que lleva el agua. (Fig. 20).

Ciudad Encantada de Cuenca. Acción de las lluvias disolviendo el carbonato cálcico por contacto del gas carbónico (CO_2) que lleva el agua. (fig. 20)

Por ser tierras compactas las convulsiones geológicas han originado fisuras o diaclasas por donde se filtra el agua hacia el interior, formando grutas, cavernas (con estalactitas y estalagmitas), ríos subterráneos y manantiales en laderas escarpadas. Además las corrientes labran profundas gargantas, escarpes y hoces como en los Alpes carsticos, en los Picos de Europa y el Pirineo, donde pueden admirarse la formación de lapiazas o hendiduras en la roca, oquedades o dolinas y, cuando estas oquedades se ensanchan enormemente o se unen entre sí, pueden formar valles denominados poljés. (Fig. 21).

Ciudad Encantada de Cuenca. Formación de un lapiaz o lenar, con surcos y hendiduras irregulares sobre roquedo calizo. (fig. 21)

El hombre debe luchar contra esta labor erosiva fluvial haciendo plantaciones de bosques en los valles fluviales para evitar la erosión en los meandros que excavan la parte cóncava y acumula en la convexa, así como para disminuir la fuerza de las corrientes en las riadas. Y en la cabecera de los ríos plantaciones de árboles para evitar la erosión de las cárcavas y arrolladas, a la vez que se hacen obras de retención de tierras en sus cursos para favorecer la creación de terracillas donde también se plantan árboles.

Erosión glaciar

En las zonas polares y en las grandes alturas montañosas las precipitaciones de nieve se acumulan formando profundas capas de nieve. En las grandes llanuras de Groenlandia y de la Antártida estas masas adquieren espesores de hasta 2 o 3 kilómetros, acumulando enormes reservas de agua dulce, de forma que si se fundiesen elevarían el nivel de las aguas marítimas. Capas de hielo que se acumularon desde épocas glaciares pasadas, ocupando en la Antártida una extensión mayor que Europa y en Groenlandia más del doble de la extensión de España, constituyendo un gran inlandsis o casquete polar, que también se extiende por las tierras ribereñas del Artico.

En las zonas montañosas de estas tierras polares, así como en las grandes alturas de los Alpes, Himalaya, Andes, etc., se acumula el hielo, formando amplios circos glaciares que se precipitan hacia las

Iceberg ártico (fig. 22)
(Foto El Correo de la Unesco, junio de 1969)

tierras más bajas en forma de lenguas glaciares, las cuales arrastran entre sus masas de hielo tierras blandas y trozos de roca de su lecho y laderas, llamadas morrenas.

Estas lenguas glaciares son como ríos de hielo que avanzan, aunque lentamente, por efecto de la gravedad. Si las lenguas glaciares terminan en el mar la presión de las aguas los cuartea en trozos gigantes que flotan a la deriva formando los icebergs. (Fig. 22). En las altas montañas se deslizan las lenguas glaciares hasta las zonas templadas donde van fundiéndose, originando fuentes y ríos al tiempo que acumulan los materiales de arrastre erosionados formando morrenas frontales o terminales. Es la zona de ablación, que varía de lugar según las estaciones y los períodos climáticos. Así hay también morrenas laterales, centrales y de fondo. (Fig. 23).

En la era cuaternaria se extendían por muchas más tierras que en la actualidad y la labor erosiva de sus lenguas glaciares ha formado un paisaje glaciar en torno a las actuales tierras frías. El retroceso de los glaciares fue marcado por cientos de lagos asentados en las oquedades que hicieron las lenguas y por las paredes que como presas hicieron las morrenas. Así tenemos los lagos alpinos de Neuchatel, Lausana, Constanza, Iso, Garda, etc., los múltiples de Finlandia, Escandinavia, Alemania del N., los canadienses de los Osos, Renos, Michigan, etc.

En estos paisajes de tierras glaciares antiguas, aparecen montañas con laderas escarpadas donde estuvieron asentados los circos glaciares.

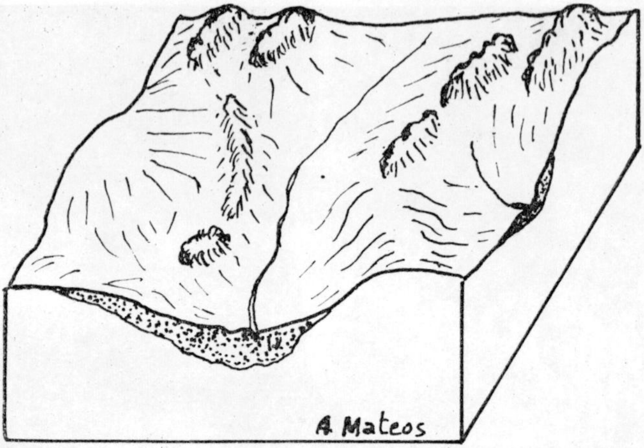

Morrenas laterales depositadas por antiguo glaciar en este supuesto corte de terreno fluvio-glaciar. (fig. 23)

Y por donde discurrían las lenguas glaciares percibimos valles en forma de U, o de artesa, cuyas laderas rocosas están pulidas, con contornos redondeados que se llaman rocas aborregadas, cuyos salientes ondulados se llaman hombreras. (Fig. 24). También hay valles glaciares más o menos

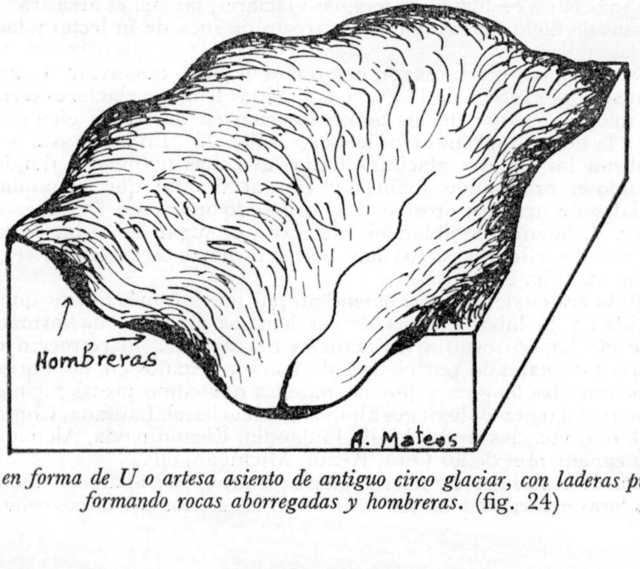

Valle en forma de U o artesa asiento de antiguo circo glaciar, con laderas pulidas, formando rocas aborregadas y hombreras. (fig. 24)

amplios en forma de cubeta, limitadas sus salidas por umbrales o elevaciones rocosas, donde generalmente hoy se asientan vetustos castillos, que en otro tiempo defendían los pintorescos pueblecillos que se extienden por el valle. Los fiords de las tierras circumpolares son obra de los antiguos glaciares, que nos habla de sus colosales dimensiones.

Erosión eólica

El viento es un agente erosivo cuya intensidad aumenta con la aridez del suelo y la blandura del roquedo.

Esta actividad puede ser de simple arranque de partículas, que caen más o menos lejos de la base de erosión, llamada deflación, o bien puede el viento erosionar ayudado por las partículas que transporta, haciendo oficio de martillo sobre las rocas que actúa, corroyéndolas. Y como las partículas arenosas y polvillo que lleva el viento son mucho más abundantes a poca altura del suelo, allí es mayor la corrosión, por lo cual vemos los edificios antiguos carcomidos por la base y las rocas enhiestas adquirir formas redondeadas.

Las zonas desérticas del planeta, por carecer de vegetación, son las que presentan las mejores muestras de erosión eólica. Grandes extensiones forman llanuras lisas arcillosas y calizas llamadas hamadas. Campos inmensos de puntiagudos guijarros desprendidos del roquedo granítico por roturas debidas a los cambios bruscos de temperaturas que se llaman regs, sobre los cuales el viento actúa y transporta las partículas más finas de polvillo y arena. También hay grandes extensiones de arena fina formando dunas de crestas paralelas, o montículos en forma de media luna con la parte convexa hacia la parte donde sopla el viento a cuyo impulso avanzan lentamente, constituyendo los llamados campos de ergs. Estas dunas también se forman en las playas arenosas, como en las Landas francesas, pero donde mejor se perciben estos fenómenos es en el Sahara, Arabia, centro de Asia, Australia y demás lugares donde se asientan los desiertos. (Fig. 25).

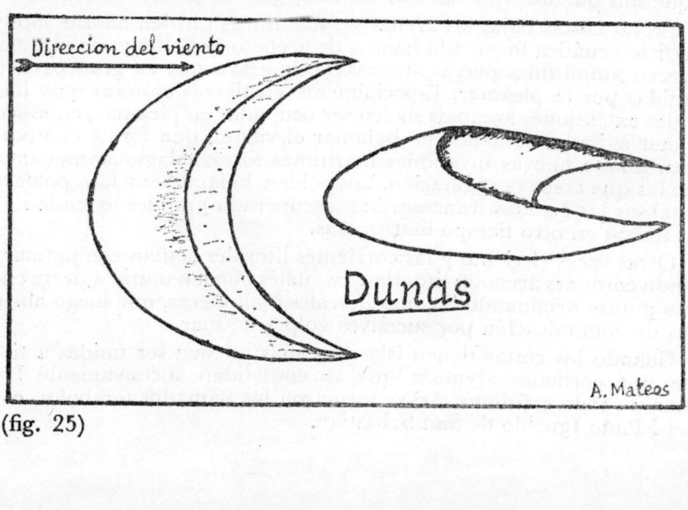

(fig. 25)

En la época cuaternaria el viento arrastró grandes masas de polvillo a lugares muy distantes, donde se han sedimentado, tales como en la llanura rusosiberiana, la llanura china del río Amarillo, la Pampa argentina, la llanura estadounidense del Misisipi, etc. Y en la actualidad son corrientes tempestades de polvo en los desiertos, o arrancado de las zonas desprovistas de vegetación por el abuso de talas y roturaciones. Por lo que deben de impedirse estos estragos erosivos siendo prudentes en las roturaciones y defendiendo las tierras de cultivo con intermedias franjas de arbolado.

Erosión del mar en sus costas

Es la acción erosiva que las olas y las mareas realizan sobre las costas, ayudadas por los materiales en suspensión que muchas veces arrastran.

Hay que distinguir la erosión en las costas altas, de la erosión en las costas bajas y arenosas.

Cuando las costas son altas, con escarpes o acantilados, las olas del mar excavan sus cimientos, ayudadas por los mismos materiales ya desprendidos y triturados en su base, hasta formar oquedades que producen derrumbamientos sobre la plataforma litoral por desplome de las rocas minadas por su base. Así, lenta pero continuamente, se produce un retroceso de las costas, más perceptibles cuanto más blandos son los materiales costeros. Si el roquedo de la costa es homogéneo suelen aparecer costas rectilíneas, pero cuando en las costas aparecen materiales de distinta dureza, heterogéneos, forman costas recortadas por erosión diferencial, con entrantes y salientes caprichosos, originando en los entrantes pequeñas calas con playecitas. Los limos o partículas finísimas son arrastradas en disolución por las aguas. Y las arenas y cantos quedan depositados en la costa sobre la plataforma de abrasión, así llamada porque son pulidos sin cesar por las olas, que les dan formas aplanadas.

En las costas bajas las arenas y rocas duras pueden aflorar sobre la superficie acuática formando bancos de arena o arrecifes y, de ordinario, aparecen amplísimas playas arenosas o de grava que en gran parte son invadidas por la pleamar. Especialmente en tierras costeras muy llanas grandes extensiones arenosas suelen ser ocupadas en pleamar, en especial con mar agitado, actuando en bajamar el viento, que forma campos de dunas, donde nuevas invasiones marítimas forman lagunas marismosas sobre las que crece la vegetación. Los polders holandeses y la repoblación forestal en las Landas francesas han recuperado grandes extensiones de estas tierras en otro tiempo marismosas.

Otras veces el viento y las corrientes litorales actúan conjuntamente creando cordones arenosos litorales, los cuales pueden unirse a tierra en diversos puntos originando lagunas litorales o albuferas, que luego abrirán bocas de comunicación por sucesivos golpes de mar.

Cuando las costas tienen islas cercanas pueden ser unidas a tierra firme por cordones arenosos que se consolidan sucesivamente hasta formar un todo continuo. Así se formaron los llamados tómbolos, como el del Monte Igueldo de San Sebastián.

Las tierras costeras sufren movimientos de emersión o elevación cuando en tiempos geológicos pasados estuvieron sometidas a grandes presiones, por fuerte carga de hielo, como hoy la Antártida. Por eso hoy sufre un movimiento de emersión la costa escandinava, en cuyas tierras altas quedan llanuras o plataformas de abrasión, que fueron antiguas playas litorales y por ello tienen cantos y arenas modeladas o erosionadas por las olas. Pero como compensación a estos movimientos isostáticos de elevación, otras costas sufren movimientos de inmersión, tales como las costas holandesas, las gallegas y las del golfo de Cádiz.

No hay que confundir las costas escarpadas de los fiords, originadas por los glaciares, con las costas escarpadas de materiales compactos de cuarcitas, basaltos, granitos y calizas, con acantilados verticales y erosionados en su base por el mar. Cuando los materiales del roquedo costero son pizarrosos la disposición de sus estratos marca la pendiente de la costa y si el roquedo es arcilloso o margoso aparecen suaves pendientes costeras por desmoronamiento y deslizamiento. (Fig. 26).

Los estratos pizarrosos al ser erosionados por las olas del mar marcan la pendiente a la costa, pues socavados por la base se deslizan las capas o estratos. País Vasco-Francés. (fig. 26)

Acción erosiva de plantas y animales

Las plantas pueden ayudar en el trabajo erosivo, ya que sus raíces disgregan las rocas al introducirse por las grietas, pero además originan una descomposición química similar a la que hacen los microorganismos sobre las rocas. Si bien ordinariamente las plantas evitan la erosión al mantener la tierra en cohesión y al cortar las corrientes de vientos violentos.

Los animales al hacer cubiles, las termitas con sus extracciones de tierra y el exceso de fauna o ganadería, que con sus pezuñas destruyen el tapiz vegetal, pueden favorecer los agentes erosivos.

También actúan microorganismos, bacterias, musgos, hongos y protozoos en general.

Pero con todo el hombre es el más peligroso agente de erosión con sus múltiples obras de explotaciones minerales y roturaciones de bosques y praderas. De tal modo que a él se debe que enormes extensiones de tierras hayan pasado a ser semidesérticas y que favorezcan el avance de los desiertos día a día. Hoy la acción erosiva provocada por el hombre constituye uno de los peligros más amenazantes para la humanidad, aunque en menor cuantía que la falta de agua potable y el exceso de población.

Caso especial de las formaciones coralígenas

Al igual que en épocas geológicas pasadas hoy los corales modifican también la corteza terrestre con sus acumulaciones de caparazones en las aguas cálidas, de poca profundidad, de los mares tropicales. Así se han formado los famosos atolones o anillos coralígenos de las islas de Oceanía. Sucesivas acumulaciones forman archipiélagos y arrecifes como los de las costas orientales de Australia o los llamados abrolhos del Brasil.

Agentes endógeneos del modelado terrestre

Analizados los agentes exógenos del modelado terrestre pasaremos a estudiar los agentes endógenos que actúan desde el interior de la Tierra.

Volcanes

Consisten en un orificio de la corteza terrestre o cráter que comunica con el interior de la Tierra por medio de una abertura o chimenea, por la que salen al exterior gases, vapores, materias ardientes de lava u obsidiana, cenizas y escorias o porciones de lava ya solidificada. Si las partículas son de 1 mm. a 5 cm. de espesor se denominan lápilli, si son de 5 a 20 cm. se llaman bloques, denominándose bombas las de mayor dimensión. Y cuando salta la lava al aire esponjándose a su contacto tenemos la piedra pómez o toba.

El conjunto de materiales volcánicos suele acumularse alrededor del cráter formando montañas cónicas, pero también la lava puede extenderse por los alrededores, rellenando antiguos valles o deslizándose por pendientes, con lo que modifican el aspecto de la corteza terrestre.

Por la forma del cono volcánico se distinguen las siguientes clases de volcanes:

a) Volcanes de estilo hawaiano, constituidos por materiales muy diluidos y por tanto aplanados sobre la superficie terrestre.

b) Volcanes de estilo estromboliano, constituido por materiales viscosos y que adquieren forma de cono casi perfecto.

c) Volcanes de estilo peleano, constituido por materiales que rápidamente solidifican y adquieren formas cilíndricas. Peligrosísimos porque una explosión los puede lanzar por el espacio ocasionando muchas víctimas, como sucedió con el Mont Pelé de la isla francesa de la Martinica, en el Caribe.

d) Volcanes de estilo vulcaniano, en que los materiales viscosos y diluidos alternan, taponándose el cráter, con explosiones y aparición de nuevas bocas que forman un nuevo cono volcánico unido al primitivo. Otras veces se hunde el cráter y aparece una caldera volcánica.

Manifestaciones volcánicas atenuadas son las solfataras (que desprenden gas sulfuroso), las mufetas (que desprenden ácido carbónico), las fumarolas, las termas y los geíseres.

Cuando el magma o hipomagma que formará el volcán aparece en la superficie del cráter, por disminución de las presiones a que estaba sometida, se producen reacciones químicas y radiactivas que elevan la temperatura y lo transforman en piromagma. Este piromagma suele solidificarse en la misma caldera transformándose entonces en epimagma, pero puede también desparramarse por los alrededores ocupando diversas superficies. Si esta colada de piromagma se va solidificando formando grandes arrugas se denomina entonces pahoehoe, pero si forma pequeñas arrugas se llama aa. Y si la lava discurre por tierras pantanosas se abombará en forma de cúpulas por efecto del vapor de agua que se se desprende, originando así grutas o cuevas. A veces estas cúpulas se hunden por reventar sus materiales al enfriarse bruscamente, formándose trincheras con los bloques que se han despedazado, como es corriente ver en Islandia o en las mismas islas Canarias.

Las cenizas y bloques de un volcán pueden caer al fondo de los mares formando una superficie que se llama peperitas. Y si estos materiales cayesen en tierra firme o pantanosa se denominan peperinos, como los materiales que integran los alrededores de Roma en que se excavaron las catacumbas. (Fig. 27). Si en el momento de caer las cenizas acompañan grandes lluvias forman coladas o barrizales llamados lahar, muy comunes en la isla de Java y que fueron los que invadieron las ciudades de Pompeya y Herculano en la época de la Roma Imperial.

Los cráteres apagados pueden formar calderas que las aguas rellenan, caso del lago Bañolas en Gerona, Bolsena en Italia y Cráter-Lake en Oregón, en los Estados Unidos. Pero si se erosiona el cono volcánico y los materiales de la chimenea resisten y afloran se denominan espigones, pasando algo parecido con la lava volcánica si al discurrir por la superficie rellena antiguas grietas y luego resisten la erosión, apareciendo como diques. También la lava pudo incrustarse entre capas sedimentarias formando un sill o verdadero lacolito abombado.

Ordinariamente las lavas han resistido la acción de los agentes erosivos y en Islandia, Canarias, Oregón, el Decán, etc., aparecen masas de basalto, un tanto negruzco y parecido al granito, que en la región

Las catacumbas romanas se excavaron en su subsuelo de cenizas volcánicas o peperinos. (fig. 27)

de los Andes es de grano mucho más fino y se le conoce con el nombre de andesita.

Hay volcanes extinguidos y volcanes en actividad, estos últimos en número de unos 400, de los cuales más de las tres cuartas partes se encuentran en el llamado cinturón de fuego del Pacífico, así llamado por bordear los volcanes las costas de este Océano. Pero de todos modos la actual actividad volcánica es una sombra al lado de lo que debió ser en anteriores épocas geológicas, de las que nos quedan extensos campos laváticos configurando el relieve terrestre.

Movimientos sísmicos

Los seismos o temblores de la Tierra son movimientos más o menos violentos de la corteza terrestre. A veces son solamente perceptibles por los sismógrafos, aparatos ideados para su medición, pero otras originan tremendas catástrofes y alteraciones del relieve.

Se originan los seismos en puntos del interior del globo, a poca profundidad (hipocentro) y se propagan en ondas concéntricas por la superficie terrestre a partir del epicentro o punto exterior o de afloración del hipocentro. Cuando se produce el movimiento sísmico bajo la superficie del mar se denomina maremoto, de consecuencias catastróficas si actúa cerca de costas muy pobladas.

Se clasifican los seismos o terremotos según la escala de Mercalli-Cancani en diez grados, desde los solamente perceptibles con aparatos hasta los muy catastróficos, tales como el que destruyó Lisboa en 1775, el que destruyó San Francisco de California en 1906 o el que destruyó Agadir (Marruecos) en 1962.

Movimientos epirogénicos

Son levantamientos o hundimientos de extensas zonas terrestres, tan lentos que solamente se aprecian en amplios espacios de tiempo, percibiéndose sus efectos solamente en las regiones costeras. Ruinas de antiguos templos fenicios se encuentran bajo las aguas en las costas de Cádiz. Y en Holanda sabemos que hacia el siglo VIII se produjo el hundimiento de lo que es hoy el desecado Zuiderzée. Mientras que en Finlandia y Escandinavia movimientos de emersión de sus costas las elevaron hasta más de 200 metros en tiempos históricos.

Son movimientos llamados de isostasia o compensación, ya que Escandinavia tuvo en períodos glaciares un enorme peso de un casquete polar de hielos, que al desaparecer le han aligerado y tiende a elevarse.

Estos movimientos isostáticos no deben confundirse con los movimientos de eustasia en los mares, que consisten en elevaciones y descenso del nivel de sus aguas a causa de la fundición o acumulación de masas ingentes de hielo en casquete polar y altas montañas.

Movimientos orogénicos o estructurales

Existen dos clases de movimientos orogénicos. Los pliegues o arrugamientos de la corteza terrestre producidos por presiones tangenciales o laterales, al modo que se ondula una cartulina presionada por los dedos en sus bordes. (Fig. 28). Y las fracturas o fallas de la corteza terrestre en sentido vertical.

Los plegamientos han dado lugar a las más elevadas montañas, distinguiéndose en todo pliegue una zona elevada o saliente denominada anticlinal y una zona hundida o entrante llamada sinclinal.

En otras épocas geológicas hubo movimientos de plegamiento que dieron lugar a grandes cordilleras, aunque hoy los más antiguos aparecen ante nosotros desgastados por la erosión hasta su base, constituyendo un zócalo, mientras que los materiales arrancados se depositaron en lugares más bajos, o en el fondo de los mares y de los lagos, constituyendo amplias cuencas sedimentarias, roquedo sedimentario cuyas facies paralelas dan cuenta del proceso físico-químico a que se han visto sometidas, por el calor y la presión.

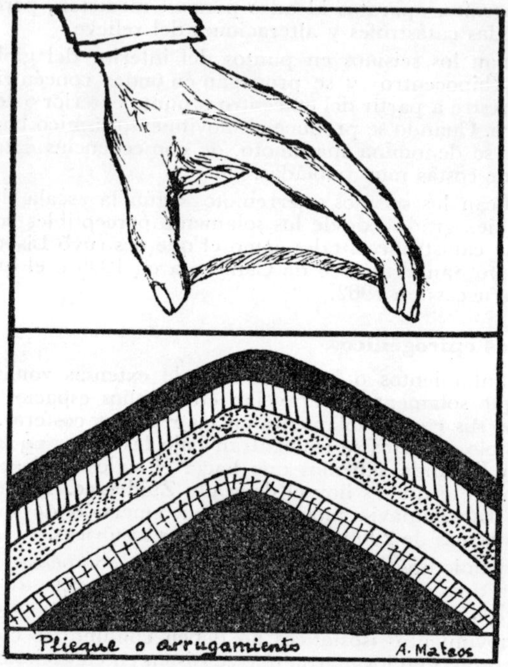

(fig. 28)

En la era Arcaica o Agnoszoica se produjo el plegamiento Huroniano extendido por el N. del Canadá y zonas polares europeas. Apareciendo a principios de la era Primaria el denominado Caledoniano (de Caledonia, en Escocia) que se extendió por el sur del anterior. Nuevamente al final de la era Primaria el llamado plegamiento Herciniano produjo levantamiento de tierras, que, al Sur de los anteriores plegamientos, se extendió por los Apalaches, Galicia, Castilla, Macizo Central francés, Sur de Alemania, Urales y Siberia. Por fin en época Terciaria aparece el plegamiento Alpino que elevó las grandes montañas actuales como los Andes, Himalaya, Caúcaso, Cárpatos, Alpes, Pirineos, Atlas, etc.

Las tierras por donde se extendieron los antiguos plegamientos tienen poca elevación a causa de la erosión que han sufrido durante tantos millones de años, transformándose en grandes plataformas o llanadas, más o menos planas (penillanuras), denominadas zócalos continentales, constituidos por duros materiales entre los que el granito forma la masa principal. (Fig. 29). Estos zócalos continentales con el plegamiento alpino sufrieron fuertes presiones, que en algunos puntos los fracturaron o fallaron, denomiándose nacizos, como el Galaico, el Central francés, el del Jura, el del Hérz alemán, etc. Pero grandes extensiones de los zócalos resistieron la presión rígida, sin fracturarse, denominándose entonces escudos, como el canadiense, el escandinavo, el brasileño, el siberiano, el chino-mogol, el sahariano, el arábigo y el australiano. A su lado se formaron cubetas sedimentarias por la acumulación de materiales erosionados, por las que discurren los ríos como el Obi, Yenisei, Hoang-ho, Misisipí, Congo, Amazonas, etc., pero que en otras épocas geológicas debió de invadir el mar, ya que aparecen restos calizos orgánicos en su constitución. No llegando sin embargo, a invadir los mares a los grandes zócalos o escudos.

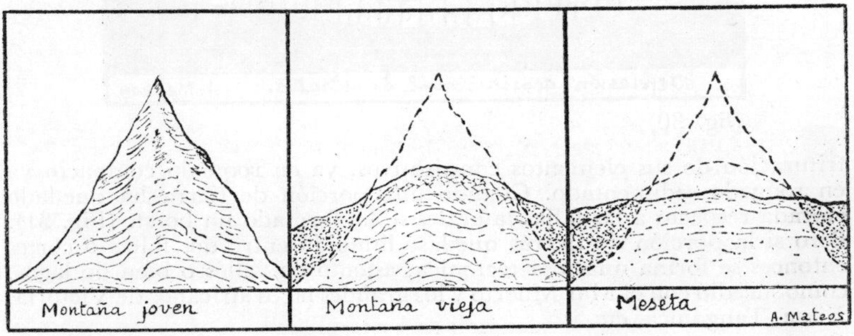

(fig. 29)

Sin embargo, estas cuencas sedimentarias formadas por los materiales de erosión arrancados a los relieves primarios se plegaron en grandes extensiones por acción del movimiento alpino, constituyendo parte integrante de muchas zonas de los Andes, Alpes, Himalaya, Cáucaso, etcétera. En ellas la erosión terciaria y cuaternaria ha dejado al descubierto sus capas sedimentarias y en las cúspides incluso las ha descarnado, apareciendo masas graníticas de su basamento antiguo constitutivo de los escudos y macizos.

Por tanto, las modernas cordilleras surgieron por plegamiento de los geosinclinales o grandes cuencas sedimentarias de los fondos de los océanos, acumuladas por la erosión en capas de varios kilómetros de espesor, que sufrieron transformaciones y metamorfosis por efecto de la presión y el calor. (Fig. 30). El plegamiento, con sus empujes tangenciales, fracturó los bordes de los zócalos o cratones del primigenio geoanticlinal dando lugar a los macizos fallados y a la aparición de tierras volcánicas y de inestabilidad con movimientos sísmicos.

Este movimiento no ha cesado y parece ser que en las profundas aguas de Asia Oriental y América Oriental los pliegues de un futuro anticlinal empiezan a emerger de las aguas, formando guirnaldas de islas que son sus indudables manifestaciones ya el archipiélago del Caribe, ya el de Insulindia, Filipinas y Japón.

Las fallas o cortes verticales de la corteza terrestre han seccionado los bordes de los escudos, constituyendo lo que llamamos macizos geográficos. En estas fallas los dos labios o lados sufrieron una verdadera

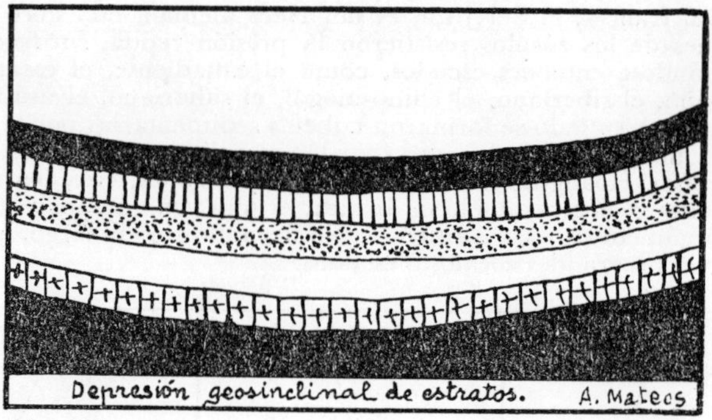

(fig. 30)

trituración de sus elementos constitutivos, ya en roquedo compacto ya en roquedo sedimentado. Cuando una porción de tierra ha quedado elevada respecto a las fallas laterales se ha formado un horst. (Fig. 31). Pero si la porción de tierras quedase hundida entre dos fallas o cortes entonces se forma una fosa tectónica, asiento de valles o bien de lagos, como sucedió con el Mar Muerto y los grandes lagos africanos de Victoria, Niasa, Tanganica, etc.

(fig. 31)

La morfogenesis del planeta

Las diferentes clases de rocas que forman la corteza terrestre en el Sial han sufrido plegamientos y fallas en las diversas eras geológicas, continuando lentamente en la actualidad. Del mismo modo continúa la actividad erosiva de los diversos agentes externos de modelado, al estilo que lo hiciese en el pasado lluvia, viento, glaciares, ríos, etc. La geomorfogenesis será por tanto más activa con abundancia de fenómenos sísmicos y cuando la acción erosiva se ve favorecida por el aumento de la sequedad en la atmósfera y disminución de la vegetación.

Actualmente en las regiones de clima templado pero abruptas, sobre la base de las montañas, percibimos que los agentes erosivos han depositado materiales en extensiones que varían de uno a treinta kilómetros de laderas sedimentarias de suave inclinación, que es lo que constituye su glacis, más profundos y extensos los sedimentos cuanto más blandos sean los materiales que integran la roca madre. En estas suaves laderas las arroyadas y escorrentias marcan surcos que permiten analizar las capas sedimentarias acumuladas durante tiempos geológicos pasados. Y cuando los materiales se acumulan sobre la misma base de la montaña, predominando los guijarros, a modo de canchal o pedregal, se denomina piedemonte. Y no es raro que el piedemonte esté soportado sobre un glacis.

En los países cálidos y húmedos, de carácter ecuatorial, la acción erosiva se ve acompañada por fenómenos de hidratación y de descomposición química, a causa de la elevada temperatura de la atmósfera y de las aguas, por lo que la actividad erosiva es mayor y los glacis, por tanto, mucho más inclinados, denominándoles pedimentos, mientras que en las tierras de alrededor, más bajas, hay roquedo sedimentario muy alterado, como lateritas (de aluminio y hierro) y costras silicias, que se asientan sobre profundos suelos de fina arcilla, constituyendo en conjunto materiales eluviales o sábulos, para distinguirlos de los materiales aluviales de las arroyadas y valles fluviales de otras latitudes. Esta actividad erosiva tan intensa ha hecho que la roca madre se haya descompuesto en mucha profundidad (hasta más de 100 metros a veces)

Cercanías de San Martín de Valdeiglesias (Madrid). Cantera en rocas graníticas que muestra sus cortes en formas cúbicas, similares a los bloques y grietas donde crecen los pinos. (fig. 32)

y que los picachos montañosos aparezcan con formas redondeadas formando un monte-isla o inselberg, a estilo de los graníticos panes de azúcar brasileños, tales como el que soporta el Sagrado Corazón en Río de Janeiro.

En las penillanuras y terrenos más o menos escabrosos de roquedo granítico u plutónico, con climas secos, ya cálidos, ya fríos (con glaciares inclusive), las rocas salientes forman cubos y agujas. (Fig. 32). Hay material silíceo sedimentario en las llanadas y en las cubetas de los valles, originarios estos de fracturas o fallas rellenas. (Fig. 33). También puede aparecer en los valles de artesa de clima glaciar.

Cercanías de Fermoselle (Zamora). Material silíceo sedimentario recubre el macizo duriense en la penillanura que atraviesa el río Duero antes de internarse en Portugal. (fig. 33)

En las tierras de roquedo volcánicas hay penillanuras de coladas de lavas y también se originan valles de caldera, o bien crestas o pitones o espigones que resistieron a la acción erosiva.

Pero las tres cuartas partes de la superficie del planeta están integradas por tierras sedimentarias, con capas de materiales cementadas o no cementadas, formando grandes llanuras y cubriendo grandes extensiones de las jóvenes cordilleras, ocupando muchas veces la totalidad de cuencas hidrográficas. Aquí la labor erosiva suele ser muy intensa. Diversas capas sedimentarias quedan al descubierto en los valles erosionados, en especial en los profundos escarpes, taludes y cañones que han formado los ríos desde finales de la era Terciaria y que hoy continuan en su trabajo de erosión. (Fig. 34). Pueden percibirse muy nítidamente

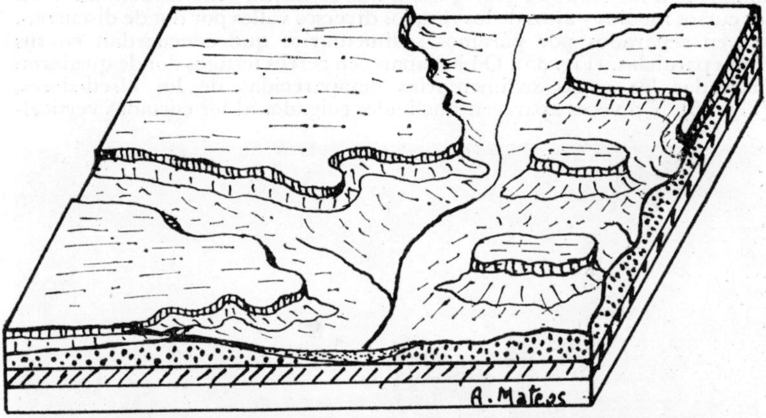

Capas sedimentarias excavadas por las aguas pluvio-fluviales. (fig. 34)

en los cortes del terreno que se hacen para el trazado de carreteras y en los trabajos de cimentaciones de los grandes edificios. También se

Capas sedimentarias areniscas y calizas en los páramos palentinos de Aguilar de Campoo, en la carretera hacia Reinosa. (fig. 35)

perciben en las costas acantiladas sedimentarias, apareciendo en todas ellas los sedimentos en capas paralelas de mayor o menor inclinación conforme a los empujes geológicos a que se hayan visto sometidas. Y en los cursos medios y altos de los ríos, los diversos valles por donde discurren, se ven separados por páramos sedimentarios que concuerdan en sus capas paralelas. (Fig. 35). O bien aparecen cerros testigos donde quedaron marcadas las capas sedimentarias desaparecidas de los alrededores, (Fig. 36). Y a veces aparecen sinclinales colgados al ser cortadas vertical-

Castillo de Arévalo (Avila) sobre un cerro testigo. (fig. 36)

mente las capas que los constituyen. Encontrando muy a menudo riachuelos o arroyos que se deslizan por las laderas de un anticlinal o montaña de plegamiento, dejando al descibuerto sus capas, a modo de cuchilladas, hasta formar en sus entrañas un pequeño valle en forma de embudo que se denomina ruz. Y si la labor erosiva continúa hasta cortar al anticlinal totalmente se denomina cluse, pudiendo en este caso captar otras corrientes fluviales que aparezcan en el lado opuesto, ya que en realidad lo que hace es saltar la línea divisoria de aguas y capturar los ríos de la vertiente opuesta que drenará en lo sucesivo. (Fig. 37).

En los terrenos calizos ya hemos señalado los fenómenos cársticos que produce la erosión.

Así pues, a causa de la morfogénesis terrestre o geomorfogénesis que efectúan los agentes de modelado, el actual relieve terrestre sigue modificándose lenta pero continuamente.

El aspecto y análisis de este modelado terrestre es por tanto objeto de la geomorfología o estudio de las formas del relieve, que antiguamente se denominaba estudio orográfico.

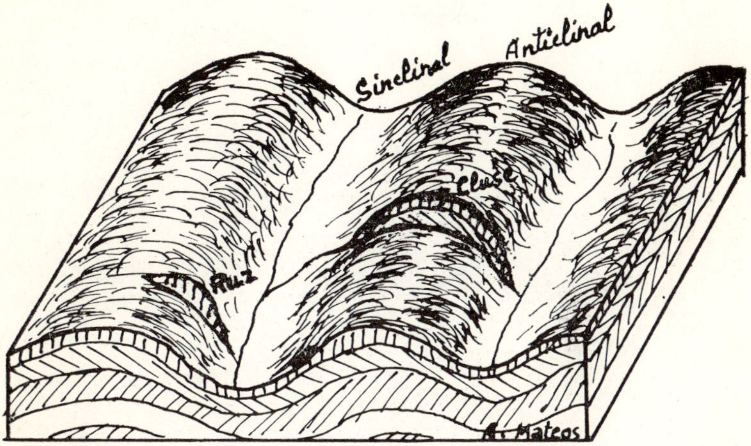

Labor de erosión en la ladera de un anticlinal formando un ruz y un cluse.
(fig. 37)

Prácticas sobre la morfología local

Pueden realizarse estudios y observaciones sobre la constitución de las tierras que integran el relieve local, haciendo recogida de sus rocas para comprobar su elemental constitución, percibiendo si son calizas, areniscas, arcillosas, graníticas, pizarrosas, etc. Los cuales trabajos pueden luego realizarse sobre las clases de cultivos locales, el paisaje, la vegetación, etc., aunque la influencia del clima sea desde luego fundamental. Incluso pueden elaborarse diagramas bloques sobre la constitución del roquedo aproximadamente.

Desde la edad de uso de razón debemos acostumbrarnos a percibir formas de relieve, tipos de roquedo, fenómenos de erosión diversos, etc. Lo que nos acostumbrará a relacionarlos con otros estudios y con las diversas formas de vida de los habitantes de nuestra localidad y de otras tierras del planeta. Nociones que aunque sean elementales e intuitivas nos preparan para saber observar, tan importante en los estudios geográficos posteriores. De aquí que se hable del aprendizaje de la Geografía partiendo de lo local, del medio ambiente, que hay que aprender a observar y comparar.

CAPITULO IV

HIDROSFERA

Masa acuática y tierras emergidas

De la simple observación de un globo terrestre se deduce la desproporción entre la superficie ocupada por las aguas y la ocupada por la tierra emergida, de modo que de los 510 millones de kilómetros cuadrados, que aproximadamente tiene la superficie total del planeta, casi las tres cuartas partes (341 millones de kilómetros cuadrados, o 70,8 %) corresponde a las aguas marítimas y una cuarta parte (149 millones de kilómetros cuadrados, o 29,2 %) corresponde a la parte de tierras emergidas.

Pero el volumen de las aguas oceánicas es solamente de 1.350 millones de metros cúbicos.

También podemos apreciar que en el hemisferio N. hay muchas más tierras que en el austral. Y si considerásemos trasladado el polo N. a París quedaría en el hemisferio septentrional resultante la mayor parte de la masa terrestre emergida, que con todo no ocuparía más que el 49 % de la superficie total de dicho hemisferio imaginario. Pero entonces en el hemisferio austral imaginario las tierras no llegarían a ocupar el 8 % de su superficie total. (Fig. 38).

Océanos y Mares

El elemento líquido de la Tierra o hidrosfera lo forman las aguas de los mares y océanos, así como el agua que discurre por la litosfera formando ríos y lagos.

La distinción entre océano y mar es un tanto confusa, ya que a la inmensa masa de agua que separa las continentes las llamamos océanos a causa de su gran extensión, reservando el nombre de mares para cuando nos referimos a partes de esa misma masa líquida considerada como una

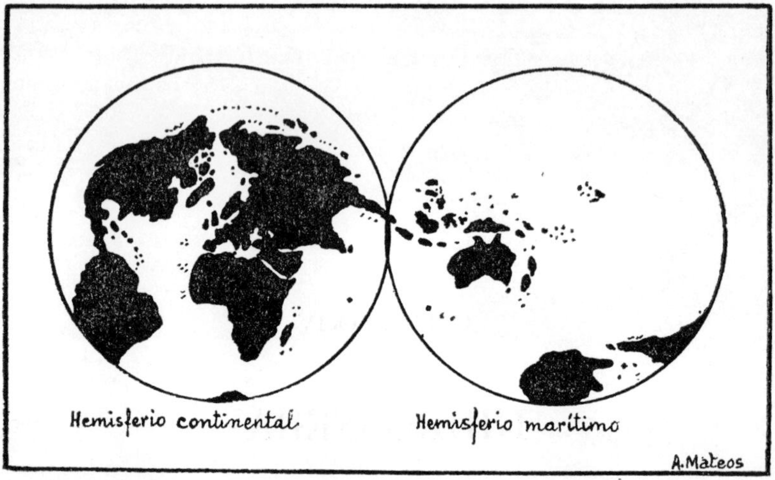

Proporción de tierras y aguas considerando el Polo N. en París. (fig. 38)

porción oceánica, menos profunda y limitada por tierras próximas, con más o menos amplio acceso al mismo océano. Así decimos mar Mediterráneo, mar del Caribe, mar Rojo, etc.

La totalidad del agua salada u oceánica, aunque es una masa continua, se divide en cinco partes u océanos, ampliamente comunicados entre sí, que en orden de extensión son:

El Océano Pacífico, tan grande como todos los demás océanos juntos, separa las costas de América de las de Asia y Australia. Vasco Núñez de Balboa al descubrirlo lo denominó Mar del Sur. Y cuando lo atravesó Magallanes lo llamó Océano Pacífico o de las Damas, porque tuvo la suerte de no sufrir tempestades, aunque se producen temibles, en especial en las costas asiáticas.

El Océano Atlántico, extendido entre las dos zonas polares del N. y del S., separa América de Europa y Africa. Se estrecha en las proximidades del Ecuador, dividiéndolo en dos zonas, la del Atlántico S. y la del Atlántico N., esta la más transitada del mundo por unir las tierras más industrializadas y progresivas.

El Océano Indico, situado al Sur de Asia, entre Africa oriental y Australia occidental, es el de aguas más cálidas de todos los océanos por estar atravesada la mayor parte de su masa por el ecuador y el trópico de Capricornio.

El Océano Glaciar Artico es más bien un mar que un océano, ocupando el casquete polar entre las tierras septentrionales de América, Europa y Asia, con aguas heladas buena parte del año y amplio acceso al Atlántico.

El Océano Glaciar Antártico es en realidad la porción más meridional de los Océanos Indico, Pacífico y Atlántico que se comunican entre sí, pero que por bañar las imprecisas costas de la Antártida, tan alejadas de las ordinarias vías de comunicación, se le considera como un océano más, temible para la navegación por sus grandes icebergs que se sueltan de los glaciares establecidos en sus riberas.

Los mares son articulaciones de los océanos, separados de estos por islas, archipiélagos o penínsulas (casi islas.) Por la situación respecto a los continentes se dividen en mares litorales y mediterráneos. Los primeros, como su nombre indica, se encuentran en los bordes de los continentes, tales como los de Bering, Okotsk, Japón y de la China, en el Pacífico; los de Omán y Pérsico, en el Indico y el Cantábrico, del Norte y Báltico en el Atlántico, juntamente con el americano golfo o mar de Hudson. Los mares mediterráneos se llaman así porque separan los continentes entre sí y son tres: el propiamente Mediterráneo que separa Europa de Asia y Africa; el Rojo, que separa Africa de Asia y el del Caribe, que separa las dos masas continentales de América, la septentrional y la meridional. También deberían de considerarse como mediterráneos el Glaciar Artico y el Glaciar Antártico, ya que separan entre sí masas continentales y son porciones de otros océanos.

Muchos geógrafos consideran como otro tipo de mares los cerrados, que son en sí lagos, pero que, por creerse que en otros tiempos geológicos estuvieron unidos a los mares y por la salinidad de sus aguas, reciben indebidamente el nombre de mares, tales como el Caspio, el Aral y el Muerto.

Configuración submarina

De acuerdo con la profundidad distinguimos en las aguas marinas las zonas siguientes: bordeando a los continentes hay una plataforma continental que alcanza hasta una profundidad de los 200 metros, plataforma que suele ser más extensa cuanto más bajas son las tierras que la bordean. Sigue un talud continental, de descenso rápido hasta profundidades de unos 3.000 metros, hasta donde la luz solar penetra en toda la superficie oceánica y que constituye la masa acuática denominada pelágica. Desde los 3.000 metros hasta los 5.000 metros de profundidad se extiende la llamada plataforma de mar profunda, cuya masa acuática forma la región batial. Por último queda la región abisal de grandes profundidades superiores a 5.000 metros.

El fondo submarino es suavemente ondulado y mucho menos accidentado que el relieve terrestre, puesto que las aguas lo protegen y no sufren los agentes erosivos de la corteza terrestre, además de rellenarse los fondos con los materiales erosivos que aportan los ríos y las materias diversas en suspensión.

Aunque predominan en los océanos las grandes extensiones llanas, se vienen distinguiendo diversos accidentes. Hay fosas marinas, profundas, estrechas y alargadas, que por contraste surgen en las cercanías de ciertas costas, creyéndose que son de origen volcánico y que por su profundidad sobrepasan las alturas de las grandes montañas, así, en el Pacífico, en las costas volcánicas de Asia, están las fosas del Japón (8.500 metros), la de las Marianas (9.600 metros) y las de Filipinas (10.840 metros); habiendo registrado en el Caribe más de 7.500 metros en la fosa de Jamaica y 9.200 metros en la de Puerto Rico.

También hay en los océanos calderas o cubetas, depresiones oblongas de suave pendiente que cierran extensas llanuras. Plataformas o llanuras amesetadas que sobresalen del fondo submarino colindante. Bancos o altas mesetas menos extensas que las plataformas. Y crestas, dinteles o dorsales, especie de cordilleras que se elevan desde el fondo submarino hasta cerca de la superficie, aflorando en algunos lugares, así la dorsal del Atlántico se extiende en sentido de los meridianos y sobre ella se asientan las islas Azores, la de Ascensión, etc.

Propiedades del agua del mar

El agua marítima no es potable por las sales disueltas que contiene, aproximadamente un 35 por mil (35 gramos en un Kg. o decímetro cúbico de agua), haciéndola más densa que las aguas dulces.

Predomina en sus sales el cloruro sódico o sal común (78 %) y el cloruro de magnesio (10 %), que le da sabor amargo y efecto purgante. Pero oscila la salinidad de unos mares a otros de acuerdo con la evaporación superficial y el aporte de caudal fluvial. Así en el Golfo de San Lorenzo, el aporte de las aguas de los grandes lagos americanos que lleva el río del mismo nombre, hace descender la salinidad a un 30 por mil. En cambio en el Mar Rojo, carente de aportes fluviales y sometido a intensa evaporación, pasa del 40 por mil su salinidad. En el Mar Negro no llega más que al 18 por mil y al norte del Caspio se queda en un 12 por mil.

La temperatura del agua superficial del mar es por lo general un grado más elevado que la capa de aire qie sobre él gravita, pero debido a su salinidad el punto de congelación, en las altas latitudes, es a temperatura inferior a dos grados bajo cero, formando entonces en la superficie extensas masas de hielo, quebrado por el mismo embate de las olas, constituyendo el icefields, que las corrientes trasladan a más bajas latitudes formando una línea discontinua llamada banquise. Pero que no debe confundirse con los icebergs, enormes masas de agua dulce procedente de los glaciares polares. En cambio, en las bajas latitudes la temperatura disminuye con la profundidad, hasta alcanzar una temperatura uniforme en el fondo de todos los océanos, de unos 2 ó 3 grados sobre cero y a partir de los dos mil metros de profundidad. Por debajo de esta profundidad parece que se originan movimientos de masa acuática intercambiándose las aguas polares y ecuatoriales.

El color aparente de las aguas del mar es debido a la mayor o menor transparencia de las mismas, que depende de la cantidad de materias orgánicas o inorgánicas que posee en suspensión. Tienen color azulado las aguas más transparentes, porque la luz solar al atravesar la masa acuática se descompone en los colores del espectro (los mismos del arco iris), siendo el azul el que llega a más profundidad sin ser absorbido, al igual que sucede en el aire atmosférico. Las aguas más calientes y saladas, por ser más pobres en oxígeno, son más transparentes y por tanto más azules. En cambio las aguas frías y menos saladas, por contener más oxígeno y nitrógeno absorbido del aire, poseen más plancton o pequeñísimas partículas orgánicas de plantas o animalitos microscópicos, por lo que adquieren color verdoso. Pero hay mares de otra coloración debida a tener sustancias inorgánicas en suspensión, que le dan el nombre, así los mares Rojo, Amarillo y Bermejo, como llamaron los españoles al Golfo de California. No sucede así con los mares Negro y Blanco, el primero llamado así por los griegos, que le denominaban el inhóspito, obscuro o Ponto Euxino; mientras que el segundo deriva de mar santo o santificado a causa de las peregrinaciones religiosas que se hacían en sus orillas.

Movimiento del mar

Las aguas marítimas no están quietas, sino que se mueven formando olas, mareas y corrientes marinas.

Las olas son movimientos ondulatorios de la superficie oceánica producidos por el viento. La parte saliente o elevada de la ola se llama cresta y la entrante o baja seno. Y aunque parece que las aguas avanzan por las crestas en realidad cada partícula permanece en el mismo lugar, subiendo y bajando por un movimiento giratorio circular que se transmite de partícula a partícula de agua, causa del oleaje mismo. Pero cuando las olas se acercan a las costas, al disminuir la profundidad, los senos rozan contra el fondo, avanzando menos que las crestas, deformándose y estrangulándose éstas, dando lugar a choques de su masa contra arenales y acantilados, verdaderos rompientes devastadores a veces, si se piensa que en el Atlántico las olas adquieren alturas de hasta 6 y 7 metros, alcanzando doble altura en el Pacífico. Y si a veces el mar está rizado en días serenos, sin viento, es porque las olas son producidas en regiones alejadas y, otras veces, la causa es la inercia o impulso que se transmite después de calmarse los vientos.

Las mareas son cambios de nivel del mar producidos dos veces en el período de 24 horas y 50 minutos, por lo cual la marea se retrasa 50 minutos respecto al día anterior, retraso que coincide con el de salida de la Luna respecto al día anterior también. Por ello desde la antigüedad se atribuyó a la Luna la causa de las mareas, explicadas posteriormente por la ley de gravitación universal de Newton, que nos aclara también la intervención del Sol, aunque con menos fuerza, en el fenómeno de las mareas. Y cuando la Tierra, la Luna y el Sol están en la misma línea se producen las mareas vivas o sizigias. Al movimiento ascendente del nivel marítimo o marea ascendente se le llama flujo, avanzando las aguas hacia el interior de las costas. Al movimiento contrario o marea descendente se le denomina reflujo. Diciéndose pleamar cuando alcanza el nivel máximo y bajamar cuando llega al nivel mínimo. La altura alcanzada por la marea se registra en la costa por medio del mareógrafo, pudiendo alcanzar hasta unos 12 metros de altura en costas en forma de embudo donde se acumula mucha masa acuática, pero de ordinario la diferencia entre pleamar y bajamar es de unos 2 ó 3 metros, siendo mínimas en mares cerrados y pequeños como el Mediterráneo.

Las corrientes marinas son las de mayor interés geográfico entre los movimientos de agua del mar. Consisten en desplazamientos de grandes masas a través de los mismos océanos, como anchurosos ríos, apreciables por su diferente coloración, temperatura y objetos diversos que arrastra, tales como icebergs, maderos o barcos a la deriva. Son importantes porque su corriente, aunque lenta, favorece la navegación de los barcos que la siguen; benefician la aparición de ricas pesquerías al mezclarse aguas de diferente salinidad y temperatura que favorecen al plancton y, principalmente, porque producen cambios climatológicos en las regiones costeras que bañan, cambiando sus posibilidades de habitabilidad, ya favoreciéndolas, ya perjudicándolas.

No se conoce con precisión las causas que originan las corrientes marinas, pero parece que tienen relación fundamental con los vientos, la diferencia de densidad antre diversas masas y los movimientos de rotación y traslación del planeta.

Examinado un planisferio observamos que forman a modo de círculos alrededor de los océanos. En el océano Pacífico una ancha corriente circula de E. a O. a lo largo del ecuador, chocando contra las costas asiáticas y australianas que la obligan a bifurcarse. Es la corriente caliente ecuatorial del Pacífico, recibiendo el nombre de corriente del Kiro Sivo el ramal que se dirige hacia Asia, favoreciendo el clima de las costas del Japón, Alaska y Canadá, desde donde, ya enfriada, desciende de latitud, con el nombre de corriente fría de California, hasta alcanzar las aguas ecuatoriales de origen. Otro ramal de la corriente cálida ecuatorial del Pacífico al chocar contra las costas de Australia las favorece, así como las de Nueva Zelanda, para bordear el Antártico y mejorar el clima de Chile meridional, bajando en latitud hacia el ecuador con el nombre de corriente fría de Humbold. Los dos ramales de la corriente ecuatorial del Pacífico han cerrado así sendos círculos con su recorrido a lo largo de sus bordes.

En el Océano Indico la corriente cálida ecuatorial favorece el clima de las costas africanas al chocar contra ellas, bordeándolas hacia el Antártico y regresan hacia el ecuador por las costas occidentales de Australia, perjudicadas por ser masas enfriadas en su largo recorrido por el sur del Indico.

La corriente cálida ecuatorial del Atlántico choca contra las costas americanas, bifurcándose. Una rama, con el nombre de corriente del Brasil favorece las costas orientales de América meridional, para bordear el Océano Antártico y regresar hacia el ecuador por las costas occidentales africanas con el nombre de corriente fría de Benguela. La otra rama bordea el Golfo de Méjico y se dirige hacia Europa con el nombre de corriente cálida del Gulf Stream, favoreciendo el clima de este continente, sobre el que choca, marchando una rama a favorecer las costas de la península escandinava y bajando otra rama hacia las Canarias, donde se la conoce con el nombre de corriente fría de Canarias, hasta incorporarse a las latitudes ecuatoriales de origen. Al igual que en el Océano Pacífico, han formado dos círculos las corrientes atlánticas bordeando sus riberas.

Si una rama del Gulf Stream entaba en el Artico por Escandinavia, poniendo en movimiento sus masas de agua, como compensación salen dos corrientes de aguas frías del Artico, la una por el estrecho de Bering, que con el nombre de corriente del Oyo Sivo perjudica las costas del N. E. de Asia. La otra rama con el nombre de corriente fría del Labrador perjudica las costas del N. E. de América septentrional.

Y alrededor de la Antártida, rumbo hacia el E., discurre una corriente fría llamada de la Antártida. (Fig. 39).

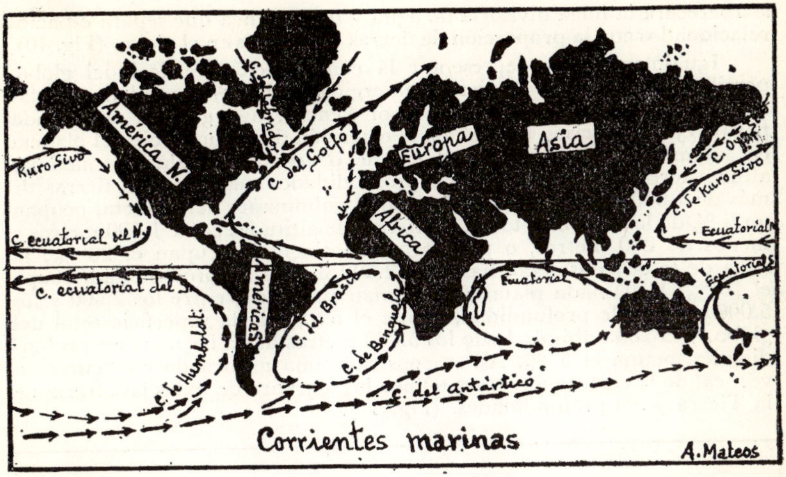

(fig. 39)

Gráficas de distribución de tierras y mares

Si observada una esfera terrestre se ve perfectamente la desproporción que existe entre superficies acuáticas y terrestres, para expresar gráficamente esta visión se ha ideado una gráfica llamada de configuración horizontal del globo. Consiste en una semielipse en que aparecen los grados de latitud en una línea vertical y en el semieje elíptico la línea de ecuador y demás paralelos en relación con su verdadera extensión en la Tierra. Trazando sobre los paralelos los puntos que separen la proporción de tierras y aguas en cada uno de ellos y uniéndolos entre

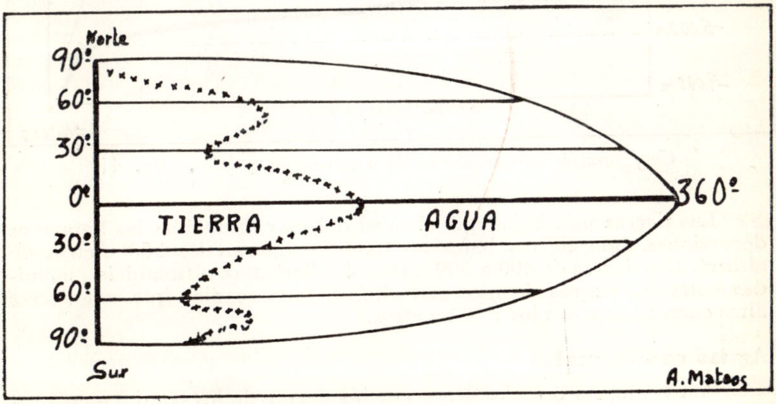

Configuración horizontal del Globo. (fig. 40)

sí aparecerá la línea divisoria de agua y tierra, línea que separa espacios relacionados con la proporción de tierras y de aguas en el globo. (Fig. 40).

Igualmente para representar la configuración vertical del globo, percibiendo la altitud de tierras emergidas y las profundidades de las aguas sumergidas, se ha ideado (por Pench), una gráfica, constituida por un eje de abscisas, que señala la extensión de la superficie del planeta en kilómetros cuadrados, y el eje de ordenadas señala las máximas alturas terrestres y las máximas profundidades marinas. Las tierras de más de 1.000 metros de altitud, o zona culminante del planeta, ocupan un 6 % de la superficie total; las tierras de altitudes entre 1.000 metros y menos de 200 metros, o plataforma continental, ocupan el 20 %; la zona de talud contineal, hasta los 2.500 metros de profundidad, ocupa el 10 %; la llamada plataforma de mar profunda, entre los 2.500 y los 5.000 metros de profundidad, ocupa el 59 % de la superficie total del globo, y la zona abisal, desde los 5.000 metros hasta las mayores profundidades, ocupa el 5 %. Así se construye una gráfica de configuración vertical de la corteza terrestre, o línea hipsográfica de todas las alturas de la Tierra y sus profundidades. (Fig. 41).

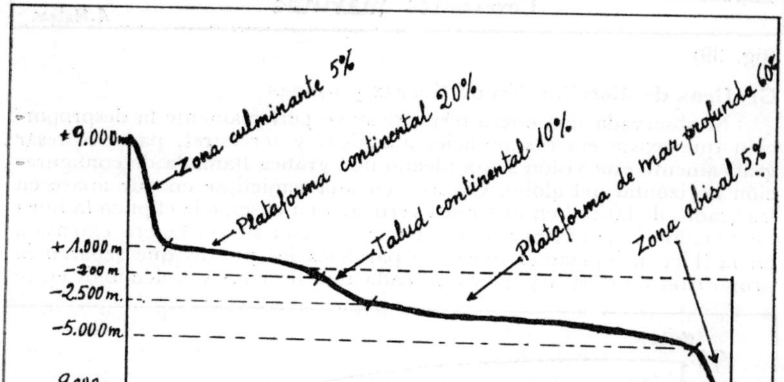

Configuración vertical del Globo o curva hipsográfica. (fig. 41)

Las tierras más bajas que el nivel del mar habitables las llamamos depresiones. Son tierras bajas las que no superan los 200 metros de altitud. Las tierras de 400 a 500 metros las llamamos altiplanicies, incluidas entre las tierras de mediana altitud, pues se dice que son tierras altas cuantas superan los 1.000 metros.

Aguas continentales

Son las aguas que discurren por las tierras de los continentes, procedentes de las precipitaciones, ya sólidas, ya en forma líquida. Su abundancia está en relación de precipitaciones evaporación, pues solamente el agua no evaporada discurre por la superficie formando ríos, lagos y glaciares, o bien se filtra por las capas terrestres permeables formando acuíferos o dando lugar a fuentes.

Se calcula que la distribución de toda la masa acuática disponible, constituyendo la hidrosfera, se distribuye, conforme a la obra de Hidrogeología de S. Davis, del siguiente modo:

Lagos de agua dulce	0,009 %
Lagos salados y mares interiores	0,008 %
Pantanos, canales y ríos.	0,0001 %
Aguas vadosas y de humedad del suelo	0,005 %
Aguas subterráneas hasta 1 kilómetro.	0,33 %
Aguas más profundas (saladas)	0,29 %
Glaciares polares y de montaña	2,15 %
Océanos y mares	97,20 %
Total	99,9931 %

Fuentes

Parte de las aguas caídas en la superficie terrestre es absorbida por terrenos permeables, hasta que encuentran un lecho impermeable, donde forman una cuenca de aguas subterráneas o freáticas, llamadas acuíferos. El exceso de agua acumulada se desborda de los acuíferos saliendo al exterior en forma de fuente. Pero hay otras fuentes que surgen en la superficie impulsadas por presiones interiores o por la fuerza del mismo vapor de agua si están sometidas al calor interno, teniendo por tanto relación con el vulcanismo, tales como las fuentes termales y los geíseres. También hay fuentes artificiales o pozos artesanos cuando el hombre rompe la capa impermeable que impide salir las aguas presionadas debajo de ella. (Fig. 42).

(fig. 42)

Lagos

Son masas de agua que ocupan las oquedades de la superficie de los continentes. Son por tanto masas de agua rodeadas de tierra por todas partes o islas de agua. Cuando el lago es pequeño y de poca profundidad se le llama laguna y pantano.

Hay lagos que ocupan antiguos cráteres volcánicos, como el Bañolas de Gerona, llamados ciegos porque se alimentan de las nieves o lluvias de alrededor o por aflujo de aguas subterráneas, pero sin emitir ni recibir corrientes fluviales.

Otros lagos se llaman terminales, en vías de desecación, propios por tanto de las regiones secas, recibiendo afluentes que en las épocas lluviosas les hacen elevar el nivel, como el Aral y el Chatd.

Otros lagos se llaman de origen tectónico, por ocupar depresiones causadas por hundimiento de la corteza terrestre o fallas tectónicos, como el Baikal y Muerto en Asia, el Rodolfo, Tanganica, Victoria, etc., en Africa.

Por fin hay lagos de origen glaciar, excavados por antiguos glaciares, llamándose lagos ríos si emiten y reciben afluentes y lagos fuentes si son de corrientes fluviales. Se extienden por las zonas que fueron en otras épocas geológicas casquetes polares, tales como los canadienses y finlandeses; o bien en las laderas de altas montañas, no lejos de actuales glaciares, como los lagos alpinos de Suiza.

Los glaciares

Ríos de hielo originados en regiones totalmente cubiertas de nieve, tienen una zona de alimentación o acumulación de nieves en una cuenca o circo glaciar, donde por efecto del peso de la masa se convierte en hielo, deslizándose por las pendientes en forma de lengua glaciar. Su velocidad de deslizamiento es mayor en la superficie central que en los bordes y el fondo, a causa de la resistencia que le ofrecen fondo y paredes del roquedo que erosiona, hasta llegar a zonas de clima más caliente en que se funde y deposita sus morrenas, conforme hemos analizado en las formas de erosión.

También al analizar las formas de erosión fluvial referimos lo relativo a las corrientes fluviales.

El agua potable problema del hombre actual

Excepción hecha de los países de lluvias abundantes y regulares siempre existió problema en el acopio de agua potable para los humanos. Los habitantes de tierras continentales, mediterráneos y tropicales han debido de ingeniarse para construir profundos pozos que les surtan del líquido elemento en épocas de penuria, o bien construyendo diversos recipientes que recojan excedentes de lluvias, como algibes y pantanos.

Modernamente el problema se ha acentuado, presentando caracteres alarmantes en muchas regiones a causa del desmesurado aumento de población y por la existencia de grandes ciudades, fenómeno típico de nuestra civilización. Dichas ciudades, cuanto mayor es el nivel de vida de sus gentes mayor cantidad de agua consumen, para higiene, riego, jardinería, lavado de máquinas, refrigeración industrial, etc., ya que la existencia de ciudades supone un alto grado de desarrollo industrial.

Esta industrialización, al imponer una concentración de población urbana, hace que la demanda de productos hortícolas sea muy grande y, como además, la población del mundo aumenta sin cesar, resulta que cada día se necesita más producción de la tierra a base de regadíos.

De aquí los tres factores básicos que han originado el aumento de consumo de agua potable. Demanda de una población en aumento y cada día más exigente por más civilizada; aumento de demanda por la industrialización y necesidad de aumentar los regadíos.

Sin embargo, las disponibilidades de agua potable están cada día en continua disminución, ya que los grandes núcleos urbanos con sus cloacas y detergentes contaminan las aguas fluviales, a donde van a parar también los residuos químicos y detríticos de innumerables fábricas, talleres y factorías.

Después del problema del exceso de población en el mundo actual, el problema más grave que se nos presenta es el de la carencia de agua potable, que en el futuro será todavía más virulento, al tener que atender a las necesidades de un mundo que constantemente aumenta de población y que se industrializa vertigionsamente.

En los pueblos más civilizados ya desconfían de la pureza de las aguas potables que para uso doméstico les surten en cañerías, por temor a un fallo en las máquinas depuradoras que han de aprovecharlas de muy diversas procedencias. Cada día se consume más agua mineral embotellada ofrecida con garantías de procedencia, por temor a contaminaciones como el tifus.

Hoy están prácticamente agotadas las posibilidades normales de obtención de agua potable en grandes extensiones del mundo. Dos son las posibilidades en que se cifran las esperanzas e ilusiones de los humanos cara al futuro. Una la instalación de centrales depuradoras para las aguas residuales de ciudades y fábricas, decantando los residuos que contengan, con los cuales se pueden obtener a la vez abonos para la agricultura. Otra desalinizar las aguas marítimas por medio de centrales térmicas adecuadas.

Ambos procedimientos son todavía antieconómicos, pero las naciones que se encuentran en apurada situación por escasez o por contaminación de sus ríos tienen en funcionamiento complicadas instalaciones. En Inglaterra, por ejemplo, instalan centrales depuradoras que han permitido que el Támesis vuelva a disfrutar de aguas cristalinas y retorne la pesca. En Israel, California y otros países de clima seco, funcionan centrales térmicas desalinizadoras del agua del mar.

Una intensa y continuada educación de los ciudadanos se impone para que procuren evitar la contaminación de las aguas y que eviten malgastarla. Y por parte de los gobiernos legislar contra la contaminación con detergentes, residuos fabriles, cloacas, etc.

CAPITULO V

ATMOSFERA

Composición de la atmósfera

Suspendida en el espacio infinito la Tierra está rodeada de una envoltura gaseosa que arrastra en sus movimientos. Esta atmósfera (esfera de la respiración) o aire se compone de casi cuatro quintas partes de nitrógeno y casi una quinta parte de oxígeno. El resto son pequeñas cantidades de óxido de carbono, vapor de agua, gases nobles como el argón, polvillo e incluso microscópicas bacterias.

Cuatro capas se distinguen en la atmósfera. Una tocando a la superficie terrestre, de unos doce kilómetros de espesor, llamada tropósfera, en la que la temperatura dismunuye con la altura, alcanzando unos 50º bajo cero, produciéndose en ella los fenómenos llamados meteoros, que determinan el clima de un lugar, tales como vientos, humedad, precipitaciones diversas, etc. Y cuanto mayor es la altura de la tropósfera el aire está más enrarecido, es menos espeso, absorbiendo por ello menos calor a causa de su menor densidad, por lo que disminuye la temperatura y la presión.

El enrarecimiento del aire es todavía mayor en la siguiente capa llamada tropopausa, donde las temperaturas son por tanto más frías, próximas a 70º bajo cero, con un espesor algo inferior al de la tropósfera.

Seguidamente aparecen los gases que integran el aire por capas concéntricas, conforme a su densidad, hasta una altura de unos 100 kilómetros. Es la estratosfera, donde las capas de gases absorben el calor solar conforme a su densidad individual, contrastando capas de 70º bajo cero con capas de hasta 100 grados sobre cero en las que están compuestas por ozono.

Más allá de la estratosfera y hasta una altura de unos mil kilómetros se encuentra la ionosfera, constituida por iones de los componentes del aire, que han sido ionizados por el calor de los rayos solares, ya que las temperaturas son superiores a 1.000º, pero con variaciones fortísimas al bajar muchos grados bajo cero en las zonas de sombra, de espaldas al Sol en los movimientos de rotación. Es que por encima de los 50 kilómetros de altura la radiación solar ioniza los átomos quedando libres sus electrones. Los rayos de onda larga, por otra parte, transforman el ozono en oxígeno, mientras que los rayos de onda corta transforman este oxígeno en ozono, impidiendo que en la atmósfera recibamos los rayos ultravioletas con toda su intensidad, que dañarían la vida humana.

Gracias a la atmósfera, por tanto, es posible la vida sobre la tierra, pues absorbe y refleja el calor de los rayos solares e impide los cambios brusquísimos de temperaturas entre el día y la noche. A su través se difunde la luz solar, que da coloración azul al cielo, al igual que a los mares de aguas puras, por predominio del azul en el espectro solar. Y ya dijimos que absorbe los rayos ultravioletas, manteniéndose el equilibrio atmosférico porque el oxígeno que es transformado en ozono por los rayos de corta longitud de onda vuelve a pasar de ozono a oxígeno por la acción de los rayos de larga longitud de onda.

Presión atmosférica

La presión atmosférica es el peso de la columna de aire que gravita sobre nosotros (un litro de aire igual a 1,293 mg.). La presión atmosférica se mide con el barómetro, aparato descubierto por Totticelli (discípulo de Galileo), considerándose como presión normal la de 760 milímetros, correspondiente a la del aire seco a cero grados de temperatura, cero metros de nivel y 45 grados de latitud. Cuando las presiones son superiores a 760 mm. usamos el término de altas presiones y cuando son inferiores a esta cifra decimos que son bajas presiones. Medida en milibares los 760 mm. son igual a 1.015 milibares. Y un milibar es igual a 0,75 mm. (Fig. 43).

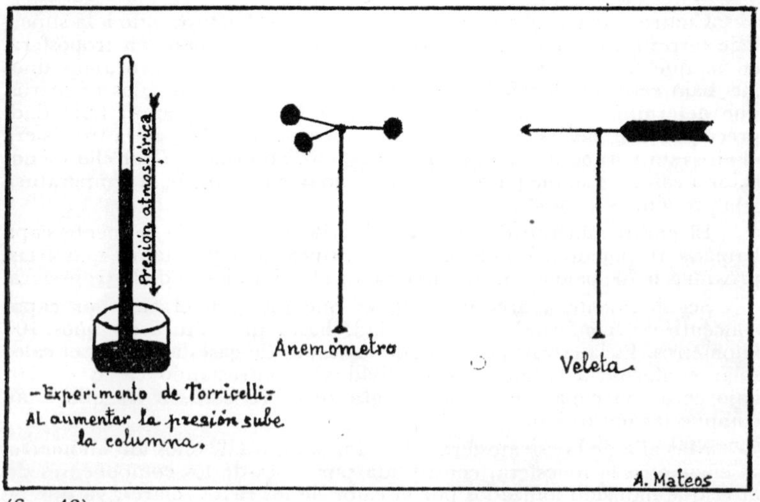

(fig. 43)

La presión atmosférica en cualquier punto de la tierra está sometida a continuas alteraciones a causa de que decrece con la altitud, puesto que cuanto más alto es un lugar, menor es la columna de aire cuyo peso hay que soportar; aumenta con la humedad, porque el vapor de agua contenido en el aire lo hace más pesado; aumentando o dismuniyendo con el frío o el calor respectivamente, ya que al enfriarse el aire se contrae, haciéndose más denso y más pesado, dilatándose al calentarse, aumentando de volumen, que lo hace menos denso y menos pesado.

Por eso en la atmósfera no existe calma, sino que el aire sufre desplazamientos desde las zonas de altas presiones a las zonas de bajas presiones, ocasionando los vientos, más fuertes cuanto mayor sea la diferencia entre las zonas de alta presión o zona anticiclonal y las zonas de baja presión o zonas ciclonales.

La velocidad del viento se mide con un aparato llamado anemómetro y la dirección del viento con la veleta.

Las zonas terrestres más caldeadas por los rayos solares son áreas ciclonales en general, a causa de que el calor dilata el aire haciéndolo menos pesado, elevándose. Su vacío viene a ser ocupado por masas de aire más frío de otras regiones menos caldeadas por el Sol o áreas anticiclonales. Es el viento o aire en movimiento.

Las altas presiones o zonas anticiclonales están pues, de ordinario, donde hace más frío. Durante el invierno en el hemisferio septentrional las altas presiones están situadas en la masa continental norteamericana y, sobre todo, en el centro de Asia. Ambas masas de aire frío y pesado se unen entre sí por el casquete polar y la masa de aire asiático se prolonga por Europa, hasta las Azores y a través de la meseta castellana muchas veces. Estando entonces las bajas presiones en el Atlántico y en el Pacífico.

Inversamente, en nuestro verano las más altas presiones están en los océanos citados y las bajas presiones en el centro de los continentes.

Siempre las zonas del ecuador, por estar más caldeadas, son zonas de bajas presiones, donde actúan constantemente unos vientos llamados alisios que aportan humedad y lluvias. Pero las zonas tropicales son zonas de altas presiones por actuar sobre ellas los vientos contralisios, desprovistos de humedad al proceder de las zonas altas de la atmósfera ecuatorial.

El viento va siempre de las zonas anticiclonales a las zonas ciclonales, pero no lo hace en línea recta, sino que por efecto de la rotación terrestre o fuerza de coriolis, se desvían y tienden a la espiral siguiendo las llamadas íneas isobaras, formadas por la unión de puntos o lugares terrestres donde existe la misma presión.

Las líneas isobaras son para la presión como las líneas isohipsas o curvas de nivel son para el relieve. Cuanto más cerca están las líneas isobaras unas de otras quiere decir que hay mayores diferencias de presión atmosférica. Hay un mayor desnivel o pendiente de aire que se denomina gradiente (del inglés = pendiente). Cuando el gradiente es, por ejemplo, de 6 milibares por grado de meridiano terrestre el viento será huracanado. (Fig. 44).

Las masas de aire frío que se desplazan de las zonas anticiclonales a las zonas ciclonales se denominan frentes. Así hablamos en nuestro

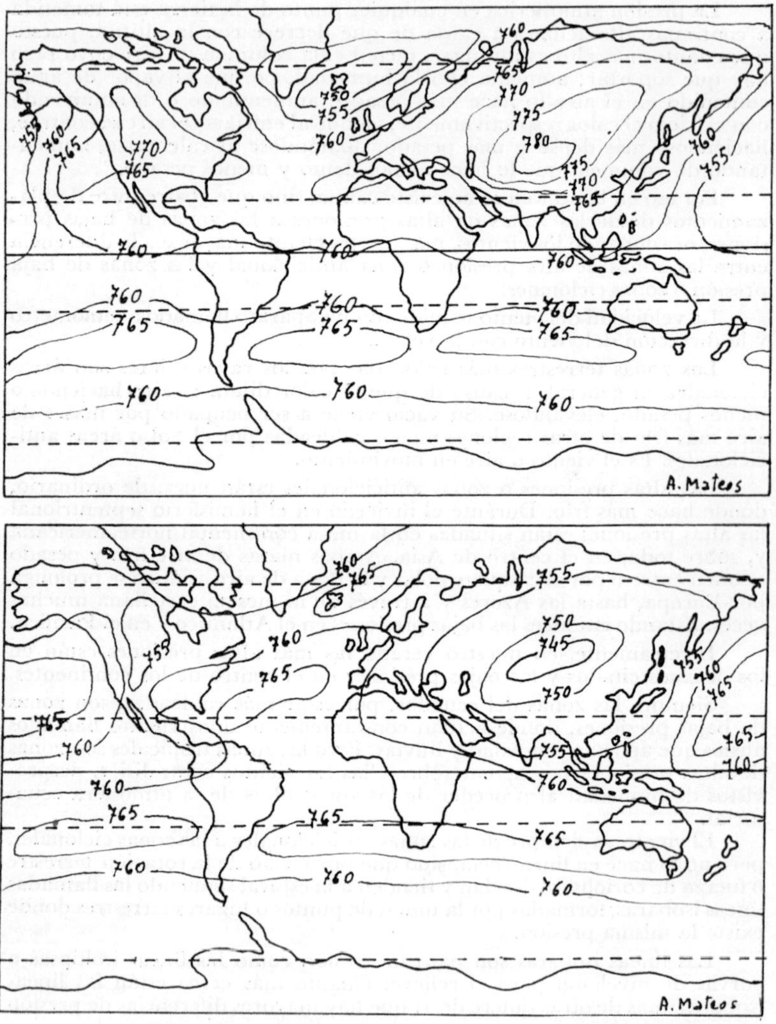

Líneas barométricas en invierno y verano. (fig. 44)

invierno del avance del frente polar o masa de aire frío que viene de Siberia o del polo norte. Estas masas de aire frío o frente en su avance o marcha chocan con masas más cálidas y húmedas, penetrando en forma de cuñas a ras del suelo, condensándolas, originando lluvias y nevadas a su paso. Luego la invasión de este aire frío deja el cielo despejado con disminución de la temperatura.

Los vientos y sus clases

Para una mejor comprensión se han dividido los vientos en constantes, periódicos y variables.

Los vientos constantes soplan durante todo el año en la misma dirección siendo los más importantes los alisios y contralisios de las zonas tropicales.

A lo largo de la línea del ecuador sometida a elevadas temperaturas, por recibir los rayos solares muy perpendiculares, existe una calma atmosférica por elevarse constantemente calientes y dilatadas masas de aire. Es la zona de las calmas ecuatoriales tan temida por los navegantes a vela antiguos. Hacia estas zonas de calmas ecuatoriales, para llenar el hueco dejado por las corrientes de aire ascendentes, convergen vientos de ambas regiones subtropicales, que por el efecto del movimiento de rotación terrestre se inclinan hacia el oeste. Soplan pues de NE a SO al norte del ecuador y de SE a NO al sur del ecuador. Estas masas de aire, al elevarse, desprenden el vapor de agua por condensación, originando chaparrones continuados, subiendo unos 2.000 ó 3.000 metros de altura, desde donde se deslizan hacia los trópicos porque las mismas mesas ascendentes las impulsan y porque en los trópicos ha quedado un vacío del aire de los alisios que se dirige constantemente hacia el ecuador. Estas masas de aire que sopla sobre los trópicos son los vientos contralisios, que cierran un círculo con los alisios de dirección contraria. Aunque parte de la masa del contralisio progrese hacia más altas latitudes, mezclándose con aires septentrionales.

El ecuador geográfico coincide con el ecuador térmico o de máximas temperaturas durante las estaciones de los equinocios, pero durante los solsticios el ecuador térmico se desplaza al norte o sur del ecuador geográfico, arrastrando consigo la zona de calmas y por tanto se desplaza también la actuación de los vientos alisios y contralisios. (Fig. 45).

De los vientos periódicos son los más importantes los monzones y las brisas de mar y de montaña.

Donde más claramente se observa la actuación del monzón es en las tierras asiáticas que miran hacia el Indico y el Pacífico. En el invierno sometido el continente a muy altas presiones lanza masas de aire frío y seco hacia las bajas presiones situadas en dichos océanos. Pero durante el verano se invierte la dirección del viento, porque entonces la gran masa de tierras asiáticas se caldea fuertemente, al recibir los rayos solares muy verticales, siendo zonas ciclonales o de muy baja presión, atrayendo las masas de aire menos caliente que se extienden sobre el Indico y el Pacífico, que por estar saturadas de humedad provocan fuertes precipitaciones en el relieve continental al condensarse sobre sus tierras. Son los monzones de verano tan favorables para la agricultura asiática, permitiendo acumulación de alta densidad de población en la India, China y Japón. En cambio el monzón de invierno sopla desde las tierras enfriadas y muy secas del interior, de donde su carencia de humedad.

(fig. 45)

Las brisas de mar se originan por la diferencia de temperatura y presión entre las masas de aire continental y marítimo. Durante el día se calientan las tierras costeras, elevándose el aire por ser zona ciclonal, ocupando su vacío el aire que proviene de la superficie del mar, más fresco. Es el viento o brisa marítima que toman los veraneantes los días más soleados. Por la noche el viento se invierte porque la tierra mejor conductora pierde el calor y pasa a ser el aire que allí gravita zona anticiclonal.

Esta misma causa origina las brisas de montaña y valle. Durante el día el fondo del valle se caldea y el aire asciende al dilatarse, viniendo a sustituirlo el aire de las laderas montañosas más fresco. También los veraneantes aman su brisa. Pero por la noche sucede al contrario, hacia el fondo del valle se acumula un aire frío y pesado, generalmente con humedad o neblina, que se desborda por los bordes o laderas.

Hay otros vientos que aparecen en determinadas zonas de la superficie terrestre al descender desde las montañas masas de aire enfriado fuertemente en el invierno. Así la tramontana del Ampurdán gerundés, aire frío y seco que sopla del Pirineo al Mediterráneo; el mistral, frío y seco tambien, que sopla desde los Alpes y Cevennes hacia la costa mediterránea francesa; el bora, que actúa desde los Alpes hacia las costas dálmatas; el foehn que en Suiza sopla desde sus montañas hacia las más bajas presiones de Alemania meridional, seco, que al caldearse al descender puede provocar fundición de nieves en primavera, con los consiguientes desbordamientos de los ríos, etc.

Ciclones y anticiclones

Junto a los vientos estudiados existen otros vientos muy irregulares, predominantemente en las zonas templadas de medianas latitudes, que se conocen con el nombre de ciclones y anticiclones, que no hay que confundir con las zonas o áreas ciclonales y anticiclonales, ya que éstas son fijas en el espacio terrestre y originan unos vientos constantes o periódicos de mayor o menor regularidad, mientras que en cambio los ciclones y anticiclones son variables en cuanto a lugar y tiempo de aparición.

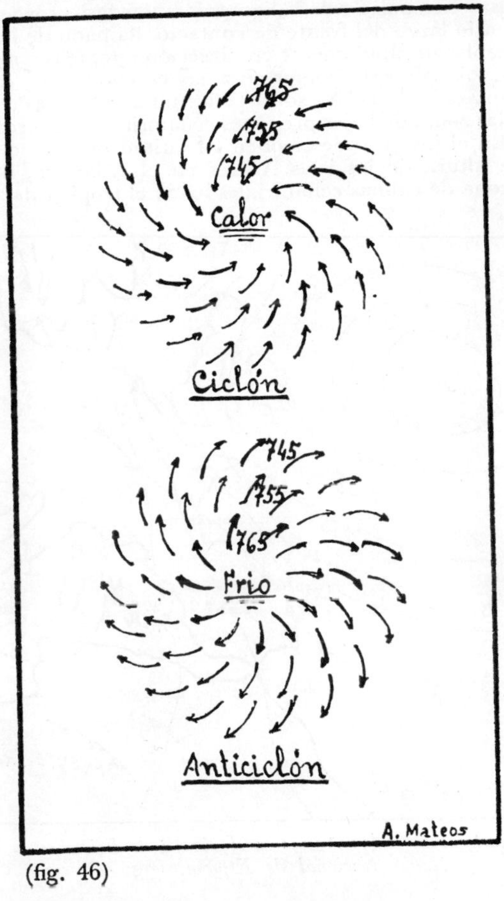

(fig. 46)

Los ciclones son centros móviles de baja presión, rodeados por presiones más altas, en círculos de isobaras crecientes. Los anticiclones, al contrario, son centros móviles de altas presiones rodeados de círculos isobáricos de presiones decrecientes. (Fig. 46).

De los anticiclones divergen por tanto corrientes de aire frío en sentido descendente y giratorio, como el sentido de actuación de un sacacorchos que a medida que profundizase se ensanchese. Donde actúan dejan el cielo claro, pues generalmente su aire frío no tiene humedad. Por el contrario, los ciclones son centros de atracción de vientos, que convergen hacia sí en sentido contrario al del anticiclón, girando en forma ascendente, lo que produce un vacío que viene a ocupar el aire de los anticiclones. Estas masas de aire anticiclonal frías, penetran como cuñas entre las masas ciclonales más calientes y húmedas, provocando lluvias y nubosidad a lo largo del frente de contacto, llamado de borrasca. Los ciclones se desplazan rápidamente en dirección este, más o menos septentrional o meridionalmente conforme a las estaciones del año, pues en verano se desplazan hacia el N., sobre la latitud de Islandia en el Atlántico, al igual que las zonas de bajas presiones ecuatoriales se acercan al trópico de Cáncer. En el invierno descienden en latitud de actuación, soliendo situarse a la altura de las islas Azores en el Atlántico, descendiendo entonces la zona de calmas ecuatoriales hacia el trópico de Capricornio (Fig. 47).

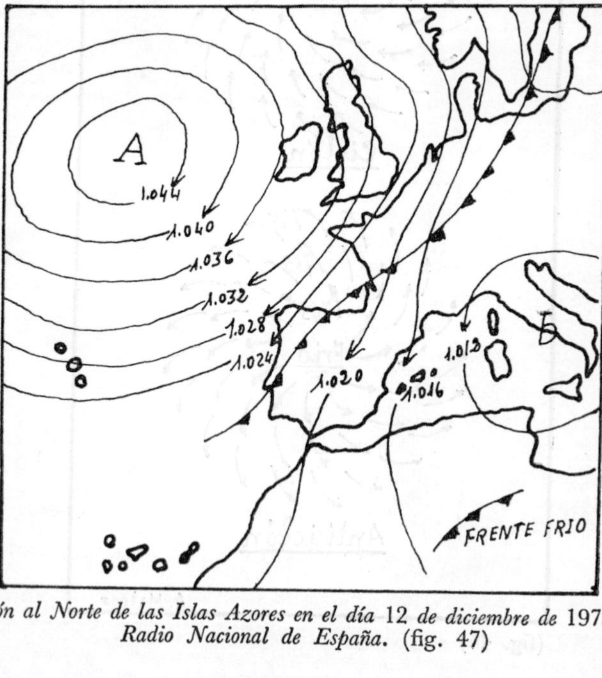

Anticiclón al Norte de las Islas Azores en el día 12 *de diciembre de* 1975, *según Radio Nacional de España.* (fig. 47)

Así sucede que, en la zona templada de nuestro hemisferio septentrional, se suceden en alternancia una serie de unos 8 o 10 centros ciclonales y anticiclonales, desplazándose continuamente hacia el oriente. Parece que esta alternancia, de centros ciclonales seguidos de anticiclonales que se cambian sus masas de aire, ocupando toda la longitud de la zona templada septentrional, está en relación con la existencia de una fuerte corriente de aire continua que actúa en las altas capas atmosféricas impulsada hacia el oriente por el movimiento de rotación terrestre. Esta corriente de la alta troposfera, llamada corriente del chorro o del Jet Stream, avanza como gigantescas olas correspondiendo a sus senos los anticiclones en superficie, mientras que a sus crestas le corresponderían los ciclones superficiales.

Cuando en el verano de nuestro hemisferio septentrional se desplazan hacia latitudes medias los ciclones y anticiclones, suelen producirse en las proximidades de los trópicos recalentados diferencias de gradientes muy fuertes, atrayendo violentas corrientes de aire que originan vientos huracanados y lluvias torrenciales, que provocan catástrofes por donde pasan. Son los llamados tornados o trombas en el Sudán, tifones en China y Japón y huracanes en las Antillas y Estados Unidos.

Temperatura atmosférica y líneas isotermas

Para medir la temperatura o calor de la atmósfera se usa corrientemente el termómetro centesimal, aunque en Inglaterra y sus antiguos dominios se usa la escala Farenheit, en la que el grado 32 corresponde al cero de la centigrada. Y como la temperatura varía en un mismo lugar en el transcurso del día, se toma como temperatura media diurna, la media aritmética de las temperaturas existentes a la salida del Sol (mínima diurna), poco después de mediodía (máxima diurna) y alrededor de la puesta del Sol o crepúsculo vespertino. Si hacemos la media aritmética de las temperaturas de todos los días del mes tendremos la media mensual. Y si obtenemos la media aritmética de todas las temperaturas medias mensuales tendremos la media anual.

Por tanto, la temperatura media de un lugar no quiere decir que sea uniforme. Dos países con la misma temperatura media diaria o anual pueden diferir mucho en cuanto a su clima. Se denomina oscilación térmica, diurna, a la diferencia entre sus temperaturas máximas y mínimas diarias. Y se llama amplitud térmica, anual, la diferencia entre las temperaturas de su mes más caluroso y más frío.

La variación de la temperatura viene dada por la latitud, la altitud, la proximidad al mar, la humedad y la irradiación solar.

La latitud geográfica influencia en la temperatura, disminuyendo hacia los polos y aumentando hacia el ecuador, a causa de la perpendicularidad con que se reciben los rayos solares.

Con la altitud disminuye la temperatura porque con la altura el aire se hace menos denso y puede captar o absorber menos energía calorífera de los rayos solares. Este descenso de la temperatura es menor en aire húmedo que cuando el aire es seco. Existiendo casos de inversión de temperatura en ciertos valles muy encajonados donde los rayos solares llegan mal y en el fondo del valle hace más frío que en las laderas soleadas.

La proximidad del mar suaviza el clima evitando las grandes oscilaciones térmicas, debido a que el caldeamiento y enfriamiento de las rocas es más rápido que en las aguas, manteniendo éstas por tanto, durante más tiempo una reserva de calor que templa el medio ambiente, además que el calor penetra más profundamente en agua que en tierra y que el vapor de agua desprendido atenúa la irradiación. Así tenemos que las máximas y mínimas temperaturas no se dan en el ecuador y los polos respectivamente, sino en el interior de los continentes. En Verjoyanst, en Siberia se han registrado 69º bajo cero y en el Valle de la Muerte de California 55º sobre cero, resultando que los polos térmicos difieren con los geográficos.

La irradiación solar también hace variar la temperatura, observándose principalmente en las grandes montañas de las zonas templadas, donde las laderas orientadas al mediodía reciben más calor que las opuestas. Son las solanas y las umbrías respectivamente. En las montañas de las zonas intertropicales este fenómeno no aparece por recibir siempre los rayos solares verticales.

Para representar gráficamente la distribución de las temperaturas en el globo se usan las líneas isotermas (inventadas por Humbold), que unen todos los puntos de la superficie terrestre que registran iguales temperaturas. Hay isotermas diarias, mensuales y anuales según la temperatura media que se tenga en cuenta.

Con arreglo a las líneas isotermas se divide el planeta en zonas climáticas. Las tierras intertropicales, que su isoterma más fría no baja de 20º centígrados, son de clima cálido, coincidiendo con las zonas donde maduran los frutos de la palmera datilera. Las tierras circumpolares en cambio, son de clima frío porque el mes más cálido no llega a alcanzar los 10º centígrados de media. Quedando en medianas latitudes las tierras cuya media del mes más frío oscila entre los 20º y 10º centígrados. Para mayor comodidad de comprensión debe considerarse que de 0º a 30º de latitud son tierras cálidas, de 30º a 60º de latitud son tierras templadas y de 60º a 90º de latitud son tierras frías, dividiéndose así la esfera terrestre en tres porciones iguales en cuanto a su latitud.

La invención de las líneas isotermas ha tenido una gran importancia para el estudio de los climas y la distribución de la vida de plantas y animales sobre el planeta, haciendo progresar los conocimientos geográficos.

Hoy se usan también las isotermas de verano o líneas isóteras y las líneas isotermas de invierno o líneas isoquimenas. Por las cuales se mide la diferencia de temperatura anual o amplitud térmica, al igual que hacíamos con la oscilación térmica diurna.

De las líneas isoteras e isoquimenas se obtienen las líneas isoamplias o de igual amplitud térmica, conforme a las cuales los climas se dividen en ecuatoriales (de amplitud menor de 5º), tropicales y marítimos, que tienen amplitudes térmicas comprendidas entre 5º y 15º; continentales si tienen una amplitud térmica que oscile entre 20º y 40º y muy continentales si sus amplitudes son superiores a 40º centígrados.

Precipitaciones atmosféricas

El aire tiene vapor de agua, que por efecto del calor evapora de la superficie de los mares, los lagos, los ríos, las plantas, la tierra húmeda, etc.

La evaporación está en relación directa con la temperatura, por lo que aumenta en las zonas calientes y en general a medida que nos acercamos al ecuador térmico. Y cuando el aire no puede sostener más cantidad de vapor de agua se dice que está saturado. Punto o coeficiente de saturación que varía con la temperatura del aire y cuanto más caliente es el aire más cantidad de vapor de agua podrá almacenar. Pero al alcanzar su saturación, una disminución de la temperatura ambiental obliga a sus moléculas a contraerse y condensar el exceso de vapor de agua, precipitándose en forma de lluvia, nieve, granizo, escracha o rocío, llamados precipitaciones atmosféricas.

La cantidad de vapor de agua de la atmósfera o aire se mide por medio del higrómetro.

La cantidad de precipitaciones, o la altura de agua líquida por unidad de superficie, se mide por el pluviómetro.

La humedad de la atmósfera permite la vida sobre el planeta. Continuamente se produce una evaporación, dando lugar a la formación de las nubes o contenido de vapor de agua en la atmósfera. La condensación precipita el exceso de humedad conforme a la temperatura. El proceso doble de evaporación condensación no se interrumpe jamás. Como si una imaginaria gotita de agua al caer en la superficie terrestre, procedente de la lluvia, fuese arrastrada a un río que la llevase al mar, para allí ser evaporada, ascendiendo con las nubes que el viento arrastra de nuevo al interior, donde por condensación vuelve a caer en la superficie terrestre y repetir un nuevo ciclo.

Distribución geográfica de las lluvias y líneas isoyetas

En general las precipitaciones están en razón directa de la humedad y la temperatura. Un lugar puede ser cálido pero seco si los vientos que sobre el mismo actúan no llevan humedad. Y todos los lugares muy fríos son secos porque el aire frío apenas admite en su seno vapor de agua. Por eso aumentan las precipitaciones de los polos al ecuador, con un mínimo en las zonas de los trópicos de Cáncer y de Capricornio.

En las tierras ecuatoriales los vientos alisios aportan ingentes masas de nubes al ser atraídas hacia el ecuador térmico donde hacen la conjunción. Por ascensión y por enfriamiento nocturno se produce una condensación de estas nubes que dan lugar a fuertes aguaceros. Así las zonas de máxima pluviosidad aparecen en las tierras del ecuador geográfico, donde coincide con el ecuador térmico durante los dos equinocios, al caer allí entonces perpendiculares los rayos solares. Más al norte y sur del ecuador (entre los 10º y 20º de latitud) ya solamente coincide con su respectivo solsticio la estación de las lluvias, por lo que van disminuyendo las precipitaciones. Y hacia los trópicos (entre los 20º y 30º de latitud) la sequedad es casi absoluta porque están batidos por los vientos contralisios, calientes y secos, que vienen desde las alturas de las zonas ecuatoriales donde descargaron su humedad. Son por eso estas latitudes las zonas de los desiertos cálidos, como Sahara, California, Australia y Atacama, en las tierras de los trópicos de Cáncer y Capricornio de todos los continentes, menos el SE asiático, donde se interrumpe el contralisio por los monzones, vientos éstos que en el verano soplan del Pacífico e Indico hacia las tierras interiores, condensando sobre las mismas a medida que ascienden por su relieve, descargando la lluvia antes de sobrepasar las altas montañas, transformando todas las tierras de la fachada de estos océanos en zonas de gran pluviosidad.

También en el interior de los grandes continentes, o en las regiones cerradas por montañas, aunque no estén muy alejadas del mar, son mínimas las precipitaciones, porque las nubes han descargado antes de llegar al interior por condensar su vapor de agua a medida que ganan altura. Así son semidesérticas las Montañas Rocosas estadounidenses y el interior de Asia con el desierto de Mongolia o Gobi y el de Turquestán.

Pero en cambio, en estas mismas latitudes medias, las tierras que están mirando a los océanos tienen mayores precipitaciones cuanto más nos acercamos a ellos, cayendo muchas veces en las zonas interiores en forma de nieve. Nevando también en las tierras circumpolares, pero con más escasez cuanto más frías porque el aire apenas tiene vapor de agua o nubes allí.

En las zonas lluviosas, las laderas de las altas montañas expuestas a los vientos húmedos son zonas de máximas precipitaciones o polos de lluvia. Así sucede en las montañas del Camerún del golfo de Guinea (en Dabudja 10 metros), en las faldas del Himalaya (en Tcherrapundi, Estado de Assan, 12 metros en los 6 meses del monzón) y en las islas Hawai). En los mismos Alpes de Europa se llega a cuatro metros de precipitaciones.

La regularidad de las precipitaciones depende del régimen de vientos. En las zonas ecuatoriales los alisios aportan lluvias durante todo el año. En los trópicos solamente tienen una estación lluviosa en el solsticio, que les bate los alisios. En las zonas monzónicas aportan las lluvias el monzón de verano que sopla desde los océanos. Y en las zonas templadas desde la primavera hasta el otoño penetran las nubes atraídas hacia las zonas de bajas presiones continentales, hacia donde las empujan los vientos.

Unas lluvias se originan por ascensión de aire húmedo qu se enfría con la altura, como las ecuatoriales; otras lluvias se originan por chocar los vientos que llevan las nubes sobre montañas que les obligan a elevarse, denominadas lluvias de relieve; otras lluvias se producen por choque de masas de aire caliente y frío o lluvias de convección, propias de las borrascas ciclonales.

Uniendo los puntos de la superficie terrestre donde tienen las mismas precipitaciones se obtienen las líneas isoyetas (o isohietas), según las cuales se dividen los climas en húmedos, o de más de 1.500 milímetros de precipitaciones anuales, y secos o de menos de 500 milímetros de precipitaciones anuales. Aunque este concepto de climas secos y húmedos no es muy claro, ya que está relacionado también con la temperatura reinante en el lugar, que origina una evaporación más o menos intensa, así como de la estación en que caigan las lluvias, sometidas a mayor o menor evaporación de acuerdo con el calor reinante.

Para el estudio de las precipitaciones conviene por tanto tener en cuenta las temperaturas medias del lugar y la estación en que lo hacen.

Meteoros

Son los diversos fenómenos que se producen en la atmósfera. Son meteoros acuosos la lluvia, nieve, granizo, escarcha y rocío. Son luminosos el arco iris, los crepúsculos, el espejismo de los desiertos, etc. Es aéreo el viento. Y son eléctricos el rayo, relámpago, trueno, aurora boreal de los polos y el fuego de San Telmo o electrificación que suele observarse en la berga de los barcos.

Los meteoros definen el clima de un lugar.

Clima y tipos de climas

Clima es el conjunto de fenómenos meteorológicos que caracterizan el estado medio de la atmósfera de un lugar. Siendo los factores que determinan un clima la latitud, la altitud, la proximidad al mar, las corrientes marinas, la humedad atmosférica y la exposición a los vientos húmedos.

La ciencia que estudia los fenómenos atmosféricos es la meteorología, para lo que cuenta con observatorios meteorológicos, analizando el estado de la atmósfera continuamente, para pronosticar el tiempo probable con alguna antelación y conocer las características climáticas de los lugares objeto de estudio para múltiples aplicaciones prácticas.

Pero a nosotros en Geografía nos interesan solamente las características generales de cada clima y hacer el estudio de su distribución en el globo.

Varias son las divisiones que se han hecho de los climas. Martonne reduce los climas a unos prototipos característicos de ciertas regiones terrestres, como senegalés, congoleño, etc. Thorthwaite tiene en cuenta la temperatura, precipitaciones y evapoación, que designa con diferentes letras sus porcentajes. Vladimiro Köpen hace una división de los climas más compleja y matemática, en que por medio de letras mayúsculas y minúsculas define los caracteres de aridez, precipitaciones, presiones, etc.

Pero, por su mayor sencillez, seguiremos en líneas generales la división que hizo el geógrafo Miller a base de la existencia de tres clases fundamentales de climas conforme a sus temperaturas medias, cualificándolos en climas cálidos, templados y fríos, subdivididos conforme a especiales características individuales.

Climas cálidos

Son climas cálidos aquellos que durante todo el año disfrutan de temperaturas medias superiores a 20° sobre cero, extendiéndose unos 30° de latitud a los lados del ecuador terrestre. Comprende los climas ecuatoriales, tropicales y desérticos, conforme a sus precipitaciones y condiciones de vida. También se incluye como clima cálido el monzónico de Asia Meridional.

Clima ecuatorial

Se extiende por una amplia franja de tierras situadas a uno y otro lado del ecuador geográfico hasta unos 10° de latitud, salvo donde aparezcan montañas elevadas que imponen un cambio de clima al disminuir la temperatura con la altura. De hecho en las altas montañas ecuatoriales como los Andes se suceden toda clase de climas escalonadamente hasta su cumbre, donde aparecen las nieves perpetuas, al igual que en el Kilimanjaro africano.

La temperatura media del año en los climas ecuatoriales es de unos 26º, sin apenas variación durante los 12 meses. Su oscilación térmica es pequeña, aunque algunos días puede subir el termómetro a 40º y por las noches descender a 20º, principalmente durante los solsticios, que son las estaciones menos lluviosas, ya que el máximo de lluvias se produce durante los equinocios, cuando el ecuador térmico coincide con el geográfico y se produce la conjugación de los vientos alisios portadores de las lluvias.

Las precipitaciones alcanzan de 2 a 3 metros anuales, distribuidas, como decimos, en dos estaciones lluviosas y dos menos lluviosas. Pero en las laderas montañosas aumenta la pluviosidad, así en Conakri se registran 5.000 mm., mientras que en Dabudja, en el Camerún alcanza los 10 metros, al igual que en las montañas de la isla de Santa Isabel. (Fig. 48).

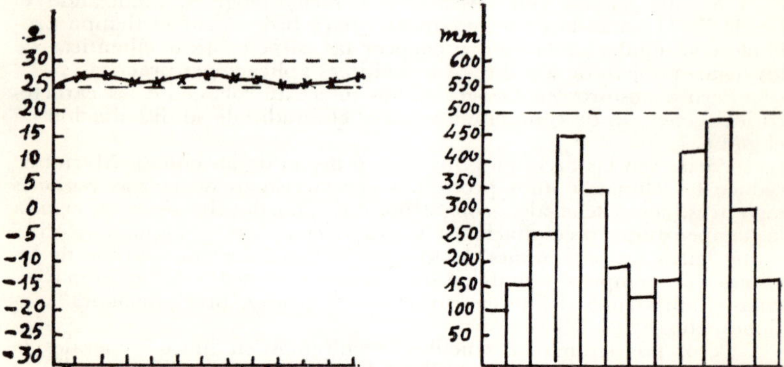

Temperaturas y precipitaciones mensuales en el Golfo de Guinea: Clima ecuatorial.
(fig. 48)

Con tales precipitaciones los ríos son muy caudalosos. El Amazonas lleva 100.000 metros cúbicos por segundo y el Congo 60.000, que pueden compararse con el caudal de nuestro Ebro con 600 metros cúbicos por segundo. Extendiéndose por estas tierras una vegetación lujuriante de bosques impenetrables denominados por ello selva virgen, e integrada por árboles gigantescos, algunos de alturas medias de 60 y 80 metros, formando pisos escalonados conforme a la fertilidad del suelo. Y entrelazados con lianas o bejucos, soportando entre sus troncos plantas parásitas y epifitas (que crecen encima), dejando en el sotobosque diversas plantas hidrófilas de amplias hojas siempre verdes. Sin embargo, el suelo sometido al lavado de tantas lluvias es poco fértil y si se tala el bosque se forma una espesa vegetación de diversos arbustos, juncales y herbazales que se denomina garriga. Si se dedica la tierra a cultivos se esquilma pronto y se hace improductiva.

Las tierras ecuatoriales son inhospitalarias para el hombre, habitándolas las tribus más retrasadas, como los negritos y papuas de Nueva Guinea; los pigmeos en el Congo y diversas tribus salvajes en la Amazonía. El blanco huye de estas regiones siempre húmedas y cálidas, dominio de insectos (hormigas termitas, verdaderas reinas de la selva, moscas, mosquitos, etc.), reptiles, pájaros y aves de diversos colores (gallináceas, cacatuas, loros), trepadores (camaleones, monos, orangutanes, etc.) y algunos carnívoros como el jaguar y el oso hormiguero.

Clima tropical

Se extiende por dos franjas de tierras situadas entre los 10º y 20º de latitud aproximadamente, a uno y otro lado del ecuador terrestre.

Coincide en estas tierras el ecuador térmico durante los solsticios. Durante nuestro verano se produce la conjugación de los alisios por debajo del trópico de Cáncer y durante nuestro invierno por encima del trópico de Capricornio, aportando una estación lluviosa de unos tres meses, con lluvias menos copiosas cuanto más cerca de los trópicos.

Las precipitaciones varían bastante de un año a otro, pero oscilan entre los 600 y los 1.500 mm. por año, de acuerdo con la latitud, pues se pasa paulatinamente del clima ecuatorial al tropical y de este al semidesértico y desértico al acercarnos a los trópicos.

La estación lluviosa, que coincide con el solsticio de verano, durante 3 o 4 meses, es similar a la de las zonas ecuatoriales, con temperaturas medias que no descienden de 26º. Pero al desaparecer las lluvias comienza una larga estación seca de unos 9 meses de duración en que la temperatura media mensual alcanza los 30º y es fuerte la oscilación térmica del día a la noche.

Los ríos acusan esta gran sequía, excepto los que recorran también zonas de clima ecuatorial, como el Niger, pero en las orillas la humedad permanente permite que crezcan bosques de árboles similares a los de las zonas ecuatiriales, denominándose vegetación de bosque galería, para diferenciarla de la sabana o vegetación propia de las tierras de este clima, integrada por distantes árboles (que crecen con preferencia en las hondonadas) y amplísimos herbazales de gramineas, leguminosas, juncales y arbustivas, que suelen alcanzar los 2 y 3 metros de altura, pero que se secan al desaparecer las lluvias que las originaron. A esta sábana, más o menos rica, según las lluvias caídas, se la denomina en el Brasil campos, en Venezuela llanos, en Africa sabana y en Asia jungla, dominio ya del clima monzónico.

Pero hacia los trópicos la sabana degenera al disminuir la pluviosidad y se transforma en estepa, cada vez más pobre hasta adquirir carácter desértico.

Son tierras de riquísima fauna, que en época de sequía se acerca a las zonas de clima ecuatorial. Grandes herbívoros como el elefante, rinocerontes, hipopótamos y jirafas alternan con manadas de cebras, gacelas, antílopes, etc. Miriadas de aves, desde avestruces a cigüeñas, pelícanos, garzas, así como buitres y pájaros diversos. En las manadas viven a veces asociadas entre sí varias especies, favoreciéndose de su oído, olfato o vista, aunque de ordinario las dirigen los machos más corpulentos y viejos, para huir de los carnívoros depredadores, como el león, el trigre, los lobos y las hienas. También abundan los reptiles y en especial los insectos.

Por ser tierras propicias para la ganadería y cultivos, su población aumenta sin cesar, cultivándose en grandes plantaciones café, algodón, caña de azúcar, soja, cacahuetes y los creales como maíz, sorgo, mijo, cebada, arroz, etc. Son propicias a la expansión da la raza negra, en Africa (Sudán, Angola, etc.) y América (Brasil, Caribe, etc.) aquí en compañía de razas aborígenes.

Clima desértico

Se extiende por las tierras situadas encima de los trópicos, dominio de los vientos contralisios, abarcando las tierras situadas a uno y otro lado del ecuador terrestre entre los 20º y los 30º de latitud aproximadamente, excepción hecha de las tierras del SE de Asia, dominio de los húmedos monzones de verano.

Forman en el hemisferio meridional los desiertos de Calahari en Africa, Atacama en Chile y el australiano. En el hemisferio septentrional forman los desiertos de la meseta mejicana, extendido por los estados de Arizona, California y Nuevo Méjico. En Africa se extiende por el inmenso Sahara, que se prolonga por Arabia, Irán y occidente de la India o desierto de Tar.

Las temperaturas son elevadas durante el día, alcanzando de ordinario los 48º, pero por la noche desciende a cerca de cero grados, pudiendo fácilmente llegar a varios grados bajo cero algunas noches.

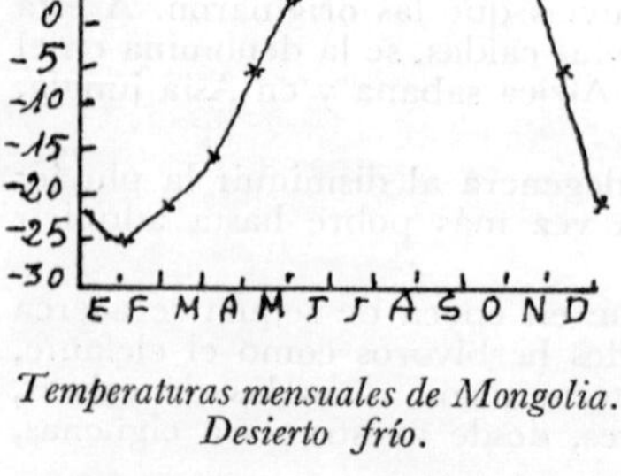

Temperaturas mensuales de Mongolia. Desierto frío.

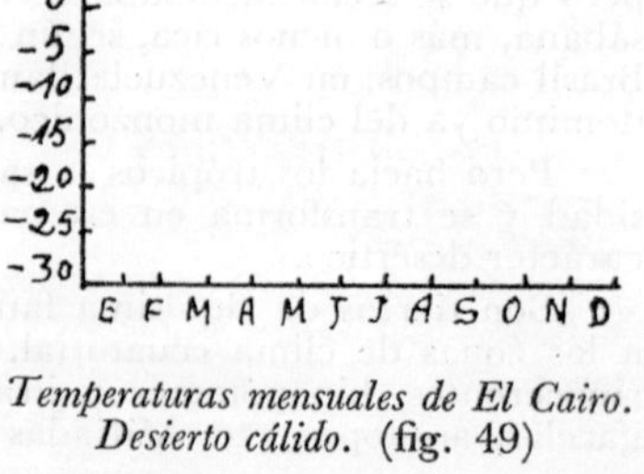

Temperaturas mensuales de El Cairo. Desierto cálido. (fig. 49)

Puede haber algunas precipitaciones en los desiertos, pero tan irregulares que suelen pasar varios años sin llover en un mismo lugar y cuando lo hacen es torrencialmente y en poco volumen, no faltando chaparrones que en pocos minutos inunden una comarca entera. Las aguas discurren entonces por lechos pedregosos (cauces fosilizados de antiguas eras más lluviosas) que se llaman wadis, desembocando en salitrosas depresiones y raramente llegan al mar los wadis costeros. (Fig. 49).

La vegetación está compuesta de excasísimas plantas de xerófilas como cactus variados, cardos como el scrub australiano, algunos arbustos cerúleos en los bordes del desierto, como el argán y el gomero saharianos, etcétera.

En los oasis, debido a conservarse aguas fósiles, aparece la palmera datilera y el hombre puede allí hacer cultivos tropicales y hortícolas. (Fig. 50).

En los desiertos la presencia de aguas fósiles permiten que surjan los oasis con sus típicas palmeras datileras.—(Foto El Correo de la Unesco. Diciembre de 1962). (fig. 50)

La fauna es escasísima, pero existen algunas gacelas y aún reptiles aclimatados.

Podríamos incluir aquí también los llamados desiertos fríos, que se extienden por el interior de los continentes, al carecer de lluvias, porque las nubes descargan antes de llegar, o bien porque los cierran altas montañas, que no las dejan pasar. Se llaman desiertos fríos porque en contraste con un caluroso verano tienen un invierno muy frío. Se extienden por el interior de Estados Unidos en las Montañas Rocosas y por el centro de Asia, en la Mongolia o desierto de Gobi; Turquestán chino y ruso; Takla Makan y el Tibet, aunque la meseta tibetana en realidad tiene solamente una estación muy fría en invierno y menos fría en verano. (Fig. 51).

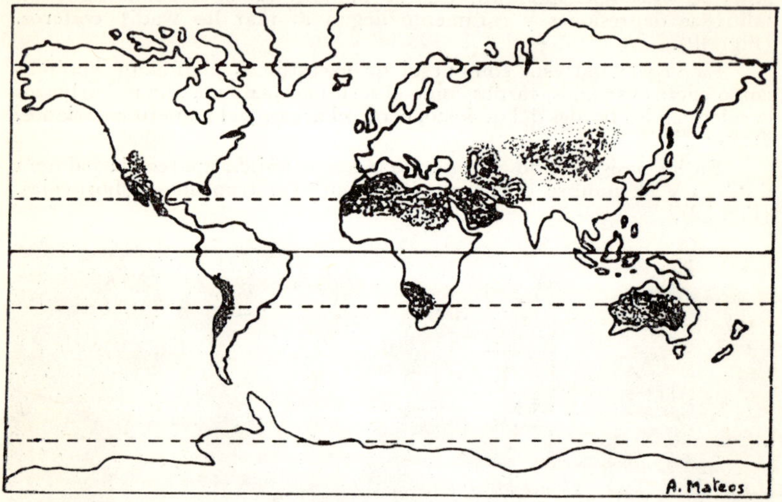

Zonas más áridas del planeta. (fig. 51)

Clima monzónico

Una modalidad de los climas cálidos es el clima monzónico, muy similar al clima tropical, del que se diferencia únicamente por tener una estación lluviosa más larga que en aquel, ya que durante los meses de verano, de altas temperaturas en el interior de Asia, los vientos monzónicos aportan lluvias torrenciales al ser atraidos por las muy bajas presiones del interior de ese continente recalentado. Desde mediados de mayo hasta finales de octubre corresponde a la estación de las lluvias. El resto del año el interior de Asia soporta temperaturas muy frías, transformándose en centro de altas presiones que impulsa el aire frío y seco en dirección contraria a la del verano.

Se extiende el clima monzónico por el SE y E. de Asia y sus islas. Las temperaturas son como en el clima tropical de unos 25º de media durante el monzón húmedo y próximas a los 35º cuando soplan los vientos continentales que se calientan al pasar por el trópico de Cáncer.

Ahora bien, hay que distinguir dos franjas de tierras muy diferentes durante el monzón del invierno. Al sur del trópico de Cáncer disfrutan de las temperaturas calurosas citadas, pero al norte del mismo, los vientos que llegan del interior de Asia no han tenido tiempo a calentarse, por lo que imponen una estación seca y fría, más fría cuanto más al norte, de forma que en la cuenca del río Amarillo y en la Manchuria y península de Corea los inviernos son muy fríos, teniendo precipitaciones de nieve desde finales de otoño.

Por tanto, hay dos clases de clima monzónico, ambos con una estación calurosa y húmeda durante el verano, pero durante el invierno en las tierras meridionales tienen temperaturas muy calurosas y las tierras al norte del trópico de Cáncer tienen un invierno más frío cuanto más nos acerquemos a Siberia y Mongolia.

Las precipitaciones superan los 1.000 milímetros, repartiéndose muy desigualmente según el relieve, acercándose a los 5.000 mm. en las laderas montañosas expuestas a los vientos marítimos y alcanzando uno de los máximos mundiales en Scherrapundi en el Assan indio. (Fig. 52).

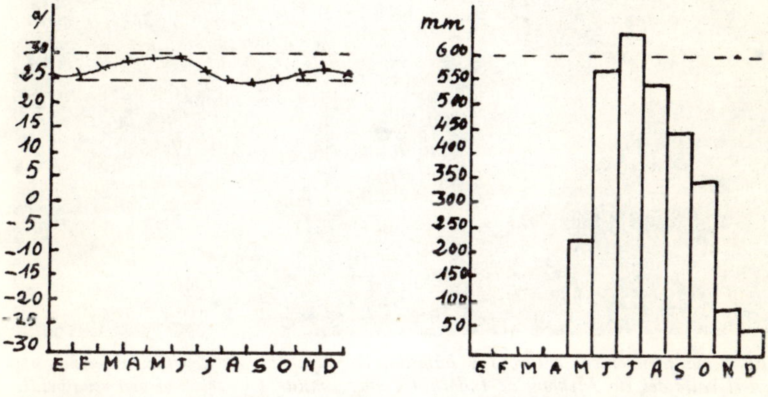

Temperaturas y precipitaciones mensuales en el Sur de la India. Clima monzónico.
(fig. 52)

Los ríos son muy caudalosos, pero sufren los desniveles propios de las variaciones de precipitaciones conforme a las estaciones seca y húmeda, con un mínimo de caudal en Mayo, que coincide con el final del monzón seco y las más altas temperaturas del año.

La vegetación es de bosque y altas hierbas, más rica que la tropical por tener precipitaciones más altas, denominándose jungla. Y la fauna es como la tropical, pero aquí el hombre la tiene muy castigada, ya que son tierras de antiquísima civilización que han roturado grandes extensiones de tierras para el cultivo, domesticando el búfalo y el elefante.

Están muy pobladas, en especial por la raza amarilla, representando su población casi la mitad de la total del mundo, pues las tierras permiten dos y tres cosechas en muchos lugares, con variación de productos tropicales y el arroz como base de la alimentación. (Fig. 53).

El clima monzónico, caluroso y húmedo, da lugar a una vegetación exuberante en el valle del río Mekong de Indochina, muy similar a la selva virgen ecuatorial. (Foto El Correo de la Unesco, Febrero 1968). (fig. 53)

Climas templados

Se caracterizan porque la temperatura media de su mes más cálido oscila entre los 20º y los 10º centígrados y además son los que tienen cuatro estaciones climáticas durante el año, más o menos diferenciadas. En general, para facilidad de localización y estudio, diremos que se extienden entre las latitudes 30º y 60º, apareciendo también en las altas mesetas tropicales y ecuatoriales. Son dominio preferente de la raza blanca. Son climas templados el oceánico, el continental, el mediterráneo y el alpino.

Clima oceánico

Es propio de las regiones costeras oceánicas de medianas latitudes, excepto de Asia, donde actúa el monzón.

Las temperaturas difieren con relación a la latitud. Cuanto más nos acercamos a los círculos ártico y antártico los veranos son más suaves y los inviernos más frescos.

Las lluvias suelen ser más abundantes en verano, atraidas por las bajas presiones del interior de los continentes, pero entonces la evaporación es más fuerte también. En el resto de las estaciones, aunque en invierno les alcanzan las altas presiones continentales, suele gravitar sobre sus tierras abundante nubosidad que es lo que origina sus temperaturas suaves, incluso en invierno. Las precipitaciones se aproximan a los 1.500 mm., llegando a 2.000 en las zonas más expuestas a los vientos oceánicos, que en las zonas más frías de más altas latitudes alcanzan los 3.000 mm. como en Valdivia de Chile. (Fig. 54).

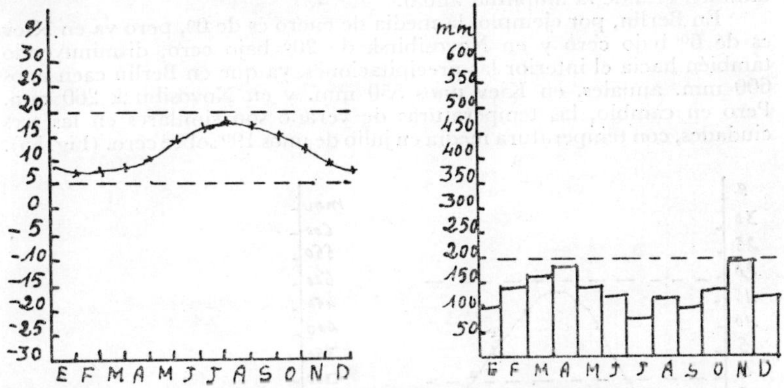

Temperaturas y precipitaciones mensuales de las costas franco-españolas del Cantábrico. Clima oceánico. (fig. 54)

Los ríos llevan un caudal muy regular durante todo el año, aunque pueden sufrir inundaciones a final de primavera y un mínimo a final del otoño, como el Rin, el Loira, Garona, etc.

La vegetación típica es el bosque boreal de hayas, robles, pinos, castaños, encinas, chopos, etc., con un sotobosque de helechos, retamas, tojos, zarzas, etc. Pero el hombre ha roturado estos bosques y al desaparecer queda una vegetación de arbustos y espesas hierbas que se denomina de prado natural, en gran parte arados para cultivar cereales, forrajeras y plantas hortícolas, ya que tiene gran densidad de población y han implantado las más adelantadas técnicas agropecuarias. En cambio, casi ha desaparecido la fauna que integraban bisontes, ciervos, corzos, cabra montés, jabalí, roedores, gallinaceas y palomas, además de depredadores como el oso, lobo, zorro y el águila, entre las aves.

Clima continental

Como su nombre indica es el clima propio del interior de los continentes, de tierras alejadas del mar o de su influjo. Se extiende por las llanuras de Europa y Siberia; las planicies de América del Norte, hasta las Rocosas; por la Pampa y Tierra de Fuego argentinas y por las mesetas de Africa austral. También ocupa la meseta castellana y otras mesetas de altas montañas intertropicales.

Se caracterizan por tener inviernos más secos, fríos y rigurosos cuanto más alejadas estén las tierras del mar o al aumentar su latitud y altura. Los veranos son siempre calurosos, aumentando la temperatura en las tierras de más baja latitud y altura.

Las lluvias predominantes son de primavera y verano, cuando se convierten en zonas ciclonales de baja presión a causa del calor reinante. Pues en invierno son zonas anticiclonales, de altas presiones, con cielos luminosos, de azul intenso, luciendo el sol durante el día, pero por la fuerte irradiación nocturna hay fortísima oscilación térmica, siendo también grande la amplitud anual.

En Berlín, por ejemplo, la media de enero es de 0º, pero ya en Kiev es de 6º bajo cero y en Novosibirsk de 20º bajo cero, disminuyendo también hacia el interior las precipitaciones, ya que en Berlín caen unos 600 mm. anuales, en Kiev unos 550 mm. y en Novosibirsk 260 mm. Pero en cambio, las temperaturas de verano son similares en las tres ciudades, con temperatura media en julio de unos 19º sobre cero. (Fig. 55).

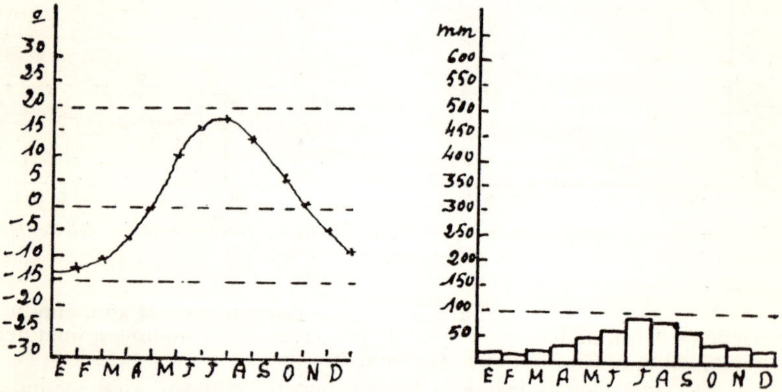

Temperaturas y precipitaciones mensuales del Centro de Rusia. Clima continental. (fig. 55)

La irregularidad de las lluvias y el que en grandes extensiones haya precipitaciones en forma de nieve, da lugar a la irregularidad del caudal de los ríos, que se desbordan al fundirse las nieves coincidiendo con las primeras lluvias primaverales y, en cambio, tienen mínimo caudal al finalizar el estío, helándose en las zonas más continentales del interior y en las de más alta latitud.

La vegetación típica es la estepa de hierbas bajas, de gramineas principalmente. Más espesas, formando praderas, donde las precipitaciones son más abundantes, como en la cuenca del Misisipí, la Pampa y la

Europa central. Apareciendo también algunas zonas de bosques boreales de encinas y pinos, estos en especial hacia las zonas más cercanas al círculo polar ártico, taiga siberiana y bosque canadiense, una de las mayores reservas del mundo. (Fig. 56).

La taiga de la U. R. S. S. la constituyen inmensos bosques de diversas especies de pinos y álamos, extendiéndose por el N. del país hasta sobrepasar el círculo polar. (Foto el Correo de la Unesco. Noviembre de 1961*).* (fig. 56)

También la fauna, similar a la del clima oceánico, está en vías de extinción para favorecer los cultivos y la cría de ganadería vacuna, caballar y ovina, ésta en las zonas más esteparias. Son las tierras típicamente cerealísticas de maíz, trigo, cebada y centeno, que alternan con leguminosas, favorecidas por la fácil mecanización de llanas tierras bien comunicadas, incluso sobre la nieve y los ríos helados durante el invierno.

Clima mediterráneo o subtropical

Debe su nombre al mar Mediterráneo, extendiéndose por todos los lugares donde finaliza el influjo de los vientos contralisios (entre unos 30º y 35º de latitud) siempre que coincidan con una masa de agua oceánica, pues de lo contrario sería continuación del desierto. En realidad las tierras mediterráneas son una continuación de los desiertos cálidos, interrumpidos por la presencia del mar, como sucede en el sur de Africa, sur de Australia, costas septentrionales chilenas y las californianas norteamericanas.

En los veranos los contralisios las baten de plano, por lo que no hay nubes y las temperaturas ascienden a medias próximas a los 30º, suavizándolas la brisa marina en las costas. En el invierno los contralisios se retiran al soplar más hacia los trópicos, permitiendo la entrada de masas de aire oceánicas portadoras de nubes y lluvias, principalmente en las estaciones equinociales, disfrutando siempre temperaturas suaves, ya que, por ejemplo, la media de enero en Lisboa es de 8º, la de Valencia de 5º y la de Argel de 12º. (Fig. 57).

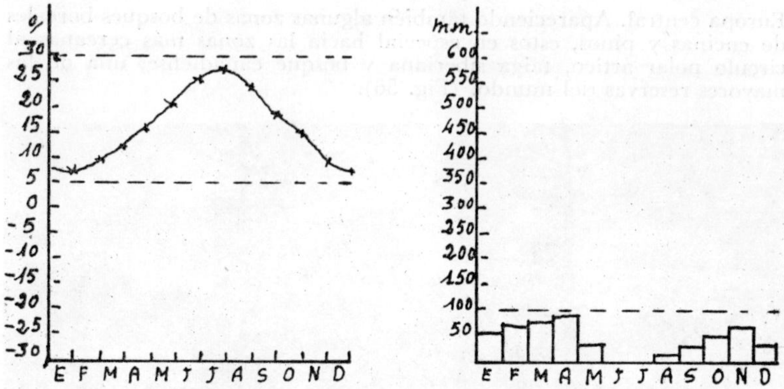

Temperaturas y precipitaciones mensuales del Levante español. Clima mediterráneo. (fig. 57)

Los ríos se secan en el verano, formándose ramblas o cauces secos, excepto si se alimentan en otras zonas climáticas, como el Ebro. Incluso sucede una inversión de caudal en el Ródano y Po, que en el verano tienen el máximo por fundición de las nieves de los Alpes.

Todavía se conservan algunos bosques en las laderas de las montañas, con mayor pluviosidad, como los célebres de cedros del Líbano, las enormes secoias californianas, los eucaliptus australianos y algunos encinares en las tierras mediterráneas y mejicanas, Pero en general han sido talados y como residuo queda una garriga o maquis de arbustos espinosos, palmito, cactus, cardos y ralas hierbas gramineas. Y en las tierras llanas el hombre ha creado vergeles con el regadío, para frutos hortícolas y árboles frutales. En secano trata de cultivar cereales, pero por su escaso rendimiento se sustituye por la vid, el olivo y otros árboles de frutos secos como la almendra y avellano.

La modalidad del clima de montaña o alpino

Es propio de las laderas de las montañas de clima templado, recibiendo su nombre de los Alpes europeos. Se observan escalones o pisos de vegetación a partir de las nieves perpetuas de las alturas. Primeramente hay una zona que deshiela la nieve en verano, donde crece una pradera alpina, por no hacerlo el árbol al no llegar a una media de temperatura mayor a 10º durante el mes más cálido. Sigue una zona de bosques, talados juiciosamente para evitar los aludes de nieve en el invierno. Más abajo aparecen las praderas y tierras de cultivo de clima continental propio de llanuras y mesetas.

Se distingue la vertiente montañosa de mediodía o solana, donde la vegetación asciende a mayor altura por más soleada, de la vertiente septentrional o umbria mucho menos soleada.

Las lluvias varían con la altitud y exposición a los vientos que llegan del océano, pero siempre es abundante y en forma de nieve en los meses más fríos. Y como el aire en las montañas es menos denso absorbe menos calor, haciendo frío a la sombra y durante la noche. En cambio, durante el día los rayos solares inciden directamente sobre la superficie caldeándola y las personas sienten su efecto directo sobre la piel, que se broncea.

Climas fríos

Son todos aquellos que se extienden por tierras donde la temperatura media del mes más cálido no alcanza los 10º centrígrados.extendiéndose por todo el continente antártico, las tierras que bordean el círculo polar ártico y las altas montañas desde las proximidades de las zonas de sus nieves perpetuas.

En las colonias instaladas en la Tierra Victoria de la Antártida, se han registrado temperaturas medias del mes más frío de 30º bajo cero y durante el mes más cálido la temperatura media es de 4º bajo cero. A lo largo del paralelo 70º de la llanura rusosiberiana tienen más de 250 días de fuertes heladas. En Verjoyank se han registrado temperaturas de 69º bajo cero y las precipitaciones allí no llegan a 100 milímetros anuales.

Carecen de vegetación, pero en los lugares de clima más suave, tienen una vegetación de musgos y líquenes que se llama tundra, la que permite que en estos climas tan inhóspitos como los desérticos puedan vivir manadas de renos y el buey almizclero, que emigran en busca de pastos por extensísimas regiones, seguidos de lobos y zorros. Y en las costas habita el oso polar que se alimenta de peces y de la foca, llegando hasta allí en el verano diversas aves por su riqueza piscícola. En la Antártida no existe el oso, pero en cambio, existen los pingüinos.

Con la domesticación del reno se han extendido por estas tierras las civilizaciones de esquimales de Groenlandia y Canadá, los lapones de Escandinavia y los yacutos de Siberia. Esquimales y lapones viviendo de la pesca son los que han alcanzado latitudes más septentrionales.

Prácticas en la atmósfera o clima local

Es conveniente manejar los diversos instrumentos usados en metorología, en especial el termómetro, barómetro e higrómetro. En las ciudades es fácil ver veletas y anemómetros y cualquier matraz nos puede servir para medir las precipitaciones. Con estas mediciones, durante períodos de tiempo continuados en cada una de las estaciones del año, podemos tener un concepto más claro del clima que existe en nuestra región que habitamos.

Estas mediciones constituirán excelentes observaciones para poder después comparar con las temperaturas, presiones, precipitaciones, etc., de otros climas de tierras distantes.

Las diversidades de precipitaciones y temperaturas, su regularidad, las oscilaciones, la evaporación, etc., nos permiten que veamos su influjo en la vegetación y en los cultivos del lugar, así como su derivación para la adaptación de las diversas explotaciones ganaderas. Lo que nos permitirá, por comparación, comprender las formas de vida agropecuarias de las diversas zonas climáticas del planeta.

Es conveniente que estas observaciones se sistematicen desde los primeros años de nuestra vida racional. Hoy es tarea más fácil por la existencia de la televisión y el cine, que nos ponen en contacto con paisajes y modos de vida de las tierras más diversas. Además es rara la familia que no disponga de termómetros para ver la temperatura diariamente. E incluso hay centros escolares que tienen instalado un pequeño observatorio meteorológico, ya que los regala el Instituto Meteorológico Nacional, si bien exige a cambio trabajos mínimos de toma de datos para establecer estadísticas con las medidas verificadas diariamente, lo que exige disciplina y molestias.

CAPITULO VI

BIOSFERA Y GEOGRAFIA DE LA POBLACION

Biogeografía o Geografía biológica

Estudia las manifestaciones de la vida vegetal, animal y humana en la delgadísima capa que constituyen en nuestro planeta el aire y las aguas. Observando las mayores profundidades oceánicas y las más altas tierras hasta donde se extiende la vida vegetal y animal, comprobaremos que, en conjunto, es una delgadísima película (poco más de 10 kilómetros) comparada con los 6.366 kilómetros del radio terrestre.

Sin embargo, en esta delgada película que constituye la biosfera o esfera de la vida, se desarrollan todos los procesos vitales hasta ahora conocidos en el Universo. El hombre debe comportarse juiciosamente para que con sus técnicas no haga inhabitable nuestro planeta azul.

En la Biogeografía distinguimos la Fitogeografía o distribución de los vegetales en la superficie terrestre; la Zoogeografía o distribución geográfica de los animales y la Antropología o Geografía humana, que estudia la distribución de los hombres sobre el planeta.

La Fitogeografía y el medio geográfico

Cada especie vegetal requiere determinadas condiciones ecológicas o de ambiente de vida, unas de carácter climatológico y otras edáficas o de composición del suelo.

Pero al geógrafo no le interesa en sí misma la flora, en cuanto descripción de todas las plantas propias de un lugar, objeto de la Botánica, sino la vegetación o aspecto que presenta dicha flora, considerando su exuberancia, raquitismo, abundancia o escasez. También interesan al geógrafo los cultivos o plantaciones de especies vegetales seleccionadas por el hombre para su sustento y de los animales domésticos. No en cuanto a la cantidad, sino en cuanto a las zonas terrestres por las que se cultiva y modos de vida humana que se derivan de sus cultivos, objeto de la Geografía agraria.

Las condiciones meteorológicas de un lugar (que constituye su clima) determinan el tipo de vegetación que le corresponde, ya que cada especie vegetal requiere para su desarrollo adecuada temperatura, humedad, luz y viento, excepto algunos hongos y plantas parásitas que pueden desarrollarse en la oscuridad y sin viento por carecer de clorofila y absorber el carbono de las materias orgánicas sobre las que se sustentan.

Por eso la vegetación presenta diversos aspectos de conformidad con la cantidad de luz, calor y humedad de un lugar. Donde hay poca humedad las plantas viven muy separadas unas de otras, son poco exuberantes, desarrollando mucho las raíces para aprovechar la escasa humedad del suelo, mientras que sus hojas son carnosas, espinosas o protegidas de materia cerúlea para evitar la transpiración. En cambio, donde es abundante la humedad y el calor, las plantas presentan grandes hojas, que favorecen la transpiración, son exuberantes y viven muy juntas hasta ahogar a las especies de menor potencialidad. En latitudes donde alternan estaciones frías y calientes, con suficiente humedad, se defienden del frío perdiendo sus hojas, que vuelven a nacer cuando las condiciones climáticas son propicias.

En cuanto a las condiciones de suelo o tierra, unas plantas soportan mejor los terrenos arenosos, otras los arcillosos, otras los calizos, etc. Pero en general las tierras mejores para la buena alimentación de las plantas son las que tienen en su composición todos estos elementos y materias orgánicas descompuestas o humus, que es lo que las hace más nutritivas y por tanto pueden soportar más abundante vegetación, si reunen las condiciones adecuadas de humedad y calor también.

No puede desarrollarse la vida vegetal en las tierras muy salitrosas, en las regiones de hielos eternos y en las zonas arenosas y pedregosas de más intensa sequía de los desiertos. Tampoco existe vegetación en las profundidades de los océanos donde no llega la acción de los rayos de luz solar.

Ya hemos visto los diferentes tipos de vegetación que corresponden a cada uno de los diversos climas que se extienden por el planeta. Vimos que la selva virgen es propia del clima ecuatorial, la sabana del tropical, la estepa del mediterráneo, del semidesértico y del muy continental; la pradera del continental algo húmedo, la tundra del polar y el prado natural y bosque boreal del oceánico.

Zoogeografía y medio goegráfico

También cada especie animal requiere, al igual que sucedía a las plantas, de determinadas condiciones ecológicas para su desarrollo.

Y como el mundo animal depende directa o indirectamente del mundo vegetal, ya hemos visto cómo la fauna terrestre se acomoda a los diversos tipos de vegetación de acuerdo con los climas, Aunque por su movilidad y capacidad de adaptación las especies animales pueden encontrarse en muy diversos climas, por los que se expansionan según su vitalidad.

La Zoogeografía estudia esta distribución de los animales sobre la tierra y las aguas, teniendo en cuenta las especies principales que aparecen en cada zona climática y su desarrollo en relación con el medio ambiente.

La mayoría de los animales se alimentan de vegetales, pero hay algunas especies carnívoras que necesitan comer otros animales, herbívoros o no. Así la lucha por la existencia entre los seres vivos es durísima y las diversas especies se combaten entre sí para sobrevivir. Aquellas de menor capacidad combativa y de adaptación perecen, poniéndose en peligro de desaparición.

Al igual que los animales terrícolas los animales acuáticos dependen directa o indirectamente del mundo vegetal, que en forma de plancton, en suspensión en las aguas, surte de alimento a las diversas especies de su fauna. Acuático es el más grande de los animales concidos, la ballena, mamífero que puede alcanzar hasta 25 metros de largo y 14.000 kilos de peso en ejemplares de ballenas azules.

En la fauna marítima se distinguen, la fauna litoral, que vive sobre la plataforma continental o pegada a sus costas; la fauna pelágica o de alta mar y la fauna abisal. Esta en profundidades superiores a los 3.000 metros, con propios órganos de luz y alimentándose de los residuos que descienden de las capas acuáticas superiores.

Cada especie acuática requiere cierta salinidad, presión y temperatura. Y las aguas más frías y menos saladas son las más ricas en fauna por ser las más ricas en plancton.

No debemos confundir los conceptos de fauna y ganadería. La fauna tiene en cuenta el estudio de las diversas especies animales que viven libremente en la tierra y en las aguas, considerando su desarrollo conforme a las diversas zonas climáticas. Mientras que la ganadería se refiere a la crianza de animales por el hombre para surtirle de alimentos, vestidos y objetos o útiles diversos.

El hombre debe velar porque exista un equilibrio entre la fauna y la flora de cada zona climática, que constituye un ecosistema.

La Antropogeografía y el medio geográfico

La Antropogeografía o Geografía humana estudia el hecho geográfico humano, es decir las relaciones entre el hombre y el medio geográfico en que vive. Analizando, por una parte, su acomodación a las exigencias e invencibles obstáculos que la naturaleza le ofrece. Y por otra parte, las transformaciones que el hombre ha verificado en el paisaje natural.

Podemos observar el humanizado paisaje que se extiende por cuantos lugares el hombre ha triunfado, con su trabajo secular y sus técnicas, introduciendo especies vegetales ajenas al lugar, talando bosques, desecando pantanos, extrayendo minerales, horadando montañas, trazando caminos, etc. Por todos los continentes hay enormes extensiones cultivadas, de arrozales en Asia, de cereales en Europa y América, de huertas en las costas mediterráneas, etc., etc. Al tiempo que ha hecho gigantes construcciones con fábricas, pantanos, canales, puertos, ferrocarriles, etc.

Pero otras veces el hombre ha debido doblegarse a la naturaleza adversa, tal como en las zonas polares, en los grandes desiertos y en las zonas ecuatoriales, en las que atrasadas comunidades viven casi exclusivamente de lo que encuentran a su alcance por la recolección de frutos, la caza, la pesca o primitivas prácticas agropecuarias.

Sin embargo, es halagüeño comprobar, en las mutuas relaciones entre naturaleza y hombre, que éste va venciendo cada día más fácilmente lo que en otros tiempos eran ingentes obstáculos.

El hábitat de las comunidades humanas

El ambiente físico o conjunto de condiciones de clima y tierra en que vive cada agrupación humana es lo que constituye su hábitat, al cual ha de adaptarse cada grupo humano, ya que influencia en su régimen de alimentación, características de los vestidos, disposición de la vivienda, etcétera.

A exigencias climáticas responden las dietas alimenticias abundantes en grasas de las gentes de países fríos, así como sus vestidos de lana y pieles; mientras que en los países calurosos los vestidos son ligeros y la alimentación a base de vegetales.

También comprobamos cómo, en general, las colectividades humanas viven en casas dispersas en los países lluviosos o ricos en aguas subterráneas. En cambio existe poblamiento concentrado en los países escasos en agua, formando núcleos, más o menos populosos, junto a las pocas fuentes existentes o en las orillas de corrientes de agua permanentes no inundables, que obran como fuerza de atracción al surtir de líquido elemento para las necesidades de las personas y de su ganadería.

La forma de la vivienda responde también a exigencias de disponibilidades de materiales y climáticas. Los iglús de los esquimales están construidos de bloques de hielo superpuestos y ensamblados por el mismo frío polar; en las zonas boscosas templadas las viviendas son de troncos de árboles, en los terrenos graníticos hacen las viviendas con las abundantes piedras de esta roca, en los arcillosos utilizan adobes o masas de barro secadas al sol, etc. En los países montañosos de abundantes nevadas las casas tienen los tejados muy inclinados, para que no se acumule la nieve; en los países secos y calurosos, sustituyen los tejados por terrazas; en los países húmedos ponen en las fachadas de las casas galerías para secar los productos y aprovechar mejor los escasos días de sol, etc.

Es decir, que el hombre ha de adaptarse al medio ambiente en lo que se refiere a vestidos, alimentos y viviendas.

El paisaje humanizado de nuestra civilización

La divulgación de las técnicas aportadas por la civilización europea ha hecho cambiar el paisaje del planeta en grandes extensiones y va imponiendo una casi uniformidad de formas de vida, en especial cuando el progreso alcanzado concentra la población en ciudades populosas, alimentadas por los abundantes recursos de que las proveen modernas explotaciones agropecuarias.

Es que en el campo las máquinas han permitido el cultivo de extensísimos territorios con muy poca mano de obra, instalando productivas explotaciones agropecuarias, forestales y mineras también. La maquinaria, los abonos, los riegos y la selección de especies vegetales y animales son responsables de los altos rendimientos agropecuarios, verdaderas fábricas de producción de alimentos y materias primas en general.

Podemos decir que hoy el paisaje natural se conserva casi exclusivamente en las zonas de repulsión al asiento del hombre, en los desiertos y la selva virgen o desierto de verdura, en los que sin embargo, cada día penetra más la labor colonizadora humana.

Puede medirse la cultura de los pueblos por el desarrollo urbano de los mismos. Y la humanización del paisaje está en razón directa de la humanización del hombre.

Todavía se habla de ambiente rural y de ambiente urbano, pero cada día el medio rural toma más aspecto de ciudad, a la vez que las ciudades tienden a dejar cada día más zonas verdes para higiene y esparcimiento de sus habitantes. E incluso son trasladadas al campo verdaderas ciudades al ubicar allí fábricas y viviendas, en parajes sanos y bellos a lo largo de las vías de comunicación.

El ecumene

El hombre, como los animales, necesita para vivir del mundo vegetal, directa o indirectamente, requiriendo de un mínimo de alimentos y de agua potable. Aquellas zonas de la superficie terrestre donde el hombre puede encontrar lo necesario para su sustento constituye el ecumene o tierra habitable, que está limitado por las tierras en que el frío o la sequedad impidan la vegetación.

Sin embargo, hay fuera del mundo ecuménico lugares con población permanente, que subsisten gracias a los progresos científicos y al envío continuo de los alimentos y del agua que necesitan para subsistir. Entre ellos se encuentran los distritos mineros petrolíferos de Hassi Remel en el Sahara argelino, las minas de oro de Coolgardie de Australia, las minas de carbón de las islas Spitzberg que los rusos explotan en pleno círculo glaciar, los establecimientos meteorológicos de la Antártida, los del Monte Lincoln en las Rocosas, los centros hoteleros deportivos del Junfrau suizo, etc. Todos ellos son ejemplos de la capacidad de aclimatación y de progreso de la especie humana, que nos hace ver con optimismo la futura expansión del ecumene, al instalar establecimientos fabriles en zonas muy frías y al poner en cultivo las zonas desérticas por la implantación del regadío, llevándolas el agua que necesiten.

Progresivo aumento de la población mundial y Geografía de la población

Es muy difícil conocer con exactitud la actual población mundial o del ecumene, porque para ello se necesitan de censos y estadísticas que exigen de personal adecuado y encuentran muchas dificultades para su eleboración. Las imperfecciones en la verificación son múltiples, unas veces por incapacidad de los realizadores, otras por falseamientos para fines propagandísticos, otras simplemente para encubrir responsabilidades de la propia administración.

Sin embargo, en la actualidad estas imperfecciones suponen escaso margen de error para el conjunto de la población mundial, pudiéndonos fiar de las cifras de los diversos anuarios demográficos, tales como el de las mismas Naciones Unidas o ONU. Para el año 1974, la población se calculaba en 3.900 millones de habitantes.

Esta población mundial ha ido creciendo en el último siglo de orma espectacular. Anteriormente era muy lento su crecimiento.

Podemos calcular la población del mundo en los diversos tiempos pretéritos por estudios realizados sobre censos parciales en algunos imperios de la antigüedad, por el análisis de sus formas económicas y sobre todo por comparación con las densidades de actuales comunidades en muy diferentes estadios económicos y técnicos.

Se cree que durante el Paleolítico apenas llegarían los humanos a unos 25 millones de habitantes. Pasando en el Neolítico, gracias a la aparición de las formas agropecuarias y primeras técnicas de trabajo, a unos 100 millones de habitantes.

Durante el Imperio Romano debió doblar la población mundial, oscilando entre los 200 y los 300 millones de habitantes.

Pasada la Edad Media durante el Renacimiento, debió de volver a doblarse la población del mundo, calculándola en unos 500 millones de habitantes.

Las conquistas racionales de la técnica durante el siglo XVIII, paralelas a la difusión de la higiene y la lucha contra las enfermedades endémicas, han permitido un continuado y vigoroso aumento de población, que en la actualidad amenaza con producir una crisis catastrófica de no encontrar límites a su expansión vertiginosa. Puesto que ya a finales de aquel siglo la población se calculaba en unos 800 millones de habitantes y tan sólo medio siglo después, en 1850, la población mundial había doblado respecto a la de tiempos renacentistas, calculándose que sobrepasaba los 1.000 millones de habitantes.

Pero además, desde entonces hasta hoy, en poco más de un siglo, se ha doblado dos veces la población mundial, ya de por sí elevada. Es decir, que se van acortando alarmantemente los períodos de la progresión geométrica de crecimiento. En 1900 se calculaba la población mundial en algo más de 1.500 millones de habitantes, en 1940 alcanzaba los 2.000 millones, el Anuario Estadístico de la ONU daba para 1959, la cifra de 2.907 millones y en la actuaildad estamos cerca de los 4.000 millones de habitantes en el mundo.

De aquí que la alarma haya hecho surgir voces contrarias al crecimiento incontrolado de la población. Ya a mediados del siglo XIX el sacerdote inglés Maltus decía que nadie tiene derecho a venir al mundo mientras no tuviese asegurada su ración alimenticia, su plato en la mesa.

Sin embargo, no es unánime la opinión de las gentes y de los sociólogos. Para unos el problema del crecimiento de la población mundial no es alarmante porque dicen que las técnicas progresan, hay mucha irregularidad en el reparto de la riqueza, quedando, por otra parte, muchas tierras ricas improductivas y los desiertos sin cultivar. Pero para otros la catástrofe que se avecina solamente podría evitarse con drásticas medidas de control de la natalidad. En 1970 el norteamericano Mac

Námara, en el Congreso de Directores de Bancos, celebrado en Copenhague, pronosticó para el año 2000 situación caótica mundial con un cinturón de millones de habitantes hambrientos y depauperados en torno de las grandes ciudades. Pronósticos que coinciden con los del holandés Sico Mansholl, organizador del plan verde del Mercado Común Europeo o plan agropecuario.

De la trascendencia del problema da idea la celebración del Congreso Mundial sobre la población, reunido en Bucares en el año 1974, donde se defendieron las más dispares ideas y opiniones.

Contundente al efecto es saber que, según el Correo de la Unesco, de noviembre de 1975, la población del mundo crece a un ritmo del 2 % anual, mientras que la de los alimentos lo hace al ritmo del 1 % anual. Pero algunos, más cínica e irresponsablemente, afirman que no habrá problemas en el futuro, porque los cuatro jinetes del Apocalipsis se encargarán de diezmar la población adaptándola al equilibrio ecológico que impone la Naturaleza. O bien, más tétricamente, otros consideran que la desesperación y el mal gobierno del mundo originarán una catástrofe nuclear o contaminante que deje nuevamente a los humanos en un estadio cultural similar al del Paleolítico, volviendo a empezar una nueva Historia para los supervivientes adaptados al nuevo ambiente, si es que pueden.

Los casi 4.000 millones de habitantes que poblamos el mundo se encuentran muy desigualmente repartidos, pues mientras hay regiones superpobladas, otras apenas si tienen habitantes. Así podemos observar el contraste entre grandes regiones como Groenlandia o el Sahara con menos de un habitante por kilómetro cuadrado y Holanda con más de 500 habitantes por kilómetro cuadrado, o bien Mónaco, que alcanza más de 15.000 habitantes por kilómetro cuadrado.

Pero además se observan grandes diferencias entre territorios de una misma región o país, pues, por ejemplo, en Egipto hay 800 habitantes por kilómetro cuadrado en el valle del Nilo, mientras que la media de la nación es de 25 habitantes por kilómetro cuadrado. Y en España, con una media de 70 habitantes por kilómetro cuadrado, vemos contrastes entre provincias de más de 400 habitantes por kilómetro cuadrado en Barcelona y Vizcaya, mientras que en Teruel, Soria y Huesca apenas sobrepasan los 10 habitantes por kilómetro cuadrado.

El hombre trata de vivir con las máximas comodidades y riqueza, por lo que siempre ha procurado ocupar las tierras más fértiles y de clima más bonancible, pero supeditando la bonanza del clima a la riqueza del suelo cuando ambos factores no son coincidentes o compatibles. Así se explica que las zonas más pobladas del planeta coincidan con los climas monzónicos en las extensas llanuras fluviales asiáticas y sus islas, donde se acumula la mitad de la población mundial. Siguiéndole en importancia por la densidad de habitantes las regiones de clima templado húmedo, oceánico, o de transición, con suave continentalidad, tales como las llanuras de Europa y las de Norteamérica, donde se encuentra casi una cuarta parte de la población mundial. Quedando algo más de la cuarta parte de la población mundial para el resto de las tierras emergidas.

Por tanto, una mirada a un mapa mundi o una esfera terrestre nos permite observar que, de los 510 millones de kilómetros cuadrados de la superficie planetaria, solamente 149 millones de kilómetros cuadrados corresponden a la litosfera emergida o tierras. De estos 149 millones de kilómetros cuadrados, casi la tercera parte está despoblada (unos 20 millones de kilómetros cuadrados de desiertos secos, otros 20 millones de kilómetros cuadrados de tierras frías y unos 5 millones de kilómetros cuadrados de selvas inhóspitas). Como contraste, en tan sólo 20 millones de kilómetros cuadrados se acumulan casi las tres cuartas partes de la humanidad (en Asia monzónica 14 millones de kilómetros cuadrados, en Europa 5 millones de kilómetros cuadrados y en la región fuertemente industrializada del Ohio-San Lorenzo con 1 millón de kilómetros cuadrados). Quedan más de la mitad de las tierras emergidas (84 millones de kilómetros cuadrados) para poco más que la cuarta parte de la población mundial.

También podemos observar en un mapa mundi que la superficie de la zona tórrida, de climas cálidos, la constituyen 202 millones de kilómetros cuadrados; las de la zona templada 265 millones de kilómetros cuadrados y las zonas polares unos 43 millones de kilómetros cuadrados, según datos del Calendario Atlante Agostini. De todas estas superficies las tierras habitables de clima templado se extienden en su mayoría por el hemisferio septentrional, conteniendo más de las tres cuartas partes de la población del mundo, mientras que el hemisferio austral tiene muy poca población y menos tierras emergidas también.

A modo de ejemplo, para comparar entre sí los diversos continentes, viendo su densidad por kilómetro cuadrado, presentamos la estadística que publica el Calendario Atlante De Agostini correspondiente al año de 1961. Que, a su vez, puede compararse con la estadística que el mismo Calendario De Agostini publica en el año 1975 para comprobar el acelerado aumento de la población mundial.

Calendario Atlante De Agostini del año 1961:

Europa.	567.953.000 hab.	=	55 hab./km²
Asia	1.589.680.000 hab.	=	36,3 hab./km²
Africa.	235.280.000 hab.	=	7,7 hab./km²
América Spten. y Central	256.305.000 hab.	=	10,5 hab./km²
América Meridional	134.240.000 hab.	=	7,6 hab./km²
Oceanía.	16.313.000 hab.	=	1,8 hab./km²
Total.	2.799.771.000 hab.	=	19,8 hab./km²

Calendario Atlante De Agostini del año 1975:

Europa.	10.519.458 km² y	654.255.000 hab.	=	62 hab./km²
Asia.	44.423.234 km² y	2.177.598.000 hab.	=	49 hab./km²
Africa	30.196.650 km² y	383.623.000 hab.	=	12 hab./km²
América Sep. y C. .	24.244.674 km² y	323.230.000 hab.	=	13 hab./km²
América Meridio. .	17.815.863 km² y	199.483.000 hab.	=	11 hab./km²
Australia y Ocea. .	8.939.673 km² y	21.273.000 hab.	=	2 hab./km²
Antártida.	13.176.727 km²			
Total	149.316.279 km² y	3.759.462.000 hab.	=	25 hab./km²

Coeficiente crecimiento medio anual en el decenio 1963-72 = 2 %.

Grandes naciones y grandes ciudades

Según el censo del año 1972, que publica el Anuario Estadístico Español del año 1974, las mayores naciones del mundo por el número de habitantes son como sigue:

China.	800	millones de habitantes
India	564	»
U. R. S. S..	248	»
Estados Unidos.	209	»
Japón	107	»
Brasil	99	»
Indonesia	89	»

En total entre los siete países tienen más de la mitad de la población mundial.

Seguidas de estas naciones aparecen otras de mucha menor población, destacando las que tienen más de 50 millones de habitantes, que son:

Alemania Occidental	62	millones de habitantes
Pakistán.	56	»
Inglaterra	56	»
Italia	54	»
Méjico	53	»
Francia	52	»

Y como corresponde a una civilización urbana, existe en el mundo gran concentración de la población en ciudades, proporcionalmente al grado de desarrollo agropecuario e industrial alcanzado por las naciones. Pues hay naciones como los Estados Unidos en que solamente el 6 % de la población vive en el campo, distribuyéndose el resto de la población en ciudades de más de 10.000 habitantes. En Inglaterra solamente el 8 % de la población se dedica a la agricultura y en Alemania el 12 %. Fenómeno al que tienden todas las naciones del mundo.

Según el citado censo de 1972, que tomamos del Anuario Estadístico Español de 1974, las ciudades que superan ya los 3 millones de habitantes son:

Nueva York	11.571.000	habitantes
Gran Tokio	11.454.000	»
Shanghai	10.820.000	»
Gran Buenos Aires	8.353.000	»
Gran París	8.200.000	»
Pekín	7.570.000	»
Londres	7.380.000	»
Moscú	7.050.000	»
Los Angeles.	7.032.000	»
Calcuta	7.000.000	»
Chicago	6.980.000	»
Bombay	6.000.000	»
Seul	5.536.000	»
Sao Paulo	5.183.000	»
El Cairo	4.960.000	»

Djakarta	4.575.000	habitantes
Filadelfia	4.820.000	»
Río Janeiro	4.252.000	»
Detroit	4.200.000	»
Leningrado.	3.560.000	»
Karachi	3.442.000	»
Delhi	3.280.000	»
San Francisco	3.110.000	»
Hong-Kong.	3.100.000	»
Méjico.	3.000.000	»
De España solamente Madrid	3.209.000	»

Razas humanas y su expansión

El concepto de raza es un tanto confuso, pues a veces nombramos como gentes de razas diferentes a pueblos que tan sólo se diferencian por la lengua que hablan, por su religión o por su cultura, cuando lo fundamental a que atenernos respecto a la raza debe ser el color de la piel, de los ojos, del pelo, estatura, forma del cráneo y forma de los ojos. Aunque al hablar del color de la piel deberíamos más bien decir pigmentación de la epidermis, puesto que la piel es transparente en todos los humanos.

En la Biblia se habla de las razas camita, semita y jafetita, derivados de los hijos de Noe: Can, Sem y Jafet.

El alemán Blumenbasch (muerto en 1840) dividió las razas en blanca, negra, amarilla, malaya y cobriza o americana.

Hoy, simplemente, se dividen las razas en blanca, negra y amarilla, de conformidad con el color de su piel.

La raza blanca habita preferentemente en las zonas de climas templados y subtropicales, caracterizándose por su tez más o menos blanquecina, pelo liso, generalmente sedoso, nariz delgada, talla alta y gran pacacidad craneana. Es la de mayor dispersión y de mayor progreso técnico. Originaria de Europa y de toda la cuenca mediterránea hasta la India, se ha propagado desde el Renacimiento por América, Oceanía y parte de Africa y Asia, expansionando sus lenguas.

Con el nombre de arios, indogermanos o indoeuropeos, desde los primeros tiempos históricos, se extendieron desde Europa a la India, chocando en Asia anterior con los otros pueblos de raza blanca, semitas y camitas.

Las gentes indoeuropeas las integran los pueblos hindúes o indostanis de la India; los iranios persas, curdos y afganos; los mediterráneos: griegos, italianos, franceses, españoles, etc.; los alpinos: tiroleses, suizos, saboyanos, etc.; los germanos: alemanes, sajones, anglos, suecos, etc., y los eslavos: polacos, eslovenos, servios, rusos, etc.

Las gentes semitas se extendieron desde la antigüedad por el Asia anterior y Africa del Norte. Pertenecen a los semitas los asirios, los hebreos o judíos y los árabes extendidos por Arabia, Abisinia, Egipto y Tunicia, hasta Marruecos.

Las gentes camitas se extienden a lo largo del Nilo con los egipcios, coptos y abisinios y por el Mogreb o mauritanos.

La raza negra habita en general las regiones tropicales del globo. Es la más inculta y la de más variadas formas o constitución, desde los de tallas más altas y esbeltas hasta los de tallas más pequeñas y deformes. En general tienen el cutis muy negro, el pelo rizado, la frente huidiza y la nariz ancha y plana. Ocupan Africa desde el sur del Sahara, el sur de la India y diversas islas de Oceanía (Melanesia o islas de negros). Transportados como esclavos a América han encontrado fácil desarrollo en las islas del Caribe, en América central, mediodía de Estados Unidos, Brasil y diversas repúblicas hispanoamericanas, donde disfrutan de la cultura de los pueblos que los recibieron.

Las gentes negras comprenden los fornidos sudaneses del Sudán y Senegal, al norte del ecuador africano; los bantúes que con el nombre de cafres, zulús, bechuanos, angoleños, congoleños, etc., se extienden al sur del ecuador africano por todo el Africa oriental y austral, con características similares a los sudaneses en su constitución y cultura. Por las selvas ecuatoriales africanas se extienden los reducidos pigmeos, enanos de menos de metro y medio de talla. Y alrededor del desierto de Calahari se encuentran los miserables bosquimanos y hotentotes. Figurando también entre los pueblos más retrasados del mundo los vedoides de la India, los cingaleses del Ceilán, los papuas de Nueva Guinea y los negritos de la Melanesia, así como los casi desaparecidos australianos.

La raza amarilla tiene la piel amarilla, cabellos negros y lisos, pómulos salientes, ojos generalmente oblícuos y la talla generalmente también baja. Se extienden por Asia, América, Oceanía y algunos enclaves de Europa.

Las gentes amarillas comprenden los chinos, tibetanos, birmanos y siameses, que hablan lenguas monosilábicas. Los aianos, japoneses, coreanos, manchures, mongoles, turcos, samoyedos, lapones, yacutos, kalmucos, fineses y húngaros, que hablan lenguas aglutinantes y que se extienden desde el Pacífico hasta el mar Báltico europeo. Por Indochina e Indonesia se extienden los robustos malayos o indonedios, que se han extendido por todas las islas del Pacífico. Y en todo el continente americano se encuentran los divertidísimos pueblos amerindios, casi aniquilados en América del Norte, donde perduran algunos mohicanos, iroqueses, apaches, etc.; en Centroamérica los mayas y actecas, que elaboraron curiosa civilización; a lo largo de los Andes los chibchas, los quechuas, los aimaraes, incas, araucanos, etc.; en el Orinoco los maipures y tupis y ya sobre el Paraguay los guaraníes, así como los diversos pueblos de la Amazonía. Participan en general de la cultura hispana, formando mestizajes con blancos y negros, pero viviendo en gran retraso cultural.

Principales lenguas habladas en el mundo

Numerosísimas son las lenguas habladas por los diferentes pueblos del mundo. Incluyendo dialectos superan el número de 6.000, divididas para su estudio en lenguas flexivas, aglutinantes, monosilábicas y polisintéticas.

Las lenguas flexivas son las de mayor facilidad de expresión y son propias de la raza blanca. Las lenguas monosilábicas se hablan por los pueblos chino, tibetano, birmano y siamés, con difícil escritura y aprendizaje, por similitud de sonidos; mientras que los demás pueblos amarillos hablan lenguas aglutinantes, menos los amerindios que las hablan polisintéticas. Las razas negras también hablan lenguas aglutinantes.

El idioma más importante por el número de parlantes es el chino mandarín. Le sigue el inglés, que se habla en Estados Unidos, Canadá, Australia, Nueva Zelanda, Sudáfrica y diversos enclaves del mundo en todos los océanos. El español, que se habla en Hispanoamérica y Filipinas, El ruso que se extiende por toda Siberia. El francés, que se habla en gran parte de Africa del Norte, Central y Ecuatorial. Siguiendo en importancia el indostaní, el japonés, el bengalí, el alemán, italiano, etc.

Población y religión

En los pueblos más civilizados la religión influye poco en sus costumbres, ya que aunque sean creyentes en general (deistas) no suelen ser practicantes de ninguna religión determinada. Pero sin embargo, pocas son las personas que no se consideran adscritas a una determinada secta religiosa, en la que sus antepasados vienen por tradición figurando.

Es por tanto un fenómeno social e histórico, que en tiempos pasados tuvo una importancia capital, ya que las civilizaciones han tenido un soporte religioso para consuelo de las masas y como justificación filosófica de su misma existencia.

En la actualidad, cada una de las diversas religiones existentes, se extiende por las regiones terrestres donde fructificó la civilización que las sirvió de base. Siempre y cuando esas religiones tuviesen un alto sentido moral, pues las religiones eminentemente mágicas, sin repercusión en la conducta humana, son propias de los pueblos retrasados, que todavía se refugian en las selvas y semidesiertos, en escaso contacto con la civilización.

La más antigua religión moral fue la budista (Buda Gautama 560-480 a. de C.), originaria de la India, pero que se propagó preferentemente por China y resto de Asia. En China también apareció por aquellos tiempos el confucionismo (Confucio 551-478 a. de C.) y el taotismo (Lao-tse en el siglo V a. de C.). En el Japón su religión originaria fue el sintoismo.

El cristianismo, originario de Asia (Palestina), se propagó por toda la cuenca del Mediterráneo al calor de la cultura grecorromana. Cristianizada Europa, su cultura técnica permitió que sus gentes llevaran el progreso al resto del mundo. Así el cristianismo se ha extendido preferentemente por América, Australia y Africa meridional. Si bien hay que distinguir en la religión cristiana las modalidades de católicos, protestantes y griego-ortodoxos.

La religión mahometana (Mahoma 570-632) se extiende por todas las tierras que bordean los desiertos secos afroasiáticos, desde el Sahara hasta el Turquestán y Mongolia. Se propagó también por la cuenca del Ganges, Indochina e Indonesia, donde aparece como minoría entre su población.

En el subcontinente indio la religión predominante es el hinduismo o brahmanismo, fundamentada en los libros sagrados vedas, con fieles fanatizados que creen en la transmigración de las almas o metempsicosis y en las castas o clases de hombres.

Conforme a las estadísticas del Calendario De Agostini del año 1975, el número de creyentes en cada religión es el siguiente:

Católicos	551.949.000
Protestantes.	324.264.000
Ortodoxos	91.581.000
Musulmanes.	513.175.000
Hinduistas	515.581.000
Confucionistas.	275.899.000
Budistas	223.656.000
Sintoistas	63.150.000
Taoistas.	31.368.000
Judíos	14.444.000

Población y óptimo de vida

Solamente menos de un tercio de la humanidad está bien alimentada, vive en buenas condiciones de higiene y recibe una cultura que le permita participar y recrearse en los bienes espirituales de las letras, las ciencias y las artes en general, en mayor o menor grado. Pero además esto es una conquista reciente, que data desde tiempos posteriores a la primera Guerra Mundial, o mejor aún desde mediados de este siglo, tras la última Guerra Mundial de 1939-45, pues con anterioridad a estas fechas solamente disfrutaban de tal situación privilegiada las burguesías de las naciones industrializadas y las aristocracias feudales del resto del mundo. Que en definitiva han sido las minorías que de siempre vivieron en situación económica holgada. Para el resto de los humanos la situación ordinaria era de hambre. Al igual que los dos tercios de la población mundial actual.

Pero además, este estado de subalimentación y hambre crónica, se veía agravado por las apariciones de grandes hambrunas, verdaderas epidemias de mortandad, causadas por inanición y agotamiento físico tras malas cosechas, originadas por sequías prolongadas, lluvias excesivas, plagas de langosta, orugas y otros insectos. A las cuales había que añadir las hambrunas provocadas por largos períodos bélicos, siendo raro el lustro que no aparecía alguna de estas hambrunas en algún lugar del mundo.

El hambre latente era favorecido por enfermedades endémicas que disminuían el rendimiento del trabajo de las gentes, al afectar a mucha población y a largos períodos de su vida individual, con grave perjuicio para la infancia.

La mayoría de estas enfermedades endémicas han sido erradicadas o están en franco retroceso, tales como la viruela, azote de la raza blanca; la peste, que propagaba la rata negra; la lepra, que propagaba la falta de higiene; el cólera, propagado en los mismos alimentos mal condimentados; el paludismo o malaria, propagado en las aguas encharcadas por el mosquito anofeles maculipensis; la tuberculosis propagada por el bacilo de Kock en los subalimentados; el escorbuto, originado por no ingerir frutos verdes; la pelagra, avitaminosis provocada por alimentación casi exclusiva de maíz; el beriberi, por avitaminosis en los que se alimentan básicamente con arroz descascarillado, etc.

Todos los humanos, sin distinción de raza y civilización tenemos la obligación de luchar contra estos males que azotan aún a la humanidad, para que nadie en el mundo se vea privado de alimentos, higiene y educación. Hay que buscar inexorablemente solución a estos males endémicos, atajando también el excesivo e incontrolado crecimiento de la población, para que todos lleguemos a disfrutar de condiciones favorables para el desarrollo de nuestras facultades físicas y espirituales, en orden a conseguir un óptimo vital que nos permita particularmente realizarnos en nuestros anhelos de perfección y libertad.

Nunca desaparecerán los males y el descontento entre los humanos, pero podemos hacer más tolerable nuestra existencia, mejorar nuestra conducta, perfeccionarnos cada día, procurando salvar las intolerancias que nacen de hablar diferentes lenguas, pertenecer a diversas razas, practicar diferentes religiones e integrarnos en diferentes culturas e ideologías. Tolerancia y amor debe ser el camino a seguir.

Natalidad y mortalidad: gráfica de crecimiento

La natalidad humana siempre ha sido muy elevada, disminuyendo únicamente con el aumento de la cultura. Todas las civilizaciones cuando han llegado a un estadio de madurez cultural ven frenado el número de nacimientos. Todavía hoy los pueblos menos desarrollados y civilizados son los que más nacimientos tienen respecto a su población. En pueblos africanos y de Centroamérica su natalidad es del orden del 45 por mil. Guatemala tiene un 48 por mil. Los contrastes entre pueblos desarrollados y subdesarrollados son notables. En 1972, según el Instituto Español de Estadística, Méjico aparece con índices de natalidad del 43,4 por mil, Portugal 20,3 por mil, España 19,4 por mil, Italia 16,3 por mil, Inglaterra 15 por mil.

Pero la natalidad está determinada por diversos factores además del desarrollo económico. Todas las religiones tienden a estimular los nacimientos, pues desde los tiempos en que surgieron en las sociedades neolíticas buscan la posibilidad de aumentar sus creyentes, fortalecer numéricamente a sus naciones, expansionarse o defenderse ante los peligros de los pueblos fronterizos. También aumenta la natalidad ante los subsidios que otorgan los gobernantes, unas veces por entusiasmos nacionalistas, otras para aumentar la productividad y el equilibrio generacional, evitando el envejecimiento alarmante de la población. También estimulan la natalidad la disponibilidad de tierras y riquezas en sus territorios. Así se explica que Estados Unidos tenga natalidades del 17 por mil, Nueva Zelanda del 22 por mil, Francia 16,9 por mil, Holanda del 16 por mil y Suecia 13,8 por mil.

En tiempos antiguos natalidades en general del 45 por mil no originaban un apreciable aumento de población, ya que las epidemias, el hambre y las guerras las equilibraba. Los pueblos que disminuyesen la natalidad se exponían a desaparecer, pues de ordinario la mortalidad era de un 30 por mil. Lo que quiere decir que en épocas calamitosas podrían sobrepasar las defunciones a los nacimientos.

Hoy el desmesurado aumento de la población mundial es debido a la disminución de las defunciones en la edad infantil y a la longevidad alcanzada en todas las naciones, en especial en las desarrolladas. Ha disminuido la natalidad pero ha disminuido todavía más la mortalidad.

En el siglo XVIII la media de la edad de esperanza de vida era de unos 40 años en Europa, pero en 1950 alcanzaba esta media los 60 años y en la actualidad supera los 70 años. En cambio, en la India todavía hoy

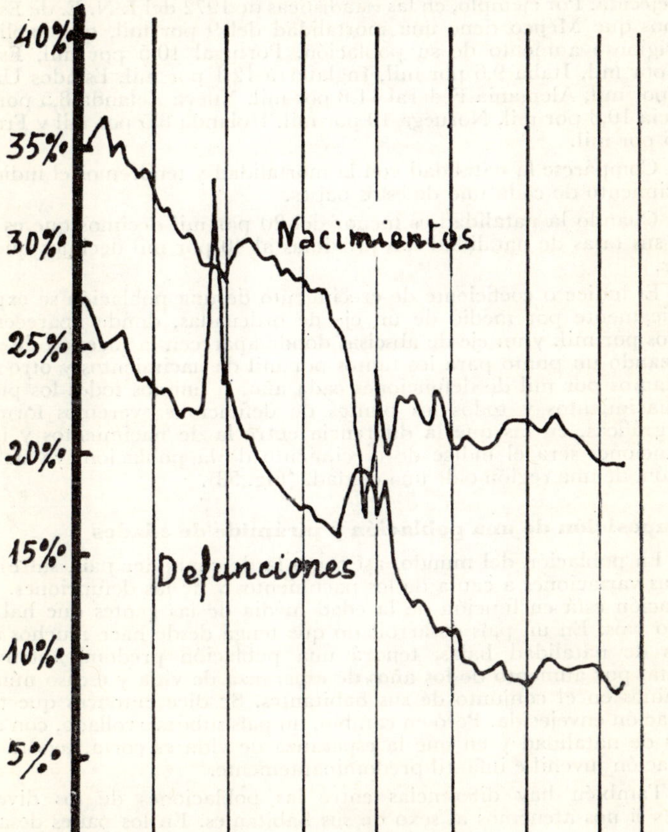

Gráfica de crecimiento de la población de España, copiada del Anuario Estadístico de España del año 1974. (fig. 58)

no llegan a una esperanza de vida media de 35 años (en 1900 era de 22 años) y en Iberoamérica no llega a los 45 años.

Los índices de mortalidad han disminuido enormemente por el progreso de la ciencia médica al disponer de medios de lucha contra las epidemias y enfermedades de toda índole. Especialmente por los tratamientos colectivos y el aumento de la higiene en los pueblos subdesarrollados, que alcanzan así índices de mortalidad incluso más bajos que en los pueblos desarrollados, por coincidir en estos con una población envejecida. Por ejemplo, en las estadísticas de 1972 del I. N. E. de España vemos que Méjico tiene una mortalidad del 9 por mil, que explica el vertiginoso aumento de su población, Portugal 10,5 por mil, España 8,2 por mil, Italia 9,6 por mil, Inglaterra 12,1 por mil, Estados Unidos 9,4 por mil, Alemania Federal 11,8 por mil, Nueva Zelanda 8,5 por mil, Suecia 10,3 por mil, Noruega 10 por mil, Holanda 8,5 por mil y Francia 10,6 por mil.

Compárese la natalidad con la mortalidad y tendremos el índice de crecimiento de cada uno de estos países.

Cuando la natalidad es menor del 20 por mil decimos que es baja y si sus tasas de natalidad son próximas al 40 por mil decimos que son altas.

El índice o coeficiente de crecimiento de una población se expresa gráficamente por medio de un eje de ordenadas, donde aparecen los tantos por mil, y un eje de abscisas donde aparecen la sucesión de años. Trazando un punto para los tantos por mil de nacimientos y otro para los tantos por mil de defunciones cada año, si unimos todos los puntos de nacimientos y todos los puntos de defunciones veremos formarse dos gráficas, en las que la diferencia entre la de nacimientos y la de defunciones será el índice de crecimiento de la población, ya de una nación, de una región o de una ciudad. (Fig. 58).

Composición de una población y pirámide de edades

La población del mundo, así como la de cualquier país, sufre continuas variaciones a causa de los nacimientos y de las defunciones. Esta variación está en función de la edad media de las gentes que habitan dicho país. En un país desarrollado que tenga desde hace muchos años tasas de natalidad bajas, tendrá una población predominantemente adulta, por aumento de los años de esperanza de vida y escaso número de niños en el conjunto de sus habitantes. Se dice entonces que tiene población envejecida. Pero en cambio, un país subdesarrollado, con altas tasas de natalidad y en que la esperanza de vida es corta, tendrá una población juvenil e infantil predominantemente.

También hay diferencias entre las poblaciones de los diversos países si nos atenemos al sexo de sus habitantes. En los países desarrollados hay mayor número de mujeres que de hombres, pues aquellas se benefician de trabajos menos expuestos y violentos, son más frugales en su alimentación, abusan menos del alcohol y en general llevan vida más higiénica, por lo que tienen más esperanza de vida. En cambio en los países subdesarrollados hay menos mujeres que hombres, pues sobre ellas recae la carga agotadora de cuidar a una familia generalmente muy numerosa, mal nutrida y con poco tiempo para la higiene a causa de la prolongada jornada de trabajo diario. A lo que hay que añadir las numerosas bajas que causan los abundantes partos, normalmente con carencia de higiene y comodidades.

Hay casos especiales de pueblos subdesarrollados en que predominan las mujeres porque los hombres emigran a otros países desarrollados a trabajar. Y por tanto también pueden predominar los hombres en los países desarrollados que los reciben. Problema que está íntimamente ligado a las migraciones, ya anuales, ya temporales o incluso definitivas entre diversas regiones y naciones del planeta. En el siglo pasado América era el continente de la inmigración, en el actual lo viene siendo Europa occidental.

Para conocer en cualquier momento la composición de la población de un país, región o ciudad, respecto a la edad y el sexo de sus moradores, se han ideado las pirámides de edades. Consisten en un doble eje de ordenadas y abscisas, uno para varones y el otro para hembras. En los ejes de abscisas se indica el número de habitantes en decenas, centenas, millares, diezmillares, etc., según la cuantía de la población a considerar. Y en el eje de ordenadas las edades de la población por cada año o período de años. No hay más que trasladar al campo de estos ejes de coordenadas los datos que nos dan los censos y estadísticas de los habitantes a considerar.

Cuando la población del país objeto de estudio es predominantemente infantil la base de la pirámide aparecerá con cantidades mucho mayores que en su altura, pues a cifras de mayores años de edad corresponden menos habitantes proporcionalmente. Las pirámides de edades que resultan del cómputo de sus habitantes en los países subdesarrollados aparecen con su base ensanchada, como aplanadas. Mientras que las pirámides de edades de los países desarrollados son muy iguales en sentido vertical por aparecer cantidades poco mayores en las edades infantiles que en las edades adultas. (Fig. 59).

Estas pirámides de edades son de gran interés y utilidad para conocer con precisión la composición y proporción de la población de un país o ciudad, pudiendo por ellas pronosticar y diagnosticar los problemas que van a presentar en el futuro respecto a centros educacionales, puestos de trabajo, viviendas, residencias para viejos, hospitales, previsiones para jubilaciones, bajando o elevando su edad, etc., etc.

También pueden aplicarse para el estudio de la edad media de los funcionarios de un país o grande empresa, la proporción entre su población respecto a lenguas habladas, si hay varias; o respecto a etnias, profesiones, distribución de riquezas, etc. Es decir, para planificar todas las actividades económicas, educacionales y sociales de las naciones, en vistas a resolver adecuadamente los múltiples problemas que se les presentarán en el futuro. Pero requieren personal abundante y bien preparado que se encargue de la obtención de datos por medio de los censos y las estadísticas realizadas sobre la población. De aquí la imposibilidad de su fiel realización en los países subdesarrollados, donde además la población colabora mal para llevarlas a cabo.

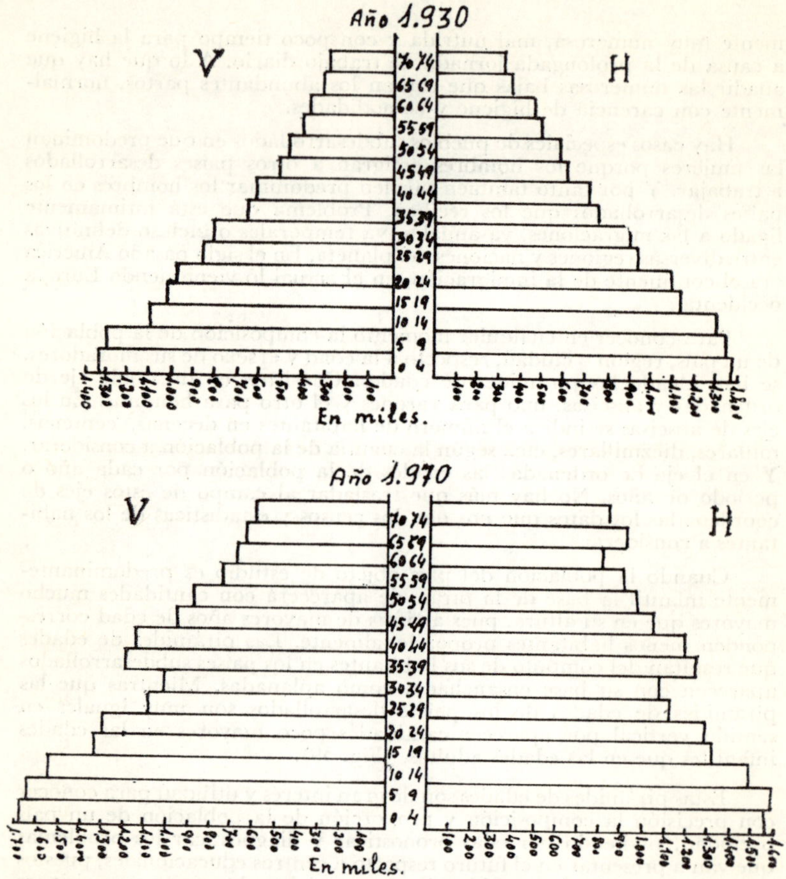

Pirámide de edades según datos obtenidos del Anuario Estadístico de España del año 1974. (fig. 59)

Como forma simplificada para conocer de modo global y en porcentajes la composición de una población se han ideado los diagramas triangulares. Consistentes en un triángulo equilátero que tiene cada uno de sus lados divididos en cien espacios o rayitas. Por tanto en cada vértice aparecerá un cero, de comienzo de numeración de uno de sus lados, y un cien, de terminación de numeración del otro lado que integra el vértice. Uno de los dos lados sirve para anotar la cantidad que nos indique la proporción de viejos existentes en la población. Otro lado nos sirve para anotar la cantidad que indique la proporción de edad adulta. Y en el otro lado se anotará la proporción de la población infantil existente en el país o ciudad objeto de estudio.

CAPITULO VII

GEOGRAFIA DE LAS FORMAS ECONOMICAS

El hombre busca su bienestar

El hombre obtiene múltiples y variadas riquezas en sus actividades agrícolas, ganaderas, mineras, industriales y comerciales.

Todas estas riquezas sirven para satisfacer sus variadas necesidades, unas veces usándolas tal y como aparecen en la naturaleza, otras transformándolas con su laboriosidad. Así distinguimos con el nombre de materias primas a cuantos productos extrae el hombre directamente de la naturaleza, ya sea del reino vegetal, ya del animal, ya del mineral; mientras que llamamos productos elaborados a todos aquellos que antes de ser usados o consumidos han sufrido transformaciones más o menos complejas. Estas transformaciones de las materias primas en elaboradas se llevan a cabo en la actividad desarrollada por la industria. Y la Geografía económica estudia las diversas riquezas que el hombre extrae en la superficie terrestre, sus transformaciones industriales, el transporte y el consumo o aplicación de las mismas.

A causa de la actividad humana ha cambiado el aspecto de nuestro planeta en muchas de sus regiones. El paisaje humanizado va sustituyendo al paisaje natural conforme cambian las formas de vida del hombre.

Por eso estudiaremos las formas de vida del hombre en la agricultura, la industria y los servicios, como actividades para conseguir su bienestar, pero interesándonos principalmente en la repercusión que han tenido en la variación del paisaje geográfico tales actividades humanas.

En la Geografía agraria se estudia las diversas formas de vida agropecuaria conforme a las formas climáticas de la Tierra.

En la Geografía de la industria se estudian las formas de vida que imponen las diversas explotaciones industriales extendidas por el planeta, modificándolo.

En la Geografía de las comunicaciones se estudian los trazados de vías de comunicación sobre la superficie terrestre.

Y en la Geografía política las divisiones que las diversas naciones han trazado imaginariamente en el planeta, pero en especial las variaciones que al paisaje imprimen las polis o ciudades que cobijan a los humanos.

Principales productos suministrados por el reino vegetal

Gran importancia tuvieron siempre para el hombre las explotaciones de pastizales y bosques, en cuanto las primeras le surtían de alimentos para la ganadería y los segundos le suministraban fuego para el hogar y material para edificaciones, realización de herramientas, etc. Hoy los bosques se explotan para disponer de madera, pasta de papel y celulosa para la industria de fibras artificiales.

Las mejores reservas explotables de bosques las constituyen los bosques boreales, próximos a los círculos polares en la URSS y Canadá, junto con los bosques de las zonas templadas más húmedas. De más difícil explotación son las reservas de las selvas ecuatoriales. Estados Unidos es el país de mayor producción y consumo de madera, celulosa y pasta de papel, seguido por los países más desarrollados y densamente habitados.

La agricultura surte de otros muchos productos.

El trigo es fundamental como cereal panificable y materia prima de las industrias de pasta de sopa y repostería. Base de la alimentación de la raza blanca, se cultiva en todas las tierras más ricas de la zona templada, en los climas mediterráneos, continentales y oceánicos, requiriendo calor y sequedad atmosférica en la época de su maduración. Primer productor es la URSS, seguida de Estados Unidos y de China. En Europa los principales productores de trigo son Francia, Italia, Alemania, Polonia, Hungría, España, etc. De consideración similar es la producción de Canadá, Argentina y Australia, pero por ser países de escasa población exportan gran parte de su producción. También es exportador Estados Unidos.

Importante para la alimentación del hombre es la producción de arroz en los países monzónicos y tropicales, ya que requiere elevadas temperaturas y abundancia de agua. La primera productora mundial es China, seguida de la India, Indonesia y Japón. Menor es la producción de Tailandia y Birmania, pero por tener población más escasa son exportadores, precisamente hacia China y Japón. Se cultiva en las zonas tropicales como el sur de Estados Unidos y en las zonas pantanosas mediterráneas como la albufera valenciana, delta del Ebro, llanura del Po y del Ródano.

El maíz es originario de América, sirviendo aún de base de alimentación a su población indígena, pero tiene más importancia su producción para piensos de la ganadería. Requiere calor y humedad en la época la maduración, extendiéndose su cultivo preferentemente por las zonas de clima tropical o templadas que reunan esas características de calor y humedad. Estados Unidos obtiene la mitad de la cuantiosa producción mundial, seguida a gran distancia de Brasil, URSS, China, Méjico, Argentina, Rumanía, Yugoslavia, etc.

Menor importancia tienen por su producción otros cereales secundarios, cebada, centeno y avena, que en pasados tiempos eran base de la alimentación de las gentes que habitan las zonas frescas sobre las montañas y círculo ártico de la zona templada. Siguen teniendo importancia para la obtención de piensos y la cebada cada día mayor para la fabricación de cerveza, de modo que va quitando espacio al trigo por sus mejores rendimientos. Primeros productores son la URSS, China, Estados Unidos, Francia, Alemania, etc.

En las zonas próximas a los desiertos, donde son escasas las lluvias tropicales, se siembra como cereal y para la ganadería el mijo y el sorgo, aquel muy parecido al maíz, pero muy resistente a la sequía.

La patata es base de la alimentación de las gentes más humildes de las zonas templadas. Primer productor es la URSS, seguida de Polonia, China, Alemania, Inglaterra, Estados Unidos, Francia, España, etc.

La producción de azúcar depende de la producción de remolacha azucarera en las zonas templadas, húmedas o bien regadas. En las zonas tropicales depende de la caña de azúcar. Primer productor mundial es Cuba, seguida de la URSS, Estados Unidos, Alemania, Francia, Inglaterra, Polonia, etc.

El algodón es la fibra textil vegetal más importante porque constituye ella sola la mitad de las usadas por el hombre. Exige humedad y calor, disfrutando de fuerte sol durante su recolección. Por tanto son buenas las tierras tropicales y las desérticas que se rieguen. Primer productor es Estados Unidos, seguido de la URSS y la India. Y en menor escala, Egipto, Brasil, Méjico, naciones africanas, etc.

El lino, que tuvo tanta importancia en las zonas templadas, ha decaído mucho en su producción. Primer productor es la URSS.

El yute, relacionado con la industria de los sacos de embalaje, se produce en las zonas pantanosas cálidas y monopoliza su producción el Pakistán oriental o Bangladesch.

El caucho vegetal se obtiene de la resina del árbol hevea en las zonas subecuatoriales, siendo sus principales productores Indonesia, Vietnan, Liberia, Brasil, etc.

El aceite de soja es propio de la alimentación de las gentes de los países monzónicos y tropicales, obteniéndose de una leguminosa, pequeña alubia, siendo su primer productor China, seguido de Estados Unidos, que es exportador.

El aceite de oliva es propio de los climas mediterráneos, y el principal productor es España, seguido de Italia, Estados Unidos, Grecia, Túnez y Portugal.

El aceite de palma es propio de los países tropicales y ecuatoriales, como Nigeria, Camerún, Indonesia, etc.

El café se produce en los climas tropicales, siendo Brasil el primer productor, seguido de Colombia y otros países americanos y africanos.

El cacao es una almendra arbustiva de que se obtiene el chocolate, siendo el primer productor mundial Gana, seguido lejanamente de Brasil y Nigeria.

El té es una hierba para infusiones que se produce en la India, Ceilán, China, el Japón, etc.

El vino es bebida alcohólica propia de los países mediterráneos. Primer productor es Francia, seguida de Italia, España, Argentina, Argelia...

La naranja también es producto mediterráneo, aunque se den en los climas tropicales. Primer productor es Estados Unidos, seguido de Brasil, España e Italia.

El tabaco tiene por principal productor los Estados Unidos, seguido de China, India y la URSS.

Estos son los productos agrícolas que más se consumen e intervienen en el comercio mundial, pero a su lado hay otros muchos que se consumen en el lugar de origen, aunque se produzcan en menor escala, tales como legumbres, hortalizas y frutas variadas.

La ganadería

En tiempos prehistóricos el hombre obtenía la mayor parte de sus recursos de la caza de los animales que integraban la fauna de las tierras que habitaba. Hoy la caza tiene más importancia como deporte que por los recursos alimenticios que proporciona. Y casi exclusivamente tiene importancia la caza para la industria peletera en los bosques boreales de la URSS y el Canadá.

De los mares en cambio cada día se obtienen mayores riquezas por las variadas especies capturadas y su tonelaje. Incluso se inicia la explotación de algunas algas, en espera de que en un futuro próximo sean los mares los que resuelvan el grave problema de surtir de alimentos a una densa población mundial.

El hombre desde el Neolítico se transformó en agricultor y ganadero. Se servía de los animales como fuente de energía para ayudarle en sus trabajos y surtirle de carne, leche, pieles para vestidos, calzado, etc.

La ganadería vacuna requiere para su existencia abundancia de pastizales. Propicios son para su cría los climas monzónicos, tropicales y templados húmedos. En régimen de estabulación puede extenderse por tierras donde alternen estaciones secas y húmedas y en Europa occidental es donde mejores razas se han seleccionado por sus rendimientos en carne y leche, de forma que han sido aclimatadas en otros continentes y se han cruzado con otras razas aborígenes. La India es la primera nación por el número de vacas, aunque de mala calidad. Le sigue Norteamérica, Rusia, China, Brasil, Argentina, Australia, Nueva Zelanda, Inglaterra, Alemania, Francia, Italia, Polonia, Uruguay, etc. Famosas son las razas de las ganaderías de Holanda, Dinamarca y Suiza por sus altos rendimientos lecheros, exportándose a todos los países del mundo para su aclimatación.

El ganado ovino se extiende principalmente por las regiones esteparias de los climas continentales y mediterráneos, desde las tierras más interiores de los continentes hasta las altas mesetas y los bordes de los desiertos. Los principales productores son Australia, la URSS, Argentina, China, Estados Unidos, Nueva Zelanda, Unión Sudafricana, Uruguay, Inglaterra, España, etc. La aparición de las fibras artificiales textiles ha hecho que en muchos lugares se sustituyan las razas merinas, de excelente lana, por razas de más altos rendimientos en carne o leche.

La ganadería porcina se extiende por todo el globo, por ser animal omnívoro y de precoz desarrollo. Cada día adquieren mayor importancia las razas selectas por sus rendimientos cárnicos, de escasa proporción de grasa y de precoz desarrollo, como las razas inglesa de york y la danesa de landrace. China es el primer país productor, seguida de Estados Unidos, la URSS, Brasil, Alemania, Polonia, Méjico, Francia.

Cada día pierde más su antigua importancia la ganadería caballar asnal y mular, al sustituirse su trabajo por la máquina. Todavía se conserva en lugares esteparios y para deportes o para carne.

En los países pobres y montañosos la cabra sigue siendo animal imprescindible por la fácil adaptación al terreno. Los países de mayor número de cabezas son la India, China, Rusia y Turquía. Tiene el inconveniente de que es animal que favorece la erosión de las tierras al arrancar las plantas herbaceas y destruir los brotes y ramas tiernas de los arbustos.

Cabe destacar la importancia que en el mundo moderno tienen las explotaciones intensivas de granjas avícolas para surtir a las densas poblaciones urbanas de carne y huevos de precios accesibles a todos.

Principales productos del reino mineral

Hecho fundamental para la vida de los hombres fue la aparición de los metales, cobre primero, luego el hierro y otros, que hicieron más fácil la lucha contra la naturaleza adversa. Surgieron las primeras industrias metalúrgicas o modestas fundiciones con combustible vegetal. La aplicación del carbón mineral y la aparición de la máquina de vapor en el siglo XVIII impone la progresiva mecanización del mundo, con fabulosas demandas de metales, en especial hierro y acero, obtenidos todos en altos hornos.

La demanda de energía para mover las máquinas ha hecho que tras el carbón se utilicen en gran escala otras fuentes de energía como el petróleo, el gas, la electricidad y, modernamente, la energía nuclear.

Resulta tradicional dividir los minerales en energéticos, útiles y preciosos o nobles.

El mineral energético o combustible que más importancia ha tenido en el mundo es el carbón mineral o de piedra, hulla, antracita y lignito, utilizados para mover las máquinas de los trenes, fábricas y barcos, así como para la fundición de los diversos minerales en los altos hornos. Podemos decir que la importancia industrial de las naciones se medía por la cantidad de carbón que extraían, adelantándose en el desarrollo industrial aquellas que dispusieron de buenos yacimientos carboníferos. Primer productor es la URSS, seguida de Estados Unidos y en menor escala Alemania, Inglaterra, China, Polonia, Francia, etc,

Carburante para motores de explosión, de aviones, coches, tractores, etc., es el petróleo, que cada día ha venido sustituyendo al carbón para mover trenes, barcos y fábricas. De aquí su importancia capital en el mundo actual, incrementada porque es la materia prima de la variadísima industria petroquímica, origen de ilimitados productos textiles, colorantes, medicinales, etc. Los países más industrializados poseen para su traslado redes de oleoductos desde los lugares de producción o desde los puertos de importación hasta los lugares de consumo más intenso. El primer productor es Estados Unidos, seguido de la URSS, Venezuela, Arabia Saudita, Persia, Kuwait, Argelia, Líbano, etc. Pero los grandes consumidores son los países industralizados de Europa occidental y Estados Unidos, la URSS y Japón.

El gas natural se transporta por medio de gaseoductos y en recipientes en que se le somete a fuertes presiones. Es importante como combustible doméstico y cada día tiene mayor importancia para la industria. Son primeros productores casi los mismos que los de petróleo. En Europa: Holanda, Italia, Francia e Inglaterra y Alemania.

La energía hidroeléctrica o hulla blanca es la desarrollada mediante turbinas instaladas en los desniveles de las corrientes fluviales. Requieren alta tecnología para su desarrollo y los primeros productores de electricidad del mundo son Estados Unidos, la URSS, Canadá, Francia, Italia, Alemania, Inglaterra, etc. También se usa para producir electricidad la generada de quemar carbón, petróleo y gas en centrales termoeléctricas. Y cada día adquiere mayor importancia como fuente energética la generada por desintegración atómica del uranio o energía nuclear, que podría ser fuente inagotable de energía cuando se utilicen otros elementos de base como el hidrógeno. En la actualidad los países industrializados están en plena actividad en lo que respecta a instalación de centrales eléctricas termonucleares.

Entre los minerales útiles el hierro es el más importante por sus variadísimos usos para el hombre, desde lejanos tiempos, siendo además muy abundante en la naturaleza. Los países industrializados consumen grandes cantidades de hierro y acero en las industrias navieras, ferroviarias, bélicas y de máquinas diversas. Para la obtención del hierro se consumen grandes cantidades de carbón en los altos hornos, por lo que los países ricos en este combustible son los primeros productores de hierro. Mezclado el hierro en la proporción precisa con carbono, cromo, manganeso, níquel, etc., se obtienen aceros de gran resistencia y dureza. El primer productor es la URSS seguida de Estados Unidos y Francia, exportando esta nación parte del mineral por carecer del carbón necesario para elaborarlo, base de la industria alemana, que, formando parte del Mercado Común, se lo consume a cambio de su propio carbón. También son exportadoras Venezuela, Brasil, Australia, etc.

Entre los demás metales útiles usados por el hombre sobresalen el cobre, aluminio y plomo, pero en menores cantidades que el hierro.

El cobre es capital para la industria de la electricidad, siendo los principales productores Estados Unidos, Canadá, Chile, Rusia, Congo y Zambia.

La producción de aluminio ha adquirido gran desarrollo con el incremento de la aviación y la ascendente aplicación para la elaboración de diversas piezas de maquinaria y de utillaje cesero. Principales productores de bauxita (mineral del que se obtiene la alumina) son Australia, URSS, Francia, Jamaica y las Guayanas. Estos dos últimos países exportan la totalidad de su producción, ya que el aluminio se obtiene por electrolisis y consume mucha electricidad.

El plomo debido a su escasez se sustituye cada día más por aleaciones de hierro en sus aplicaciones, debido al consumo que hace de plomo la industria atómica y eléctrica en general. Principales productores son Estados Unidos, Canadá, la URSS y Méjico.

Otros minerales útiles consumidos por la industria son el estaño, níquel, magnesio, mercurio, etc., pero de todos ellos se obtienen mucho menores cantidades que de los anteriores metales en el mundo.

Los metales preciosos o nobles han tenido mucha importancia por sus cualidades de maleabilidad y ser inoxidables, lo que unido a su rareza hace que se coticen mucho y que se vengan utilizando tradicionalmente como reservas de riqueza o monedas universalmente aceptadas. Además tienen gran importancia para industrias de precisión. Primer productor mundial de oro es la Unión Sudafricana, seguida de la URSS. Y el primer productor de plata es Canadá.

Diversas formas de actividad o trabajo del hombre

Las múltiples actividades del hombre para la obtención de cuanto necesita, en orden a satisfacer sus necesidades espirituales y materiales, podemos agruparlas en tres clases o tipos.

Actividades de orden primario, que corresponden a todos los oficios cuya misión es la obtención de materias primas, como agricultores, ganaderos y mineros.

Actividades de orden secundario, que corresponden a los oficios destinados a transformar las materias primas en productos elaborados a través de las diversas industrias, como la alimenticia, la textil, la siderúrgica, la mecánica, etc. Por ello se la denomina también actividad industrial.

Actividades de orden terciario, que corresponden a aquellos oficios que tienen por misión la organización general de la sociedad, comprendiendo la administración de las empresas, organización del Estado nacional o administración pública, la enseñanza, hacienda, ejército, seguros sociales, etc. Así como las ocupaciones liberales de abogacía, medicina, seguros, propaganda, comercios, transporte, etc. Se denominan también actividades de los servicios a causa de su misión coordinadora y favorecedora de otras actividades a las que sirve o ayuda.

El desarrollo de las naciones se puede medir por el desarrollo que en ellas experimentan cada una de estas clases de actividades humanas. Así, las naciones menos desarrolladas o subdesarrolladas tienen la mayoría de su población trabajadora dedicada a actividades primarias, de explotación de los recursos de la tierra, principalmente en agricultura y ganadería, utilizando métodos de trabajo primitivos que exigen gran consumo de energía humana en su realización, consumiendo a su vez esta población activa con sus familiares gran parte de la producción obtenida.

En cambio en las naciones desarrolladas tienen muy poca población activa dedicada a los trabajos de orden primario, por utilizar en la agricultura potentes tractores y cosechadoras, abonando adecuadamente las fincas para que sean más feraces. Y la ganadería se cría en grandes manadas al disponer de extensos pastizales o en régimen de estabulación, generalmente en explotaciones agropecuarias donde también obtienen piensos y forrajes. Un porcentaje mínimo de la población atiende a los trabajos agropecuarios y mineros (con altos rendimientos), quedando disponible una mano de obra abundante y selecta para atender a los numerosísimos puestos de trabajo existentes en las actividades industriales y de los servicios.

Pero, además, cuanto más desarrollado se encuentre un país tendrá más mecanizada y automatizada su industria, así como la minería y los trabajos agropecuarios. En las granjas tienen máquinas ordeñadoras, recogidas mecánicas de huevos, surtidores automáticos de agua y piensos, etc. Las minas usan de potentes martillos mecánicos, se automatizan fábricas de tejidos, de confección, de conservas, de bebidas, de herramientas, motores, productos químicos y farmacéuticos, etc. Cada año necesitan en estas naciones menos gente en las actividades primarias y en las secundarias o industriales, pasando a engrosar las actividades terciarias o de servicios. Señal de aumento de calidad de vida, pues cada día necesitamos estar mejor servidos, atendidos, en la enseñanza, pıimaria y secundaria, haciendo la primaria obligatoria y gratuita hasta los 18 años para acabar con el peonaje obrero; en la higiene, con centros hospitalarios y médicos para todo tipo de dolencias y prevención de enfermedades; en los transportes, con vías de comunicación rápidas y cómodas, para el traslado de mercancías, viajeros e ideas, favoreciendo la vida comunal, con ágil administración, servicios de transporte urbano (subterráneo y de superficie), telefónico, turismo cultural y recreativo, etc.

Es decir, que el futuro de todos los países del mundo es de predominio de las actividades terciarias o servicios sobre las primarias y secundarias.

A modo de ejemplo, presentamos la evolución de la población activa de España en los últimos tiempos. Marcha similar siguen otros países, pero hay gran diferencia entre los países desarrollados y los subdesarrollados, que se manifiestan en las gráficas de los mismos si comparásemos la distribución de sus respectivas poblaciones activas.

En 1974 se consideraba que el reparto de la riqueza entre los habitantes de las naciones, conforme a su riqueza nacional bruta por habitante (R. N. B. por habitante) era la siguiente. (Fig. 60).

Países en desarrollo	200 dólares per cápita
Comunidad Europea	2.555 dólares per cápita
Estados Unidos	4.380 dólares per cápita

Podemos también prever que la población del mundo se acumulará en las urbes, despoblándose el campo, como ha sucedido en la Historia con todas las civilizaciones progresivas. Pero que en nuestra civilización técnica adquirirá caracteres excepcionales por poder sustituir en el trabajo la fuerza humana por la mecánica, a la que alimentará la inagotable energía nuclear, que ha de ser no contaminante para la salud de la humanidad.

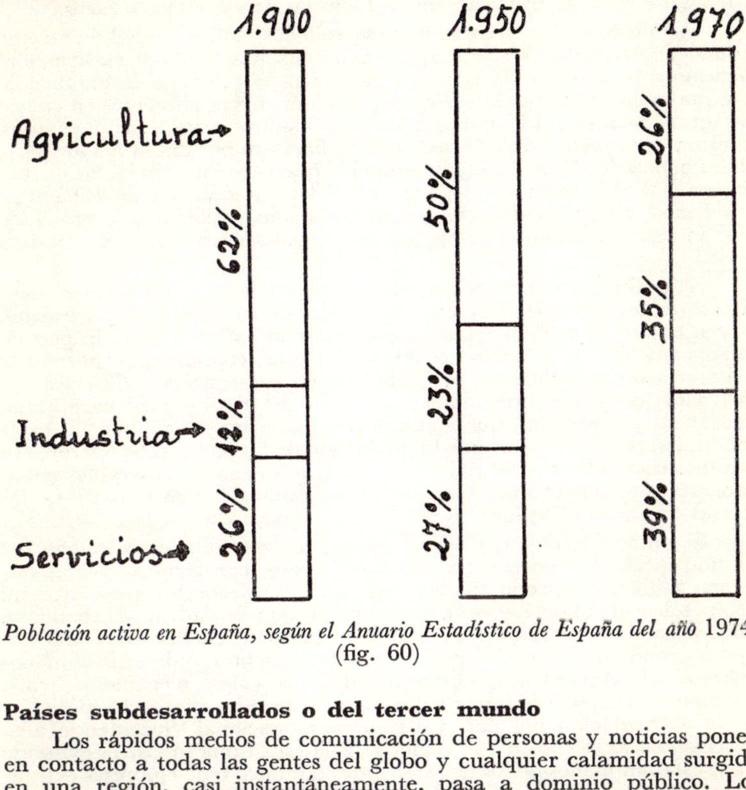

Población activa en España, según el Anuario Estadístico de España del año 1974.
(fig. 60)

Países subdesarrollados o del tercer mundo

Los rápidos medios de comunicación de personas y noticias ponen en contacto a todas las gentes del globo y cualquier calamidad surgida en una región, casi instantáneamente, pasa a dominio público. Los humanos somos una gran familia y el hambre, las enfermedades y la ignorancia dejan de ser considerados ya como una fatalidad, percibiéndose como un hecho inadmisible y monstruoso que más de la mitad de la humanidad soporte tales lacras.

Los economistas fueron los primeros que se dieron cuenta del drama del subdesarrollo extendido a escala planetaria, luego ha sido objeto de las atenciones de intelectuales, políticos y moralistas. Los estudios geográficos, al distinguir entre países desarrollados y subdesarrollados, no hacen más que constatar realidades socioeconómicas, divulgándolas entre las gentes, ya concienciadas de la existencia de tales desigualdades entre las naciones del mundo.

A los países subdesarrollados se les llama también países del TERCER MUNDO, para diferenciarlos de los países occidentales, de alto nivel de vida o primer mundo y de los países socialistas evolucionados o segundo mundo. Por tanto, los países desarrollados engloban a los pueblos europeos y originarios de Europa en general, mientras que las poblaciones subdesarrolladas engloban prácticamente a todas las demás etnias o razas.

Socialmente los países subdesarrollados sufren subalimentación crónica, enfermedades e ignorancia generalizadas, con índices de analfabetismo superiores al 50 % de su población. Sin llegar a la hambruna, porque caritativamente las grandes potencias envían alimentos en épocas de gran penuria, los países subdesarrollados están subalimentados, consumiendo menos de 200 calorías de alimentos por día la mayor parte de su población. Deficitaria alimentación que hace estragos en las gentes, en especial en la infancia, que degenera física y psíquicamente, cebándose en ellas las enfermedades, con legión de lisiados, enclenques, ciegos, etc., y gran repercusión en el campo de la economía y sus índices de productividad.

El analfabetismo y la ignorancia generalizada es sin duda el peor de sus males, pues les imposibilita a salir de su estado de postración. Viven en estado mental infantilizado, sometidos al fatalismo, la pereza, la superstición, las prácticas religiosas mágicas, considerando normal la existencia de una clase privilegiada que en contraste con ellos disfruta de todos los bienes imaginables, rodeada de servidumbre baratísima, verdadera clase feudal, que compite por poder ser acogida en las casas señoriales. Se puede decir que los poderosos de los países subdesarrollados son los más ricos entre los ricos, pues contrastan con las miserables masas proletarias al poseer entre unas cuantas familias la mayor parte de las tierras nacionales, latifundios sin límites, apenas explotados.

El mundo económico de los países subdesarrollados es reflejo del mundo social. La agricultura, falta de abonos, con técnicas primitivas, tienen índices de productividad bajísimos. Las especies ganaderas no están seleccionadas. La poca maquinaria que se utiliza se abandona ante sencillas reparaciones por falta de personal cualificado y muchas de las grandes fincas de los poderosos terratenientes se dedican a monocultivos de exportación, como algodón, cereales, oleaginosas, café, bananas, plátanos, etc., más o menos mecanizadas, pero con perjuicio de la alimentación del país y de su renta nacional. Sucediendo algo parecido en lo referente a la minería. Y la escasísima industria existente suele estar en manos de los terratenientes también, o de empresas extranjeras que se benefician del bajo consumo del país y exportan parte de su producción. Industria que en cambio ha arruinado la tradicional industria artesanal local provocando desempleo y miseria. La industrialización en estas naciones no puede progresar, falta de mano de obra cualificada y de insfraestructuras, como ferrocarriles, carreteras, puertos, teléfonos, etcétera.

Para salir del subdesarrollo necesitarían pues culturalizarse, modernizar la agricultura y crear infraestructuras. Pero esto exige fuerte capitalización, concentración de capitales nacionales que no pueden salir de los ahorros de sus masas depauperadas, ni de su economía en manos de terratenientes y capital foráneo que invierten sus beneficios en los bancos de las potencias desarrolladas o en bienes de lujo y superfluos, provocando además la inflación que desestabiliza su propia moneda nacional y las mismas posibilidades de capitalización. De aquí que la masa campesina represente del 50 % al 70 % de su población activa y ante la miseria se trasladen a las ciudades, tan escasamente industrializadas, en busca de un mejor porvenir.

Pero en las ciudades incrementan el proletariado, haciéndose la competencia y disminuyendo sus posibilidades de alimentación, que en el campo podía beneficiarse de productos silvestres. Recurren al vagabundismo, la mendicidad, la prostitución y el trabajo de menores, chiquillos mejor explotados que los adultos con irrisorios jornales y trabajo de hombres. La demanda de trabajo presiona en estas masas urbanas, apareciendo ocupaciones marginales de diminutos puestos de venta, servidumbre de hogar barata, transportistas manuales, recaderos, etc., surgiendo caritativamente nuevos puestos en la administración municipal y estatal, mal retribuidos por numerosos.

El subempleo se extiende también a las profesiones liberales, por falta de demanda de necesidades en la masa empobrecida. Los países subdesarrollados cuentan con porcentajes muy elevados de paro en abogados, médicos, arquitectos, veterinarios, administrativos y hasta de maestros muchas veces. La competencia de las mujeres procuran evitarlas mentalizándolas como exclusivamente destinadas al hogar. Así sucede que la población terciaria supera a la industrial en los países de subdesarrollo, con un malestar social que se ahoga aumentando las fuerzas de represión, surtidas abundamente por la existencia del mismo paro crónico.

Los países subdesarrollados detentan formas de gobierno dictatoriales o seudo-democráticas, manejados por la oligarquia, que por todos los medios frenan la alfabetización de las masas, de fortísima natalidad, se crean una clientela de incondicionales subordinados prevaricadores y salvan la amenaza del desorden caótico con protección militar abundante, que como dice Ives de Lacoste en su Geofrafía del subdesarrollo, consume más de la cuarta parte del presupuesto nacional en casi todos los paises subdesarrollados.

La pobreza del mundo del subdesarrollo o tercer mundo, contrasta pues con la riqueza de los países desarrollados, donde un tercio de la población mundial se beneficia de más de las tres cuartas partes de los bienes disponibles en el mundo.

Hoy día se está empezando a utilizar el término de cuarto mundo, con el fin de diferenciar entre las gentes del subdesarrollo aquellos países que con riqueza de materias primas, como petróleo, fosfatos, cobre y abundantes materias primas en general, tienen posibilidad de progreso y se van desenganchando de los países propiamente subdesarrollados o más pobres, que así integran el citado cuarto mundo.

Industrialización y clases de industrias

Por el desarrollo industrial de los siglos XVIII y XIX las técnicas de la civilización europea cambian los modos de vida en extensas regiones de las naciones que aceptaron tan revolucionario sistema de trabajo mecánico.

Desde entonces las sociedades progresivas han rivalizado en mejorar sus técnicas de explotación y transformación de recursos o materias primas. La maquinaria, cada día más perfeccionada, ha sustituido a la fuerza animal y humana. Ahora los trabajadores han de especializarse en el manejo de las máquinas, ya que pocas actividades restan para su mero esfuerzo físico. Además, han aumentado sin cesar los investigadores en laboratorios y talleres, en tal progresión, que podemos afirmar que el 90 % de cuantos hombres han existido dedicados a la investigación viven en la actualidad.

Dos son los factores para conseguir la industrialización de un país. Primer factor la existencia de una mano de obra adecuada, tanto para el manejo de las máquinas, como para su construcción e investigación técnica. Por lo que las zonas industriales del globo coinciden con la existencia previa de un artesanado de tradición y de cultura técnica, proporcional a la divulgación de la enseñanza, que surtirá de jóvenes para las naves industriales, talleres, oficinas, universidades y laboratorios.

El segundo factor requerido para la industrialización es la posesión de energía para mover las máquinas, de aquí llamada energía mecánica Estuvo ligada desde un principio a la existencia de yacimientos carboníferos. Las naciones cultas que los poseían se adelantaron a la tecnificación. Después han aumentado esta energía con las instalaciomes hidroeléctricas, y más recientemente, con la aportación del petróleo, el gas y la energía nuclear. Pudiendo algunas otras naciones industrializarse a partir de estas nuevas energías, en especial con la hidroeléctrica o termoeléctrica, ésta quemando carbón, petróleo o gas. Pero no es tarea fácil porque, además de requerir buena tecnificación para las instalaciones industriales, han de poseer buenas vías de comunicación o infraestructuras.

Las industrias suelen dividirse en pesadas y ligeras.

Son industrias pesadas, aquellas que requieren de poderosas máquinas o grandes construcciones, denominándose también industrias de equipo, porque sirven para equipar o preparar la industrialización de un país. En ellas se incluyen los altos hornos para la obtención de hierro y otros metales; las industrias metálicas de laminados, viguetas de hierro, raíles de tren, etc., las fábricas de cemento, las de vidrio, las de transformación química de nitrógeno, de coque, de ácido sulfúrico, de amoniaco, de explosivos, de pasta de papel; la petroquímica o de derivados del petróleo; las grandes industrias mecánicas de construcción de barcos, trenes, camiones, coches, tractores, cosechadoras, aviones, grúas, turbinas para electricidad, telares mecánicos, máquinas herramientas y de precisión. Pudiendo también incluir entre las pesadas la industria de la construcción de viviendas y edificios públicos diversos.

Las industrias ligeras se llaman así porque sus productos son fáciles de transportar con poco gasto, consumiendo en su eleboración poca energía. Se llaman también industrias de uso y consumo, porque en general se consume en el uso ordinario de la vida de los ciudadanos que utilizan sus productos. Comprende la industria de la alimentación, vestido, calzado, útiles caseros, personales, medicinales, etc.

Comprende la industria alimenticia de conservas cárnicas, pescados, platos condimentados, frutas, jugos de frutas, reposterías, pastas de harinas, bebidas, refrescos, etc.; la industria textil de confección de vestidos y de modas en general; la industria del calzado, cueros y pieles; las industrias de útiles de hogar, muebles, electrodomésticos, utillaje de cocina, etc.; finalmente las llamadas industrias poligráficas, muy variadas, de farmacia, droguería, fotografía, deportes, relojería, óptica, libros, juguetes, útiles de oficinas, etc.

De todo lo expuesto se deduce la complejidad de objetos que aporta la industria moderna, ya sea pesada o ligera, y, por tanto, la dificultad que entraña la industrialización de un país cuando carece de energía y de población tecnificada. No obstante, como por alguna parte ha de empezarse en la industrialización, en la mayoría de los países, paralelamente a la elevación del nivel cultural, se establecen industrias ligeras, que están a merced de la iniciativa e ingenio individual, con capital personal o familiar, pudiendo comprarse la maquinaria en el extranjero, tal como sucede con las industrias del hilado, tejido, estampado, calzado, conservas, droguería, etc., las cuales además consumen poca energía. Pero la instalación de industrias pesadas necesitan de personal muy cualificado y fuertes inversiones de capital. No obstante, en los países donde triunfan las revoluciones socializantes no dudan en montar una industria pesada, sacrificando el nivel de vida económico de la población durante muchos años, para concentrar capital, creando puestos de trabajo de modo progresivo para atender la constante mecanización, infraestructuras y administración que la marcha de la industrialización exige.

Dos formas distintas de concebir la economía

La expansión de las conquistas técnicas para la explotación del mundo ha hecho variar las actividades del hombre en el planeta, apareciendo nuevos puestos de trabajo derivados de las múltiples especialidades que han surgido, principalmente en la industria y en los servicios. Podemos apreciar los grandes cambios de formas de vida operados en el mundo al comparar la industrialización de las naciones desarrolladas y las primitivas actividades agropecuarias que perduran en muchos pueblos subdesarrollados.

Los progresos técnicos han modificado en las naciones desarrolladas el conjunto de sus actividades. Las explotaciones agropecuarias, mineras, industriales y comerciales son similares en cuanto al modo de su organización y administración, requiriendo personal especializado para atender a sus múltiples ocupaciones. De modo que los ciudadanos han de prepararse previamente para desempeñar las variadísimas profesiones surgidas con la tecnificación. Y cada día aparecen nuevas profesiones en los campos de las más recientes técnicas, como la petroquímica, la biología, la electrónica, la bioquímica, la investigación nuclear, la investigación espacial, etc.

Paralelo al desarrollo técnico ha sido el desarrollo social, aunque exista manifiesto retraso en este campo de la convivencia humana respecto al progreso alcanzado en la tecnología y las ciencias, causa de los trastornos sociales, de la angustia y del desasosiego de nuestra civilización. Pero desde la Revolución Francesa y, principalmente, desde las dos últimas guerras mundiales las masas trabajadoras tomaron conciencia de su situación y han exigido modificaciones sociales que mejoren las condiciones de vida y trabajo a que estaban sometidas. Las mejoras materiales y espirituales han sido alcanzadas paulatinamente y las gentes de los pueblos subdesarrollados reclaman las mismas conquistas, al igual que imitan en su tecnificación a las comunidades industrializadas.

Las naciones desarrolladas prácticamente carecen de analfabetos y los ciudadanos tienen seguros de desempleo, de vejez, de invalidez, enfermedad, etc., con distribución de la riqueza a base de una tributación más justa, dentro de una política fiscal en que el concepto de propiedad se concibe en función de la vida comunal.

En las naciones donde triunfó la revolución socialista a partir de la primera Guerra Mundial, o mundo comunista, el Estado ha pasado a ser el único propietario, la ingente empresa que dirige toda la economía, sometiéndose los ciudadanos a rígida disciplina jerárquicamente establecida.

En las naciones del llamado mundo libre o capitalista El Estado es solamente garante del orden y la estabilidad socioeconómica, respetando la propiedad, la libertad empresarial, de iniciativas y comercial. Aunque en muchos de los Estados capitalistas la propiedad privada se ve sometida a fuertes impuestos y limitaciones de uso, en especial desde las dos últimas guerras mundiales, que pusieron a muchas naciones al borde de la ruina total, principalmente en Europa, momento que las masas trabajadoras aprovecharon para exigir transformaciones sociales, en orden a una mayor protección al trabajo, seguridad en el empleo, en la enfermedad, vejez, etc. Con los aumentos de impuestos sobre los bienes y rentas se atiende así a las múltiples seguridades sociales que cada nación otorga conforme a su grado de socialización, tecnificación y riqueza.

Son las dos formas de concebir la economía en el mundo actual, que como dice Ramón Tamames en la Estructura Económica Internacional, (pág. 53) «se puede afirmar que de una manera directa o indirecta la pugna entre socialismo y capitaismo ha originado las más importantes transformaciones políticas y socioeconómicas del mundo en que vivimos».

Economía de libre empresa en los Estados capitalistas

En toda empresa particular, agropecuaria, industrial o comercial, hay una producción, con la que se amortizan los gastos que originó su instalación y se obtienen ganancias debidas al trabajo empleado, con los que sobrevive la familia. Si a la larga la producción es en cuantía superior a los gastos de inversión y de remuneración del trabajo se amortizarán las instalaciones y quedará un remanente o ahorro, es decir, hay superávit. Pero si no produce para vivir y amortizar los gastos de instalación la empresa es ruinosa, deja déficit. Por lo que si hay superávit hay activo, pero si hay déficit solamente hay pasivo, teniendo que salvar las pérdidas enajenando la empresa o abandonándola, perdiendo los gastos de su instalación. Es el crac o hundimiento económico.

Caso de ser la empresa rentable hay que conservar esa rentabilidad frente a las otras empresas rivales que le hacen la competencia en este sistema económico de libre empresa o de mercado espontáneo. Y esto es lo mismo para la empresa individual que para la empresa de varios socios o Sociedad Anónima (S. A.). Han de sufrir la competencia en el mercado nacional y frente a las otras naciones si concurren a mercados exteriores. Es decir, hay que conquistar los mercados a base de más baratura, más calidad o las dos cosas a la vez.

Tal baratura y calidad se obtiene, en primer lugar, mejorando el utillaje o maquinaria constantemente, pagando a investigadores que las inventan y las construyen; de lo contrario habrá que comprarlas en el mercado nacional o extranjero, o bien pagar patentes o royalties para construirlas. Procurando producir cada día en más cantidad por unidad de trabajo y vender muchos artículos, con menos ganancia por unidad, compitiendo en el mercado en baratura.

El modernizar utillaje y ampliar instalaciones, para vender mucho y barato, exige cuantiosos gastos y hay necesidad ineludible de ampliar el capital, bien pidiendo que otros participen con sus ahorros, haciéndose accionistas; bien solicitando préstamos con interés a un Banco, que no es más que otra sociedad (también por acciones), dedicada a prestar dinero y ganar intereses en lugar de producir artículos para la venta. También puede solicitarse el dinero como préstamo a personas particulares a un interés fijo, lo que se llama emitir obligaciones en lugar de acciones. Los accionistas entran como socios de la empresa a pérdidas y ganancias, mientras que los obligacionistas se limitan a prestar por un interés fijo, de parecida manera a las sociedades bancarias.

De este modo está organizada la economía en los países capitalistas. Se rige por la oferta y la demanda en el mercado, es decir la libre competencia. Es tan antigua como la misma civilización, pues hace su aparición con la moneda, ya metálica (de oro, plata u otros metales), ya fiduciaria (billetes bancarios), ya escrituaria (letra de cambio, aparecida en el siglo XIII).

Quien tiene dinero lo presta a un interés depositándolo en un Banco o Caja de Ahorros, o lo presta a una empresa a interés fijo como obligacionista, o se hace empresario al participar en su capital como accionista.

Las obligaciones y acciones de todas las múltiples empresas (alimenticias, energética, siderúrgicas, bancarias, etc.) se pueden comprar y vender libremente también, en un mercado de valores o Bolsa, típica institución de los países capitalistas.

Cuando las empresas realizan muchos beneficios sus acciones se venden en Bolsa a precios mayores que el capital que representan o nominal. Pero si las acciones realizan pocos beneficios o tienen pérdidas sus acciones se cotizan a menos de su valor nominal.

Las empresas por acciones nacieron en el siglo XVII en Holanda e Inglaterra y con ellas la Bolsa.

En el mundo del trabajo interviene pues un capital para montar la empresa y unos trabajadores, divididos estos en simples operarios y técnicos. Son los tradicionales factores de la producción del mundo capitalista: capital, mano de obra y técnica.

La competencia en el mercado aporta la baratura y la calidad para bien del consumidor, permitiendo que haya muchos puestos de trabajo por la general prosperidad que reina en las empresas. Pero en cuanto los productos saturan los mercados o demanda, por falta de absorción de los mismos, se origina la crisis. Las empresas cierran, o disminuyen la producción hasta que se abran nuevos mercados en otros lugares, con el consiguiente despido de la mano de obra que se ve sin trabajo, en paro. Se superan las crisis abriendo nuevos mercados exteriores o estimulando el consumo de las gentes, que poco a poco permitirá dar trabajo a los parados, nuevos consumidores para beneficio del mercado empresarial a su vez.

Las crisis arruinan a las empresas más pequeñas que no pueden soportar mucho tiempo produciendo sin vender. En cambio las grandes empresas aprovechan de la crisis para sanearse y modernizarse, aliándose inclusive con otras para imponer condiciones de mercado e impedir la competencia, formando los llamados cartells cuando dominan todo el mercado de un producto determinado, como el petróleo, el acero, la lana, el carbón, etc. Y si se funden diversas empresas de productos variados para dominar el mercado e imponer condiciones a las demás se denomina un trust, por ejemplo controlando la producción de cuanto incide en la fabricación de coches como el acero, carbón, pintura, etc. Constituyen los oligopolios y monopolios.

Las empresas modestas suelen hermanarse entre sí por medio de cooperativas para defenderse de la ruina que les provocaría la competencia de los trust, pero de no estar protegidas por el mismo Estado tienen pocas posibilidades de éxito.

Las naciones entre sí también son rivales y competitivas en el mundo capitalista. Desde el siglo XVIII, que inicia su industrialización, Inglaterra se fue abriendo mercados en todo el mundo, arruinando las industrias artesanales indígenas. En la Bolsa de Londres se cotizaban múltiples acciones de empresas nacionales y extranjeras. La Banca inglesa se hace acreedora prestando a países que al industrializarse la imitan en su organización. Pronto Nueva York, París, Berlín, Bruselas, etc., imitan a Londres con la aparición de respectivas Bolsas, donde se cotizan las acciones de las empresas que en sus territorios han venido surgiendo, especialmente desde mediados del siglo XIX.

Hay una encarnizada rivaldad por conquistar mercados exteriores entre las naciones industrializadas de Europa y América. Y para asegurarse mercados se lanzan a la colonización del mundo atrasado en su desarrollo, surgiendo los imperios coloniales donde su comercio se beneficia con defensas aduaneras frente a los demás. Algunos de los imperios coloniales se venían forjando desde el siglo XVI y España había perdido el suyo por no poderlo explotar, carente de una industrialización.

En las colonias se imita la vida económica de las metrópolis y van surgiendo algunas industrias locales, aunque en general surten de materias primas y consumen las elaboradas de sus países rectores. Pero la competencia entre las naciones por conservar y ampliar los mercados conquistados (y por abrirse nuevos mercados las naciones que más recientemente se industrializan, como Alemania) las lleva a enfrentamientos bélicos, ruinosos, poniendo en peligro la misma civilización técnica occidental. A las crisis que periódicamente aparecían por exceso de producción en los mercados interiores se unen las crisis bélicas.

De la guerra de 1914-1918 salieron los Estados Unidos muy fortalecidos, porque, mientras las demás naciones europeas industrializadas se destruían entre sí, modernizaba utillaje y conquistaba mercados, estimulando incluso la independencia en las colonias de Europa con el fin de mejor atraparlas a su influjo comercial. Se hace prestamista de Europa arruinada y la Banca y Bolsa de Nueva York garantizaba la estabilidad de las de otros países, pasando el dólar a ser garante de las demás monedas, juntamente con la decaída libra esterlina que se cobija por la Comomwealt británica. Pero la inquietud social se hizo patente y en Rusia triunfaban las doctrinas marxistas implantando el comunismo.

Las naciones de Europa occidental fueron recuperándose, pero el exceso de producción norteamericana, que era imposible consumir, produjo terrible crisis, con cierre de millones de empresas y pánico en la Bolsa neoyorkina, en el año 1929. Inmediatamente se transmite la crisis al resto del mundo capitalista, provocando en Europa una verdadera convulsión que a punto estuvo de socializarla, apareciendo los regímenes fascistas en Italia y Alemania, seguidos de dictaduras en otros.

Apenas superada la crisis, la rivalidad de mercados, unida a rivalidades ideológicas llevará al mundo a la desastrosa guerra mundial de 1939-1945, extendiéndose el comunismo por Europa oriental, seguida de China y otras naciones. Consiguiendo que el resto del mundo se restaurara por la ayuda que recibiera de Norteamérica, entonces en el más alto escalón de su historia, pasando a ser la dominadora de todos los mercados por medio de préstamos a las diversas empresas de las otras naciones, con las que forma alianzas o empresas multinacionales. El dólar como moneda de la colosal industria norteamericana respalda el valor de las otras monedas extranjeras, en paridad con el oro que en gran parte almacena y controla.

La reconstrucción de Europa, ayudada por Norteamérica para favorecer su propio mercado, permite que vuelva una época de prosperidad nunca igualada en el mundo, en especial en el desarrollado o industrializado. Se aumentó el nivel de consumo, se ha hecho participar a más naciones en el comercio mundial al adquirir su independencia, pero la rivalidad competitiva vuelve a imponerse, a pesar de la existencia de las multinacionales, que de hecho controlan todos los mercados. Pero la crisis amenaza con gravedad porque hay señales de agotamiento de materias primas y productos energéticos. La acumulación de dólares en la enriquecida Europa occidental y en los países vendedores de petróleo les permite hacerse con oro por su paridad. Ante el peligro de vaciar sus arcas, la economía norteamericana provoca la inflación al devaluar el dólar, inflación que con la falta de materias primas y productos energéticos está llevando al mundo a una grave crisis difícil de salvar.

La crisis es pues concomitante con la economía liberal o de mercado espontáneo, mientras no se regule de otro modo.

La economía dirigida de los Estados comunistas

En 1948 apareció el manifiesto comunista de Marx y Engels, pero desde principios de siglo Owen, Fourier, Saint-Simón, etc., venían tratando de suplantar la sociedad de la libre economía de mercado por otra más justa, según ellos, donde las gentes pobres no fuesen explotadas por las ricas al poseer los medios de producción. Son las doctrinas socialistas que Marx nos presenta al analizar la sociedad existente en su obra: El Capital. La doctrina marxista recopila y sintetiza las diversas corrientes socialistas hasta entonces aparecidas y, en su crítica de la sociedad capitalista, aglutina las inquietudes de protesta de la masa de operarios para oponerlos a los empresarios, a los que arrancan por medio de la huelga concesiones sociales y de higiene del trabajo, aunque la aspiración del marxismo les inducía a la conquista del Estado e implantar el dominio del proletariado en una sociedad sin clases. En las luchas entre empresarios y trabajadores ha de intervenir desde entonces el mismo Estado, regulando sus relaciones y obligando a que se otorguen mejoras económicas y de calidad de vida al proletariado.

En la situación caótica que sucedió a la primera Guerra Mundial de 1914-1918, las masas proletarias amenazaron con alzarse con el poder en las naciones industriales europeas, tal como pronosticara Marx en sus doctrinas, pero tan sólo triunfó en Rusia, precisamente en la nación con menos desarrollo industrial y donde el proletariado rural hacía solamente 50 años que había sido liberado de la servidumbre feudal.

La puesta en práctica de las ideas comunistas-socialistas en Rusia supuso la instauración, por primera vez en el mundo, de una economía totalmente dirigida por el Estado. Todas las empresas existentes y cuantas nacieron con la nueva política socialista pasaron a ser propiedad estatal o comunal. Automáticamente la producción dejó de ser mirada como un fin competitivo, para ponerse al servicio del consumo y las necesidades de las masas consumidoras, en vestidos, viviendas, alimentos y útiles diversos. Y por supuesto para mejorar el utillaje, mejorar las vías de comunicación e industrializar el país, con una industria de equipo eficiente, desarrollando todas las fuentes de obtención de materias primas.

Todos los ciudadanos han de trabajar duramente. Se sustituye la economía de mercado, competitiva, por la economía de consumo, que evita las crisis al producir conforme a las necesidades. El derecho al trabajo es una realidad y desaparecen las alternancias de desempleos masivos, durante las crisis, con los de superabundancia durante los años prósperos. Disminuyen los estímulos individuales de enriquecimiento al desaparecer la propiedad privada. Desaparece la Bolsa al desaparecer las empresas de accionistas y también desaparece la Banca que concentre capitales de los particulares para luego invertirlo en empresas propias o ajenas. A lo sumo los pequeños ahorros pueden depositarse en cajas de ahorros estatales. Es decir, la economía es dirigida totalmente por el Estado a través de los propios trabajadores, quedando la plusvalía, o diferencia de lo que el trabajador produce y lo que recibe de salario, para beneficio de la comunidad, del Estado, que se ha encargado de la educación, seguros de enfermedad, vejez, accidentes de trabajo y cuanto tiene relación con los problemas sociales de las familias y comunidades. Por medio de planes quinquenales se marcan los objetivos a alcanzar y, sucesivamente, sobre la marcha, se corregirán en su realización.

Progresiva socialización de la economía liberal

Hoy la economía comunista se extiende a las naciones de Europa oriental, China, Cuba, etc. Pero no ha podido triunfar en las naciones industrializadas como pronosticaba Marx, siguiendo sus teorías de triunfo del socialismo como etapa de la evolución irremisible de la economía. Incluso, tras el triunfo del comunismo en Rusia, las masas europeas seguidoras de sus doctrinas se dividieron. Unos siguen fieles al ideario del futuro triunfo del proletariado como en la URSS, integrando los partidos comunistas. Otros se separaron de la II Internacional comunista, siguiendo las teorías marxistas de socialización, pero respetando la propiedad privada y libertades individuales, dentro de una política fiscal muy exigente, constituyendo los partidos socialistas, que gobiernan en Suecia e Inglaterra al triunfar en elecciones libres.

En el mundo capitalista, en efecto, cada día es mayor la intromisión del Estado en las empresas, nacionalizando algunas, y exigiendo de las restantes que cumplan con una legislación socializante respecto a horario de trabajo, remuneraciones y toda clase de subsidios.

Para alcanzar el triunfo mayoritario (en las elecciones, en que eligen sus gobernantes las naciones democráticas de occidente) los pretendientes al gobierno futuro han de presentar programas de proyectos de mejoras sociales, respecto a enseñanza gratuita, salario abundante, seguridades sociales, vacaciones pagadas, etc. El Estado vigila la emisión de monedas para luchar contra la inflación, bajando o subiendo el tipo de interés en los préstamos bancarios y estimulando o cerrando la importación de productos. Crea puestos de trabajo al estimular la industrialización impulsando polos o zonas de desarrollo y al hacer contratas de construcción de infraestructuras con empresas privadas. Favorece a las empresas con compra de excedentes y primas a la exportación. Aumenta los impuestos o tributos al capital en una política equilibradora de la riqueza al reinvertir su importe en mejoras de calidad de vida. Se opone a los trust y cartells controlando su administración, al tiempo que los grava con tributos y defiende con aduanas controlando la entrada de productos que perjudiquen a su economía.

Por tanto las economías liberales van viendo limitadas sus libertades comerciales y se socializan progresivamente, por impacto del marxismo y por exigencias de las masas cada día más culturalizadas. Se busca el ideal de hacer compatible la libertad del individuo con el bien generalizado en lo social. Se impone una economía más o menos dirigida, que requiere de la planificación y exige poderosa burocratización.

Formas de paliar las crisis en la economía de mercado

Cuando el exceso de producción hace que el precio de los productos bajen en demasía se origina la deflación que arruina a las empresas. Los cartells y los trust al dominar el mercado con sus monopolios y oligopolios, regulan los precios por medio de stocks o almacenamiento de la producción para sacarla al mercado posteriormente. También regulan los precios con la práctica del maltusianismo económico o reducción de producción, o por medio del dardanismo o destrucción de mercancías para encarecer las que quedan en el mercado.

Para abrirse mercados extranacionales las empresas practican el dumping o venta con pérdidas, para una vez establecidos subir paulatinamente los precios hasta niveles rentables. Pero las diversas naciones defienden sus mercados interiores de la competencia y penetración de industrias foráneas con fuertes impuestos aduaneros, o bien permitiendo la entrada de mercancías limitadas y a cambio de las propias, práctica de simple trueque o fijación de contingentes denominada clearing.

Otra forma de protegerse los mercados evitando mutuas competencias y estimulando el consumo es por la creación de los bloques económicos, como el que la CEE o Mercado Común Europeo ha creado con diversas naciones subdesarrolladas de Africa (antiguas colonias francesas) para completar sus respectivas economías. O la Unidad Latino Americana de Librecambio para estimular preferentemente las economías de los estados sudamericanos, etc.

Patrón oro y problemas monetarios

A pesar de todo las economías del mundo capitalista no pueden evitar los serios trastornos que se derivan de su misma competitividad, agresiva y malsana muchas veces. A la falta de materias primas y energéticas que se hacen sentir en el mundo, hay que añadir la debilidad del mismo sistema monetario internacional, nacido a raíz de la última Guerra Mundial para hacer frente a la restauración económica de un mundo en gran parte arruinado. Por el acuerdo de Bretton Woods de 1944 (del 1 al 22 de julio en New Hampshire, Estados Unidos), se restauró el sistema de patrón cambio oro (gold exchange standart), en el que el oro respalda el valor de las monedas nacionales, aceptándose la libra esterlina y el dólar como monedas de garantía, al igual que el oro. Es decir, como reservas básicas que garantizan la unidad de valor de las cosas al igual que el oro. Creándose el Fondo Monetario Internacional (FMI) y el Banco Internacional de Reconstrucción y Fomento (BIRF) como agencias especializadas de la futura ONU que se crease en el año siguiente de 1945, velando así por la reconstrucción del mundo y las relaciones comerciales.

Así pues, por el Fondo Monetario Internacional o FMI se fijó el valor de las monedas de las diversas naciones respecto al valor del oro y del dólar, velando por que no se produjesen devaluaciones en las monedas de las naciones que al mismo se integraron, para facilitar la expansión comercial por la convertibilidad monetaria y una mayor libertad aduanera. El FMI es en realidad un Banco con depósitos de fondos en el que cada país integrante tiene la obligación de ingresar una cuota de su moneda, de la cual la cuarta parte será en oro, con lo que tiene derecho en lo sucesivo a solicitar préstamos para integrarse en el mercado internacional, siendo Bancos depositantes el de Nueva York, el de Inglaterra, el de Francia y el de la India.

El Banco Internacional de Reconstrucción y Fomento (BIRF), comúnmente llamado Banco Mundial, se creó al tiempo que el FMI con un fondo de 10.000 millones de dólares, que quince años después se elevó al doble, teniendo su sede en Wasingtón y lo dirige una Junta de gobernadores de cada uno de los países miembros, que suscriben acciones de 100.000 dólares cada una (de las que los Estados Unidos suscribieron casi la tercera parte del capital), con lo que se emiten bonos de préstamos a los países subdesarrollados, a largo plazo, de hasta 20 años, y al 5 % de interés. Pero por desgracia es insuficiente para atender a las necesidades del mundo del subdesarrollo. Siendo más importante la ayuda que Norteamérica prestó a Europa por medio del Plan Marshall de 1948, donando para su recuperación casi 20.000 millones de dólares, con lo que pudo reconstruir su economía. Y ya en el mismo año de 1948 se celebró la Conferencia de La Habana, en la que se trató, al margen de la ONU, de ordenar el comercio mundial con el mínimo de trabas aduaneras, comprometiéndose los 23 países signatarios a un acuerdo de aranceles aduaneros o GATT (General Agreement on Tariffs and Trade), que por tanto fue un acuerdo multirateral, decidiendo tener su sede en Ginebra para las futuras asambleas, donde dos veces al año se reunen para discutir problemas de exportaciones y reducción de aranceles aduaneros.

Y ya reconstruidas las naciones europeas, desde la década del esenta percibieron el peligro que suponía el hecho de que el dólar, respaldado por la economía americana, fuese moneda de garantía del valor de las cosas al igual que el oro, pues el valor del dólar realmente depende de la salud de dicha economía norteamericana. Y los Estados Unidos, para mejor dominar los mercados de las naciones libres, emitieron papel moneda abundante, mientras que sus reservas oro disminuían sin cesar. Por lo que las diversas naciones, especialmente las europeas y el Japón, ya industrializadas y poseedoras de reservas de dólares, cambiaron parte de estas tesorerías por oro, para sentirse más seguras en sus propias economías. Causando una subida del oro ante la gran demanda y en el mercado libre se disparó su precio, máxime cuando en agosto de 1971, el Presidente Nixon modificó la paridad del dólar con el oro y declaró la inconvertibilidad del dólar respecto al metal amarillo.

Desde entonces las reservas de oro de cada nación es el baremo de su riqueza, juntamente con su misma capacidad de producción. Las reservas oro, de otras divisas y la capacidad de producción de su economía garantiza el valor de su moneda nacional en el mercado de cotizaciones de cambios monetarios.

Y como las naciones industrializadas, incluida la URSS, poseen las cuatro quintas partes del oro mundial (144.000 millones de dólares de los 170.000 millones que suponen las reservas mundiales), resulta que los países pobres o subdesarrollados se sienten marginados y más empobrecidos que antes, mientras que las naciones ricas han desmonetizado el oro (respaldando su moneda con la propia economía), sustituyendo desde 1968 el patrón oro por los llamados Derechos Especiales de Giro y transferencias de sus monedas por giros bancarios internacionales, a través del Fondo Monetario Internacional, en las operaciones de préstamos de capitales para las compraventas entre las naciones necesitadas y que quieren participar en el comercio mundial, creando así una liquidez al margen del oro, del dólar y de la libra, favoreciendo así los intercambios comerciales, aunque favoreciendo a los países desarrollados, pues las naciones subdesarrolladas necesitarían mejores condiciones en los préstamos a largo plazo, para atender a su infraestructura, industrialización, enseñanzas, etc. Tal manera de comercializar supone una verdadera flotación de la moneda, cuyo valor depende de las circunstancias por que atraviesa la economía de la nación, con quebranto para su vida comercial y desconfianza mutua en las relaciones de mercado.

También, ya desde 1961, en el Consejo Económico y Social (ECOSOC) de la Naciones Unidas, se propusieron la meta de alcanzar en la década del sesenta un crecimiento mundial de más del 50 % del producto nacional bruto (PNB), con un plan de Decenio del Desarrollo para los países más retrasados, para lo cual se convocó una Conferencia de Naciones Unidas sobre Economía y Desarrollo (UNCTAD o United Nations Conference on Trade and Developement), que se reunió en 1964 en Ginebra, con asistencia de delegaciones de 120 países. Posteriormente se ha reunido en 1968 en Delhi y en 1973 en Nairobi, poseyendo una comisión o Junta de Comercio y Desarrollo que se reune dos veces al año y una Secretaría permanente para relacionarse con el Consejo Económico Social de las Naciones Unidas, velando por la defensa de las economías de los países subdesarrollados, en general fundamentadas en la posesión de materias primas, cuyos precios evitan se deterioren, reclamando de las naciones desarrolladas trato de favor para sus productos de exportación, ayudadas a la importación de productos industriales y cooperación con cesión de beneficios a su favor con el fin de estimularse mutuamente en su comercio y en su industria, evitando las crisis.

Pero la crisis es muy difícil de paliar porque los países pobres no pueden consumir los excedentes de la productividad de las naciones industrializadas, que compiten entre sí para abrirse mercados, agravando la situación la falta de materias primas que se hacen sentir en el mundo y porque los países productores de petróleo elevan su precio sin cesar, haciéndose tesoreros de reservas de divisas (petrodólares), con las que presionan en las economías de las mismas naciones capitalistas, donde aparece el desempleo por la falta de absorción de sus mercancías, con el consiguiente empeoramiento de la crisis.

Las monedas de las naciones diversas, peor respaldadas económicamente y para mejor abrirse mercados, bajan de valor. Y esta inflación repercute en deterioro de las economías de los trabajadores, que ven reducidos, empobrecidos, sus ahorros, con el consiguiente trastorno social, llegando incluso a la estangflación o inflación con retroceso económico y desempleo en las naciones prósperas que antes admitían brazos de trabajadores inmigrantes. Crisis económica que traerá consigo crisis de las ideas, con la consiguiente desorientación cara al futuro. Por ello en noviembre de 1975, se reunieron en Rambouillet (París) los Jefes de Estado de las naciones más industrializadas para buscar solución a las relaciones económicas mundiales y estimular las relaciones comerciales entre el mundo subdesarrollado y el desarrollado, en el denominado diálogo Norte Sur, pues al Norte del paralelo 30º de latitud Norte se encuentran la mayoría de los países desarrollados. Conversaciones que encuentran su continuación en las Conversaciones de Nairobi en busca de una solución viable para tan difíciles problemas socioeconómicos.

Estadísticas del Calendario Atlante De Agostini del año 1975

Presentamos una serie de estadísticas económicas, sacadas del Calendario Atlante De Agostini del año 1975, para mejor comprensión de las producciones más importantes obtenidas en los tres reinos de la naturaleza y su transformación por medio de la energía.

La energía es fundamental para la existencia de la industria. Podemos considerar como unidad de energía el kilowatio hora, que es igual al gasto de luz por una bombilla normal, de 50 watios, durante las 24 horas del día, o el gasto diario de un frigorífico de mediana dimensión, o el gasto de la televisión durante unas 6 horas.

El equivalente de 1.000 kwh es 0'40 Tm. de carbón de hulla. Pero 1 Tm. de hulla es igual a 3 Tm. de carbón de lignito. Y 1 Tm. de petróleo es igual a 1,30 Tm. de hulla, e igual a 1.000 metros cúbicos de gas.

Las naciones de mayor producción de petróleo y gas son:

PETROLEO

En millones de Tm.

Estados Unidos	453
U.R.S.S.	421
Australia	364
Irán	292
Venezuela	176
Kuwait	138
Libia	105
Nigeria	102
Canadá	88
Irak	71
Indonesia	67
Argelia	51
China	30
Quatar	27
Méjico	22
Argentina	21
Australia	16
Omán	14
Rumania	14

GAS

Miles de millones de metros cúbicos.
Equivalen a millones de Tm. de petróleo

Estados Unidos	636
U.R.S.S.	236
Canadá	82
Holanda	71
Inglaterra	27
Alemania Occidental	19
Méjico	19
Italia	15
Venezuela	9
Francia	7
Argentina	7

Las grandes potencias mundiales consumen gran cantidad de petróleo, habiéndose industrializado a partir del siglo XVIII y XIX por poseer yacimientos de carbón y explotar la energía eléctrica. Poseen también excelente ganadería y agricultura mecanizada. Por eso presentamos un cuadro de las más importantes naciones del mundo con su producción en millones de Tm. de carbón, acero y hierro, miles de millones de kwh. Millones de cabezas de ganadería (vacuna, ovina y porcina) y millones de habitantes, de cada nación.

Naciones	Hulla	Lignito	Electricidad.	Habitantes	Hierro	Acero	Vacas	Ovejas	Cerdos
España	10	3	68	34,5	9	10	4	18	7
Alemania Oci.	97	118	274	61	38	49	14	—	20
Francia	25	3	163	51	37	25	21	10	11
Inglaterra	132	—	263	55	19	26	13	26	8
Bélgica	8	—	37	9,6	12	15	3	—	—
Holanda	2	—	49	13	5	5	4	—	—
Austria	—	3	29	7	4	4	2,5	—	—
Italia	—	1	133	54	10	20	8'6	8	8
Suiza	—	—	31	6	—	—	2	—	—
Dinamarca	—	—	19	5	—	—	2,6	8	8
Noruega	—	—	67	4	4	—	—	—	—
Suecia	—	—	71	8	23	5	3	—	—
BLOQUE ORIENTAL DE EUROPA O COMECON									
Polonia	156	39	76	33	8	14	111	—	16
Alemania Ori.	—	246	76	17	2	6	5	—	10
Checoslovaquia	27	81	51	14	8	13	4	—	6
Rumania	6	16	43	20	6	8	5	14	8
Yugoslavia	—	31	33	20	1	2	5	8	6
Bulgaria	—	26	22	8	1	—	—	10	—
Hungría	3	23	16	10	2	3	—	6	7
U.R.S.S.	668	152	857	247	208	131	102	139	71

OTRAS GRANDES POTENCIAS

Naciones	Hulla	Lignito	Electricidad	Habitantes	Hierro	Acero	Vacas	Ovejas	Cerdos
E. Unidos . . .	523	13	1.853	207	127	136	117	20	62
Japón.	22	—	428	107	92	119	—	—	7
China.	400	—	58	801	52	23	63	71	230
Canadá	16	—	237	21	24	13	12	—	7
Brasil	2	—	53	99	33	7	98	24	67
Sudáfrica . .	62	—	59	23	10	5	12	30	5
India	77	3	66	563	29	7	176	43	5
Australia . . .	49	24	61	13	46	7	27	162	—
Argentina . . .	—	—	25	24	—	3	54	42	4
Méjico	—	—	34	52	5	4	25	5	12

Los principales países del mundo productores de materias primas, conforme al Calendario De Agostini de 1975, son los siguientes:

TRIGO

En millones de Tm.

U.R.S.S.	85
EEUU	42
China.	34
India	26
Francia	18
Canadá	14
Tursuía	12
Italia	9
Argentina	8
Australia	8
Pakistán.	6,8
Alemania Occidental	6,5
Rumanía	6
Polonia	5
Inglaterra	4,7
España	4,5

ARROZ

En millones de Tm.

China.	104
India	59
Indonesia	19
Japón.	15
Bangladesch	14
Tailandia	12
Brasil.	7,6
Vietnam del Sur	6,2
Corea del Sur	5,4
Filipinas	5
Vietnam del Norte	4,6

MAIZ

En millones de Tm.

EEUU	141
Brasil.	15
Sudáfrica	9,6
URSS	9,8
Rumania	9,5
Francia	8,5
Méjico	8
Yugoslavia	8
Argentina..	6
Italia	4,8
India	4,5
España	2

CEBADA

Millones de Tm.

URSS	36,8
China.	18,5
Francia	10,4
EEUU	9,2
Inglaterra	9
Alemania Occidental	6
Dinamarca	5,5
España	4,3
Polonia	2,7

CENTENO

En millones de Tm.

Polonia	8
Alemania Occidental	2,9
Alemania Oriental	1,9

SORGO

En millones de Tm.

EEUU	20
India	7
Nigeria	3,9
Argentina	2,5
Sudán	2,2

PATATAS

En millones de Tm.

URSS	78
Polonia	48
China.	32
Alemania Occidental	15
EEUU	14
Alemania Oriental	12
Francia	8
Inglaterra	6,5
Holanda	5,5
España	5,1
Checoslovaqui	5

SEMILLA DE SOJA

En millones de Tm.

EEUU	34
China.	11
URSS	0,5
Indonesia	0,5
Brasil.	0,4
Méjico	0,3
Corea del Sur	0,2

ACEITE DE OLIVA

En millones de Qm.

España	4,8
Italia	4
Grecia	2,5
Turquía.	1,5
Túnez	0,6
Portugal	0,5

ACEITE DE PALMA

En millones de Qm.

Malasia.	6,6
Nigeria	2,6
Indonesia	2,6
Zaire	1,8
Costa de Marfil	0,8
Angola	0,7

AZUCAR

En millones de Tm.

URSS	8,3
Brasil.	6,3
EEUU	4,4
Cuba	4
China.	4
India	3,3
Francia	2,9
Australia	2,8
Méjico	2,5
Alemania Occidental	2,2
Polonia	1,8
Italia	1,2
Inglaterra	0,9
España	0,8

NARANJAS

En millones de Tm.

EEUU	7,9
Brasil.	3,4
España	2,8
Japón.	2,7
Méjico	1,6
Italia	1,4
Israel.	1,2
Marruecos.	0,8
Egipto	0,7
Argelia	0,5
Turquía.	0,5

VINO

En millones de Hl.

Italia	59
Francia	58
URSS	29
España	26
Argentina	19
EEUU	11
Argelia	8
Portugal	7
Alemania Occidental	6
Yugoslavia	6
Sudáfrica	5
Chile	5

LANA LAVADA

En millones de Tm.

URSS	0,25
Nueva Zelanda	0,22
Argentina	0,08
Sudáfrica	0,05

ALGODON

En millones de Tm.

EEUU	3
URSS	2,4
China	1,4
India	1,1
Pakistán	0,7
Brasil	0,6
Egipto	0,5
Turquía	0,5
Méjico	0,4
Sudán	0,2

▼ ▲ ▼

PESCA

En millones de Tm.

Perú	10,6
Japón	10,2
URSS	7,7
China	7,5
Noruega	3,1
EEUU	2,6
España	1,6
Tailandia	1,6
India	1,6
Chile	1,4
Dinamarca	1,4
Corea del Sur	1,3
Indonesia	1,2
Inglaterra	1,1
Canadá	1,1
Sudáfrica	1,1
Filipinas	1,1
Francia	0,7
Islandia	0,7

CABRAS

En millones

India	68
China	58
Nigeria	23
Turquía	18
Irán	14
Brasil	14
Etiopía	11
Sudán	10
Marruecos	9

BUFALOS

En millones

India	54
China	29
Pakistán	12
Filipinas	5
Tailandia	5
Indonesia	3
Egipto	2

CABALLOS

En millones

Brasil	9
EEUU	8
URSS	7
China	7
Méjico	4,4
Argentina	3,5
PoloniaPolonia	2,5
Mongolia	2,2

▼ ▲ ▼

ORO

En Tm.

Sudáfrica	908
URSS	400
Canadá	63
EEUU	49
Japón	26
Australia	23
Ghana	22

PLATA

En Tm.

Canadá	1.508
Perú	1.250
URSS	1.244
Méjico	1.165
EEUU	1.158
Australia	700
Japón	312

Filipinas	18
Rodesia	15
Alemania Occidental	6
Colombia	5
Brasil	5
Méjico	4,5
Zaire	4
Suecia	132
Yugoslavia	111

DIAMANTES

En 1.000 quilates

Zaire	13.380
URSS	9.200
Sudáfrica	7.400
Ghana	2.660
Sierra Leona	1.640
Africa S. O.	1.590
Angola	1.560

URANIO

En Tm

EEUU	10.514
Canadá	3.768
Sudáfrica	3.077
Francia	1.213
Gabón	210

ESTAÑO

Mineral en miles de Tm.

Malasia	76,8
Bolivia	32,4
Indonesia	21,7
Tailandia	21,7
Nigeria	6,7
Zaire	5,9

ESTAÑO

Metal en miles de Tm.

Malasia	91
Tailandia	22
Inglaterra	21
Australia	7
Nigeria	6,7
España	4,1
EEUU	4
Bélgica	3,9
Brasil	3,5

PLOMO

Mineral en miles de Tm.

EEUU	561
URSS	460
Australia	420
Canadá	377
Méjico	161
Perú	154
Yugoslavia	120
China	108
Bulgaria	102
Marruecos	94
España	66
Japón	63
Alemania Occidental	93
Francia	26

PLOMO

Metal en miles de Tm.

EEUU	638
URSS	460
Japón	217
Australia	190
Canadá	187
Méjico	137
Francia	136
Inglaterra	121
Bélgica	106
Alemania Occidental	102
China	100
España	89

FOSFATOS

En miles de Tm.

EEUU	38.460
URSS	21.650
Marruecos	15.100
Túnez	3.380
Sudáfrica	1.960
Togo	1.850
China	1.200

ACIDO SULFURICO

EEUU	28.160
URSS	13.680
Japón	6.710
Alemania Occidental	4.730
Francia	4.110
Italia	3.030
Inglaterra	3.440
España	3.010
Canadá	2.750
Bélgica	2.460
Australia	1.750

ZINC

Mineral en miles de Tm.

Canadá	1.350
URSS	650
Australia	465
Méjico	271
Japón	264
Polonia	263
Italia	132
Alemania Occidental	122
Yugoslavia	96
España	95

ZINC

Metal en miles de Tm.

Japón	834
URSS	650
EEUU	570
Canadá	532
Australia	296
Bélgica	282
Francia	267
Alemania Occidental	241
Polonia	228
Italia	155
España	107
Inglaterra	84

BAUXITA

Mineral en miles de Tm.

Australia	13.690
Jamaica	12.980
Surinán	6.770
URSS	4.700
Güayana	3.700
Francia	2.350
Guinea	2.650
Grecia	2.430
Hungría	2.350
EEUU	2.230
Yugoslavia	2.190

ALUMINIO

En miles de Tm.

EEUU	4.100
URSS	1.250
Japón	1.100
Canadá	900
Noruega	620
Alemania Occidental	530
Francia	350
Australia	200
Italia	190
Holanda	190
España	160
China	140

CEMENTO

En miles de Tm.

URSS	102.000
Japón	78.000
EEUU	74.930
Alemania Occidental	40.860
Italia	36.310
Francia	30.720
España	22.230
Inglaterra	20.000
Polonia	15.550
India	15.000
Brasil	13.340
China	12.000
Canadá	10.050

CAPITULO VIII

GEOGRAFIA AGRARIA O AGROPECUARIA

Adaptación al medio geográfico y progresos técnicos

La especie humana, como todas las especies animales, ha tenido que adaptarse al medio ambiente en que vive para poder sobrevivir y evolucionar. La Antropología nos enseña cómo se adaptaron al medio los primeros homínidos conocidos, el chinantropus, el pitecantropus, el llamado hombre de Leakey o el hombre neandertaliense de hace más de un millón de años. Apenas se diferenciaban de las manadas de monos en su vida, pero ya utilizaban de piedras y estacas para la defensa y la caza.

El hombre de Cromagnon hace enormes progresos técnicos que le permiten mejor adaptarse al medio. Utiliza el fuego para asar alimentos, calentarse y defenderse, en especial en la noche dentro de las cuevas; talla la piedra a golpes para hacer rudas herramientas, como cuchillos, raederas, hachas, percutores, etc., y utiliza del arco para cazar más cómodamente, a más distancia, con las flechas.

Todavía hoy podemos observar estas formas o modos de vida depredadora en pueblos retrasados que viven de la caza, la pesca y la recogida de raíces, orugas, tallos y cuanto sea digerible. Así los pigmeos de las selvas ecuatoriales africanas, los bosquimanos y hotentotes de las tierras semidesérticas del Kalahari sudafricano, los vedas de los bosques de Ceilán, los aetas de Filipinas, los papuas de Nueva Guinea, los negritos de las islas de Melanesia (islas de negros) en Oceanía, las tribus diversas que habitan la Amazonía, los casi desaparecidos primitivos australianos y los mismos esquimales de Groenlandia y Canadá que viven de la pesca y de la caza de las focas, resguardándose del intenso frío en casas hechas con bloques de hielo o iglús. (Fig. 61).

Los papuas de Nueva Guinea viven en un estadio cultural primitivo dedicados a la caza y a la pesca. Inician ahora la agricultura en contacto con el hombre blanco. (Foto El Correo de la Unesco. Noviembre de 1961*).* (fig. 61)

Unos 8.000 años antes de Cristo (en modernísimos tiempos respecto a la aparición de la especie humana) el hombre descubre la ganadería y la agricultura, domesticando animales y favoreciendo el desarrollo de ciertas plantas que le sirvan de alimento para sí y para su misma ganadería.

Primero debió domesticar el perro para ayudarle a cazar, luego domesticaría ovejas, cabras, cerdos, vacas, asnos, caballos y aves diversas. Al surgir la propiedad de la ganadería surge también la propiedad de la tierra que la sustenta, el hombre se hace sedentario, generalmente al lado de zonas pantanosas, no olvidando las costumbres de la caza, e incluso se impone la trashumancia cuando las tierras son pobres y se esquilman por sucesivos cultivos. Con la propiedad de cosas se impone la propiedad de personas o esclavitud y el matrimonio. Entonces han de organizarse contra las revueltas internas y los robos o asaltos bélicos del exterior, apareciendo el rudimentario Estado o polís que obliga a las divisiones de clases sociales y a mantener constancia de los mismos bienes, con señales o anotaciones públicamente reconocidas, originando los signos escrituarios.

También perfeccionan los útiles de trabajo, pulimentando la piedra para hacer más eficaces las herramientas en la tala de árboles, cultivo de la tierra y construcción de viviendas. Los animales se utilizan también para ayudar al trabajo de hombres, mujeres y esclavos, apareciendo el arado y las carretas. Es decir, nuevas técnicas hacen su aparición en estos tiempos denominados del Neolítico, verdadera revolución de las formas de vida, por la aparición de nuevas técnicas que le ayudan a vencer la naturaleza adversa.

Todavía perduran en la actualidad gentes que viven como en los primeros tiempos del Neolítico, con incipiente agricultura, conduciendo manadas de ganado a través de pobres tierras en los bordes de los desiertos, denominándoles pueblos pastores o de modo de vida pastorial. Hacen vida pastoril nómada los lapones, yacutos y tunguscos de las tierras polares euroasiáticas dedicados a la cría del reno. En los desiertos centroasiáticos los mongoles y kirgisios siguen a manadas de ovejas, cabras, caballos y camellos, al igual que lo hacen en los bordes del Sahara los beduinos, tuareg y saharauis. Los tibetanos crían en las altas tierras del Tibet el yak. Y en las estepas del sur del Sahara los negros sudaneses llevan vida seminómada, alternando la conducción de ganadería por las estepas semidérticas con pobre agricultura, generalmente a cargo de las mujeres. Sin embargo, el nomadismo trashumante típico de pastores de merinas de Castilla va desapareciendo, aunque se estila en las Montañas Rocosas de Estados Unidos y el desierto australiano. Pero esta vida de ganadería trashumante es de pueblos civilizados. Mientras que los pueblos de modo de vida pastoril siempre han vivido al margen de la civilización, de donde obtienen sal y ciertos útiles a cambio de reses, intercambio que va permitiendo que se integren a la vida civilizada.

Los progresos técnicos agropecuarios no han venido por tanto de estos pueblos, sino de los pueblos agricultores, que inventaron arados, carruajes y los mismos abonos, con progresos lentos, secularmente estancados en prácticas rutinarias transmitidas de generación en generación. El abonado se limitaba a dejar la ganadería libremente por tierras que descansaban del cultivo durante uno o dos años, o quemando maleza, o sepultándola en tierras húmedas. Mayor era la suerte de pueblos situados en vegas inundables que las mismas aguas abonaban al depositar los limos y barros que llevaban en suspensión.

Rutinariamente se ha vivido como en los tiempos del Neolítico, siendo los romanos los que extendieron con el Imperio las prácticas de cultivos por la cuenca del Mediterráneo, donde todavía muchos pueblos siguen utilizando el primitivo arado romano de madera. Los grandes progresos técnicos agropecuarios con mecanización de herramientas (arado europeo de vertedera primero), abonado, y selección de especies, vegetales y animales, son bien recientes. Desde el siglo XVIII no han dejado de progresar hasta alcanzar los niveles actuales de mecanización y altos rendimientos en granjas y establos. (Fig. 62).

Podemos decir que desde el Neolítico hasta el siglo XVIII un agricultor podía obtener con su solo trabajo recursos para alimentar a dos o tres personas, conforme a la fertilidad de la tierra y durante un año sin catástrofes. Como las familias eran numerosas y los niños y viejos rendían poco, prácticamente toda la familia participaba en las tareas agropecuarias, para que hubiese algún excedente con el que pagar tributos, rentas y demás artículos no producidos en sus explotaciones casi totalmente autárquicas. Casi toda la humanidad debía dedicarse a las acti-

Las formas de cultivo neolíticas surgieron en Mesopotamia y Egipto. Los romanos las extendieron por toda la cuenca mediterránea, donde todavía algunos pueblos siguen utilizando primitivos arados arrastrados por bueyes, asnos, camellos, etc. (Foto El Correo de la Unesco. Julio-Agosto de 1962). (fig. 62)

vidades primarias y pocos privilegiados se ocupaban de los servicios o vivían de sus rentas en ocio casi permanente.

Desde el siglo XVIII hasta el año 1925 la productividad agropecuaria aumenta. Un trabajador puede ya producir para cuatro personas. En 1940-50 un trabajador puede producir para que se alimenten 5 personas. En 1960, un trabajador puede producir para alimentar 8 personas. En 1965, un labrador puede producir para alimentar a 10 personas. Y en 1972 un labrador puede producir paa alimentar 20 personas. Esperándose que para 1980, un labrador pueda obtener recursos para alimentar unas 35 personas, siempre cuando se pueda seguir abonando la tierra adecuadamente y se disponga de energía para mover las máquinas. Perfectamente pronosticable porque en Estados Unidos ya en 1895 un labrador obtenía recursos para alimentar 7 personas, en 1972 obtenía recursos para alimentar 70 personas y en 1980 esperan llegar a obtener recursos para casi doble número de personas, unas 120.

Pero hay que considerar que en Estados Unidos solamente en jardinería gastan más fosfatos que toda la agricultura de la India para alimentar más de 500 millones de habitantes.

Para mejor conocer las formas agrarias y los progresos técnicos alcanzados en las diversas partes del mundo, presentaremos las diversas clases de agricultura conforme a las exigencias que les imponen las condiciones climatológicas de cada región.

Agricultura mediterráea

Se extiende por las zonas terrestres de clima mediterráneo. En conjunto una pequeña porción del planeta ya que el clima mediterráneo es el que menos extensión ocupa entre todos los existentes.

Tiene mucha importancia histórica porque el Mediterráneo es el llamado mar de la civilización, en sus orillas surgió la civilización grecoromana de que procede la nuestra. Solamente un tercio de las tierras de clima mediterráneo se extienden por el sur de Australia, Africa austral, California y el centro costero chileno. La mayor parte, pues, de las tierras de clima mediterráneo se encuentran en las máegrnes del mar del mismo nombre, penetrando tierra adentro hasta las mesetas limítrofes, donde se deteriora el clima al adquirir continentalidad por ser los inviernos frescos.

Ferdinand Brodel en su obra «El Mediterráneo en tiempos de Felipe II», estudia las relaciones comerciales que entonces mantenían en sus riberas, viendo que delimita el clima por la línea de los desiertos al sur y por el norte se extiende desde Galicia y Cantabria hasta Caucasia, delimitado por los Pirineos, Alpes y Cárpatos. Por ello no es igual la vida en las zonas de llanuras costeras, de clima mediterráneo propiamente dicho, que en las zonas más o menos meseteñas, agrestes y montañosas del interior.

En las llanuras costeras el verano demasiado largo y caluroso, apenas permite el cultivo de cereales (trigo y cebada) en secano por lo irregular de las cosechas, prestándose mejor al cultivo de la arbustiva vid, el sufrido olivo, la higuera, el algarrobo, el granado y el almendro, aprovechándose incluso las laderas montañosas por medio de bancales, luchando también así contra la acción de la erosión. De todos modos la trilogía de trigo, vid y olivo es la que marca los verdaderos límites del clima mediterráneo, seco, de calurosos veranos y suaves inviernos sin heladas. Comprende desde Portugal y Andalucía, pasando por el Levante español, Cataluña, Provenza, Languedoc, valles e islas italianos y griegos; llanuras de Anatolia, costas de Siria y Palestina y toda la franja norteafricana hasta los límites del desierto del Sahara. (Fig. 63).

Cuando en estas tierras con llanuras o pequeños valles surge el agua, ya fluvial, ya freática de los acuíferos, aparecen las feraces huertas en que los cultivos no se interrumpen a lo largo del año, sucediéndose una cosecha tras otra. Prosperan entonces los naranjales y toda clase de frutales al lado de cultivos de exquisitos frutos hortícolas, como tomates, pimientos, lechugas, cebollas, berenjenas, etc., que alternan con leguminosas, alcachofas, espárragos, etc. De aquí la importancia del agua, gastando los particulares fortunas para su obtención y acudiendo el

Las tierras escabrosas mediterráneas son aprovechadas por medio de bancales para cultivar la vid, el olivo y diversos frutales. (fig. 63)

Estado en su ayuda con la construcción de pantanos en los ríos ribereños, que a la vez surten de energía para la industria de transformación. Desecándose también las lagunas pantanosas, como las marismas del Guadalquivir, Albufera de Valencia, delta del Ebro, Vaucluse del Ródano, lagunas pónticas y toscanas italianas, etc. Y a base de las aguas de pantanos han prosperado las huertas en Almería, Murcia, Valencia, plan del Mesogiorno italiano, del Peloponeso griego, los ingeniosos regadíos de los judíos en Palestina, los ragadíos tunecinos, los de la Mitidja argelina y los marroquíes que se extienden hasta por las costas atlánticas. Hoy son por tanto vergeles tierras que antes eran azote del paludismo, totalmente erradicado ya, con superpoblación que les hace deficitarias de aguas, en especial cuando en el estío se duplica la población por la aportación del turismo. Falta de agua que está limitando la industrialización surgida por el aumento de población.

Las tierras limítrofes mediterráneas podemos rastrearlas por donde aparezca la vid y la higuera, ya que el olivo desaparece de las tierras donde el invierno sea fresco. En cambio, el trigo, cebada y centeno, sembrados con las lluvias otoñales, resisten perfectamente el frío invernal y aprovechando las lluvias primaverales y en la fructificación los calores estivales, constituye la base de la vida económica en las mesetas de Castilla, valle del Ebro, y las mesetas de Macedonia, Anatolia, Argelia y Marruecos, que siempre fueron asiento de gentes de vida agropecuaria, donde los cereales alternan con las leguminosas, en cultivos a dos, tres y cuatro hojas, como complemento de una ganadería de vacas, cabras y ovejas, juntamente con mulos, asnos, caballos y camellos (éstos en los bordes del desierto sahariano), mientras que en los países europeos el cerdo constituye elemento indispensable para la alimentación de grasa y carne, aprovechando a veces la existencia de las bellotas de sus encinares. Pero los nuevos regadíos y la mecanización han implantado cultivos de forrajeras, maíz, productos hortícolas y plantas industriales como algodón, remolacha y tabaco. Iniciándose incluso modesta industrialización (ya tradicional y próspera en los valles del Ródano y Po), pero que ha fomentado la deforestación que ya venía siendo plaga desde tiempos lejanos. De aquí las obras urgentes de repoblación forestal para evitar la erosión y aumentar caudales de reserva de aguas. (Fig. 64).

Las gentes de las tierras meseteñas que bordean el Mar Mediterráneo modernizan sus métodos de cultivo con abonos, mecanización y repoblación forestal.—(Foto El Correo de la Unesco. Febrero de 1970*).* (fig. 64)

En las tierras mediterráneas no europeas falta la solera y tradición en sus gentes, asentadas en tiempos más recientes. Pero por la influencia de inmigrantes europeos y las excelentes obras de ingeniería han surgido huertas de gran rendimiento, con plantaciones de naranjos y frutales.

Incluso en secano grandes extensiones de olivar y viñedo. Así Estados Unidos es el primer productor de naranjas del mundo y las huertas californianas surten de hortalizas y frutas a gran parte de la nación. (Fig. 65).

Las tierras mediterráneas presentan amplias zonas escabrosas desprovistas casi totalmente de vegetación como en este roquedo de conglomerados calizos de las montañas de Monserrat. (fig. 65)

Agricultura del N. O. de Europa o de climas oceánicos

Corresponde al clima templado y húmedo cuyas suaves temperaturas refrescan con la latitud y se continentalizan hacia las tierras del interior, disminuyendo aquí las precipitaciones proporcionalmente al rigor de sus inviernos.

Son tierras cuyos pobladores entraron tarde en el mundo civilizado, pues estuvieron marginadas del Imperio romano al abrigo de sus amplios y espesos bosques. Pero el aumento de población, cristianizada desde la alta Edad Media, originó una ininterrumpida tala de bosques para conquistar tierras de pastizales y para cultivos agrícolas necesarios para la alimentación de sus gentes. Roturación favorecida por la aparición del arado de vertedera, primero fijo, luego móvil, a finales de la Edad Media.

Tiene especial importancia esta zona agraria porque desde el siglo XVIII revolucionaron las actividades agropecuarias, seleccionando especies vegetales y animales, abonando las tierras y, posteriormente, mecanizando las labores, favorecidos por la existencia de grandes llanuras costeras prolongadas hacia el interior. Así la Aquitania, valle del Loira,

Normandía, cuenca de Londres, Picardía, Flandes, Neerlandia, Wesfalia, cuenca de París, valle del Rin, Alsacia, Sajonia, las llanuras prusinopolacas, etc., etc. Llanuras que favorecieron los intercambios comerciales y de ideas, máxime cuando sus ríos, de régimen regular y abundante caudal, son excelentes vías de comunicación y penetración, desembocando en estuarios de buenas condiciones para el asiento de puertos y pronto enlazadas sus cuencas por medio de canales de navegación.

Las lluvias bien repartidas durante el año permiten que las tierras no hayan descansado desde su roturación, pues son campiñas de fértiles tierras sedimentarias, que permiten elevadas densidades de población, formando núcleos rurales al abrigo de colinas, con aguas próximas o sobre las mismas orillas de las corrientes fluviales.

Su espíritu laborioso y comunal se manifiesta en los buenos edificios públicos, iglesias, ayuntamientos y plazas de mercado, que en las grandes ciudades son catedrales, hoteles de la villa y lonjas, ya que en la mayoría de ellas se celebraban ferias famosas.

Más pobres son las tierras siliceas, erosionadas y hasta escabrosas de Galicia, Bretaña, Lemosín, Ardenas, Renania, Herz, etc., cuajadas de colinas, con población dispersa en gran parte, para mejor atender a las labores de sus campos, de prados cercados con hileras de bosque para comodidad de la cría del ganado vacuno y con tierras de labor también cercadas para evitar que sus cosechas sean destruidas por la ganadería. Tierras quebradas y pobres de cultivos de cebada, centeno, hortalizas, maíz, poco trigo y algunos frutales, con predominio de la ganadería que exige se cerquen las fincas con muros de piedra o fundamentalmente con seto vivo de arbolado o bocage.

Pero la mayoría de las tierras europeas las constituyen las conocidas llanuras o cuencas sedimentarias, de extensos campos esmeradamente cultivados, abiertos, sin cercas, que en Inglaterra se llaman por ello openfields. Las tierras de labor solamente se ven interrumpidas por bosques y valdíos de pastizales comunales, que surten de leña y alimentan al ganado vacuno, caballar y aún lanar. Tradicionalmente cultivan su término municipal dividiéndolo en tres porciones de diferentes cultivos u hojas. En una se siembra el trigo o cereal de invierno, otra se deja sin labrar para pastos en sus rastrojeras y una tercera se dedica a los cultivos de primavera, cebada, avena, legumbres, raíces y forrajeras, aunque desde el siglo XIX se han extendido los cultivos de maíz y remolacheros.

En todas las tierras europeas prácticamente desaparecieron las hambrunas desde las guerras de religión del siglo XVII. La riqueza y bienestar provocó la aparición de la industria, que ya desde el Renacimiento les hace aparecer como exportadores de tejidos de lino y lana, siendo base para el desarrollo industrial posterior con la utilización del carbón mineral como combustible, muy abundante en sus subsuelos. Estimulando así el florecimiento urbano, cuya densa población estimuló a su vez la agricultura y ganadería ante la fuerte demanda de sus productos.

La gran importancia de la agricultura de estas regiones europeas radica en que desde el siglo XVIII se adelantó al resto del mundo en sus rendimientos agropecuarios, por la selección de las especies vegetales y animales, favorecidas por una racional utilización de las tierras de labor y por el abonado intenso de las mismas.

En el siglo XVIII los abonos permitieron mejores cosechas y en la rotación de cultivos incluyeron el maíz como cereal de verano, las patatas, los tréboles y demás raíces forrajeras. Paralelamente mejoraron la ganadería vacuna, de cerda y caballar, no siendo extraños a estos trabajos agropecuarios los burgueses enriquecidos y la misma nobleza, como se pone de manifiesto en las pinturas de ganado vacuno del pintor holandés Paul Pitter, entre otros, y la obra literaria del escritor inglés del siglo XVIII Frielding en su novela Tom Jones.

Desde el siglo XIX se origina fuerte mecanización, movidas las máquinas primero por el ganado, luego por el motor, a la vez que se crean cooperativas protegidas por el Estado para fomentar la riqueza agropecuaria, pues dichas cooperativas surten de ganados y semillas selectas a los cooperativistas, al tiempo que se encargan de comercializar la producción, incluso para la exportación.

Desde el siglo XIX se han incluido también cultivos de alfalfa y remolacha. Por importación de grandes cantidades de abonos fosfatados, nitrogenados y calizos, se han mejorado las producciones, favorecidas también por las más profundas labores de los arados mecanizados. Si añadimos a eso el fuerte crecimiento de las ciudades industrializadas, explica la despoblación del campo, por mecanización y por atracción de las mejores condiciones laborales de las ciudades, pero sin perder sus rendimientos, que han ido en aumento. Hoy el plan Manshol para la agricultura de la Comunidad Europea pretende dejar para bosques y campos de expansión de las urbes las tierras de menor riqueza en su suelo.

Las nuevas plantas cultivadas, la mecanización y la disminución de población rural, han dado lugar a la ruptura de las tradicionales formas de cultivos en muchos lugares. En unos se ha impuesto un monocultivo, de trigo en la cuenca de París, de remolacha en Normandía, forrajeras en Neerlandia y Dinamarca, etc. Pero la estabulación permite que la ganadería se extienda hasta las tierras de menor riqueza forrajera. Granjas modélicas con establos higienizados crían las mejores razas de ganado vacuno y de cerda del mundo, siendo objeto de exportación a todas las zonas terrestres, donde tratan de aclimatarlas. Ya la vaca lechera holandesa (con rendimientos medios de 4.000 litros año), ya la vaca de carne charleroi francesa, la erefort inglesa, etc. En ganadería de cerda son razas precoces la york inglesa y la landrace germano-danesa. En caballar el percherón franco-holandés, preferentemente aprovechado por sus rendimientos cárnicos y facilidad de aprovechamiento de pastos de mala calidad, siendo también famosos los caballos de carrera ingleses. (Fig. 66).

La agricultura en los países nuevos

Se extiende por casi todas las tierras del planeta de clima continental más o menos húmedo o frío. Alcanzando hasta los bordes de las zonas polares por un lado y los bordes de los climas mediterráneos y

En las tierras cantábricas españolas está bien aclimatada la vaca lechera holandesa. Magníficos ejemplares en un pastizal de las cercanías de Bilbao. (fig. 66)

desérticos por el otro. Son las tierras por donde se ha expansionado más recientemente la raza blanca y por ello se le da el nombre de agricultura de países nuevos.

Coincide con inmensas llanuras, desarboladas casi totalmente, que han favorecido la expansión colonizadora, con ríos en general navegables a pesar del fuerte descenso de caudal durante el estío. Abarca casi toda la URSS euroasática, interior de Estados Unidos y del Canadá, Pampa y Chaco argentinos hasta los Andes; Australia del S. E. hasta los bordes del desierto, Nueva Zelanda y las mesetas orientales y australes de Africa hasta el desierto de Kalahari.

Desde el siglo XVI comienza la presencia del blanco en estas tierras de colonización. Solamente impide su expansión la falta numérica de habitantes, pues ante sí se extienden praderas y estepas sin límites, desarboladas en general, recorridas por retrasadas tribus dedicadas a la caza de su fauna o muy pobre agricultura. Así los indios cazadores de búfalos en Estados Unidos, negritos australianos cazadores de canguros, pamperos y patagones cazadores de vicuñas y llamas; tribus ganaderas en las mesetas africanas y, en Siberia, escasas tribus de lapones, tunguscos, kirgisios y mongoles dedicados a la cría del reno y ovejas y caballos, según las latitudes.

Desde el siglo XVIII comienza mayor afluencia de inmigrantes, por el gran crecimiento de población en Europa, favorecida esta inmigración por la aparición de los navíos de línea en los mares, seguida de los barcos de vapor después. Y la penetración colonizadora se dispersaba a través de praderas y estepas por sus fáciles comunicaciones en todas las estaciones del año, surcando las llanuras muy pronto las vías férreas al aparecer la máquina de vapor, permitiendo desde entonces el traslado de grandes masas de mercancías y de personas.

Los adelantos mecánicos agrícolas encontrarán aquí propicio campo de expansión, ya que la carestía de la mano de obra, por falta de población, hará enormemente rentables las máquinas. De Europa ha venido la población, los adelantos técnicos y las mismas especies vegetales y animales, exportando hacia Europa superpoblada sus excedentes de producción agropecuaria, excepción de la más tardía colonización industrial de la Siberia por vivir en régimen servil hasta tiempos próximos a la revolución comunista.

El mejor ejemplo de estos pueblos nuevos será pues los Estados Unidos, ejemplo modélico para todos los demás.

Desde los primeros momentos de la colonización, ya en el siglo XVII, aparecieron las tierras atlánticas de Estados Unidos como verdadera tierra de promisión para los emigrantes de Europa occidental, que buscaban allí, además de la fortuna, una nueva patria donde practicar libremente sus creencias y, por consiguiente, regirse por leyes libremente aceptadas y promulgadas por parlamentos elegidos democráticamente. Un símbolo fue la llegada del navío May Flower, con pasajeros calvinistas que huían de las persecuciones religiosas de que eran objeto en Inglaterra y Holanda. El camino quedaba abierto para cuantos buscaban libertad. En las colonias norteamericanas, bajo soberanía inglesa, surgieron desde el primer momento, en un clima oceánico más o menos cálido según latitudes, hermosas explotaciones agropecuarias, talando bosques y pactando o luchando contra los indios. Como los emigrantes eran gentes de las clases sociales más progresivas de Europa occidental, que arribaban con toda la familia, pronto aparecen centros culturales, amplias relaciones comerciales (incluso con Europa) y la industria, imitada de la europea también, hace su aparición. Así se explica que a finales del siglo XVIII las trece colonias de la fachada atlántica (Maine, New Ampsfire, Massachusts, Conneticut, New York, Rhode Island, New Jersey, Pensilvania, Maryland, Virginia, Delaware, Carolina del Norte y Carolina del Sur), pudiesen independizarse frente a Inglaterra, instaurando el primer gobierno parlamentario democrático del mundo, imitación del bicameralismo inglés. A Francia y España le arrebatarían la cuenca del Misisipi, abriendo ilimitadas praderas para la expansión de los miles de familias que continuamente afluyen de Europa en busca de fortuna y bienestar. Cuantos quieran establecerse en las nuevas tierras recibirán la posesión de unas 250 hectáreas, aproximadamente la extensión de una milla cuadrada.

Las granjas agropecuarias demandaban abundante maquinaria, estimulando la industrialización en las tierras del atlántico, donde a su vez reciben los productos que aquellas generan, exportando los excedentes. Las vías férreas favorecieron estas corrientes de la llamada colonización del Oeste americano, pudiendo saltar pronto la divisoria de las Montañas Rocosas para adentrarse en los valles de la costa del Pacífico, también pronto enlazado por vías férreas.

Los pioneros de esta marcha hacia el Oeste son los vaqueros, con miriadas de reses que van sustituyendo a las búfalos salvajes. Detrás llegan las familias de labradores que van roturando campos, muchas veces en luchas con los vaqueros por sus encontrados intereses. La aparición posteriormente en el siglo XIX, de las máquinas segadoras y sembradoras imponen el monocultivo, la concentración de propiedad y la roturación de nuevas tierras de enormes extensiones. Y con la aparición de las máquinas de motor, tractores y cosechadoras, se acentuará aún más esta tendencia, surgiendo sociedades capitalistas de explotación agraria cuyos dueños viven la mayor parte del año en la ciudad. La tierra cultivada un año queda en barbecho, sin cultivo, el siguiente, con rendimientos de 5 a 10 Qm. por Ha., casi la mitad de lo que se obtiene en Europa, pero compensa su explotación por los escasos gastos originados. Rendimientos que paulatinamente fueron aumentando por la aplicación de abonos, hasta llegar a rendimientos de 40 y 50 Qm. por Ha. en las tierras de mejor calidad en la actualidad.

Los monocultivos de diversas clases de cereales exigen su adaptación al clima, surgiendo las franjas o cinturones (belt) de vegetación. En las tierras más septentrionales, enlazando con las praderas del sur de Canadá, está la zona de cultivo del trigo, de variedad más precoz cuanto más septentrionales son las tierras, sembrando un trigo tremesino que madura con los calores de su corto verano. Desde las Rocosas hasta los Apalaches, por el centro de la llanura norteamericana, donde el verano es más largo, aumentando el calor y la humedad, se extiende el cinturón del maíz. Y bordeando el Golfo de Méjico, con tierras de clima más caluroso, de carácter tropical, se extiende el cinturón del algodón. (Fig. 67).

El abuso de la roturación ha hecho estragos en muchas tierras al favorecer los agentes erosivos, por lo que en la actualidad se hacen plantaciones de arbolado a favor de las curvas de nivel de las tierras roturadas y en contra de la dirección de los vientos dominantes, a la vez que intercalan parcelas de otra clase de cultivos, como forrajes, tréboles, soja y otras leguminosas, favorecidas incluso con regadíos, para que los períodos de roturación y recolección no sean todos en la misma época, surgiendo granjas agropecuarias, las cuales surten de materia prima a los mataderos famosos de la región de Chicago. Y hacia las Rocosas se encuentran pastizales para las ganaderías extensivas, de vacas en los valles más resguardados y de ovejas trashumantes a lo largo de sus tierras meseteñas, únicos recuerdos de los antiguos cowboys del Oeste americano.

Así resulta que Estados Unidos es el primer productor de maíz del mundo, el segundo de trigo, soja y cebada. El segundo de ganado vacuno de alta calidad de producción, segundo también en producción de cerdo, y el primero de aves y huevos. Y toda esta colosal producción, según puede comprobarse con repasar unas estadísticas, con tan sólo el 6 % de su población laboral.

Las explotaciones norteamericanas han sido imitadas especialmente en Australia y Nueva Zelanda. En menor medida en Argentina y las tierras del Africa austral. Y en cuanto a la URSS es sabido que rivaliza en la modernización de sus explotaciones agropecuarias, fuertemente mecanizadas al estilo de las americanas, pero con la modalidad de imitar

En Estados Unidos amplias extensiones de miles de kilómetros cuadrados se dedican a monocultivos de cereales, fuertemente mecanizados y abonados, por lo que incluso han de trabajar durante la noche en las labores de recolección del trigo cuando llega su madurez.—(Foto El Correo de la Unesco. Julio-Agosto de 1962). (fig. 67)

también a los países de Europa occidental en lo que respecta al régimen de cooperativización de su organización.

Desde el siglo XVII data la ocupación de Siberia por los rusos cuando los jinetes cosacos llegaron en sus cabalgadas a las orillas del Pacífico. Pero fueron tierras apenas colonizadas, donde el Estado instalaba penitenciarías para los reclusos de delitos comunes y de delitos políticos.

En 1895 se terminó el ferrocarril transiberiano, el más largo del mundo, que con su instalación favorecía la inmigración de colonos que habían de acostumbrarse a vivir en tan duro clima continental extremado y tan alejados de la civilización. Pero la gran gesta de la colonización siberiana y del Turquestán ruso ha sido obra del régimen comunista, estimulando la emigración con toda clase de primas, ayudándola con la aportación de maquinaria de la mejor calidad, hasta que ellos mismos estuvieron capacitados para construirlas al desarrollar también la industria a favor de sus excelentes yacimientos de toda clases de minerales.

Toda la agricultura de la URSS está colectivizada desde el triunfo del comunismo, constituyendo los koljozes y los sovjozes. Los primeros son verdaderos municipios en régimen de cooperativa colectivizada. Los trabajos de explotación agraria, ganadera, o mixtos, según las tierras, están dirigidos por un gobierno de trabajadores y el Estado con sus almacenes de maquinaria les prestan cuanta necesitan para sus labores de cada estación. Particularmente cada familia posee un pequeño lote de tierras cuya producción hortícola y ganadera puede vender en el mercado libre. En los sovjozes, en cambio, no tienen opción a una parcela de tierras, suelen tener mucha mayor extensión de terreno y se encargan de la adquisición de su propia maquinaria. Disminuyendo cada día el número de koljozes al aumentar el de los sovjozes, donde los índices de producción van alcanzando a las granjas norteamericanas, aunque teniendo en cuenta sus más desfavorables condiciones climatológicas. Su enorme superficie territorial le permite ser la primera productora de trigo, cebada, centeno y avena, la segunda en algodón, ganado vacuno, ovejas, de cerda, aves, etc.

Koljozes y Sovjozes han sido imitados por los países de Europa oriental, bajo régimen comunista también, pero en cambio los chinos en sus Comunas difieren enormemente en su forma de explotación, procurando que cada una sea lo más autárquica posible, verdadera unidad económica de unos 10.000 habitantes, que entre sí mantienen lazos comerciales y culturales integradas en la totalidad de la nación.

Los judíos también presentan una original colectivización agraria en los Kibbutz (en plural Kibbutzim) con educación infantil en familia única y también refectorios comunales. Y sus Moshav chitufi o comunas familiares de unos 1.500 habitantes y los Moshav ovdin o pueblos que forman simples cooperativas de propietarios individuales.

La agricultura de Asia monzónica

Corresponde a las tierras de clima monzónico extendidas por la India, China, Indochina, archipiélago del Japón, el de Filipinas y parte del de Indonesia. Durante el verano disfrutan de un clima caluroso y húmedo que origina la fertilidad de los cultivos. El invierno es seco y caluroso, aunque haya humedad en las tierras insulares por el influjo oceánico. Como especialidad del clima monzónico aparecen las tierras del norte de China, Manchuria, Corea y parte más septentrional del Japón, de inviernos fríos por estar sometidas a los vientos siberianos y de Mongolia.

Corresponde a tierras de antigua civilización que se originó en la India (Mohenjo Daro), paralelamente a Mesopotamia y Egipto, divulgándose seguidamente a China, Indochina y Japón. Civilizaciones milenarias donde aparecieron, unos 500 años antes de Cristo, las primeras religiones moralizantes del budismo y bramanismo, seguidas del confucionismo y sintoismo. Las altas densidades de población alcanzadas desde muy antiguo han humanizado el paisaje, con múltiples parcelas y grupos de casitas o pequeñas aldeas dispersas por las llanuras fluviales. Fácilmente inundables estas parcelas se dedican al cultivo del arroz, alternando con soja, algodón, trigo, hortalizas, etc., recolectando en el período de lluvias monzónicas dos cosechas seguidas, sin jamás descansar la tierra de producir. A veces hacen terrazas en las laderas de las montañas húmedas, preparando parcelas con bancales de piedra o tierra, canalizando hacia ellas las torrenteras y riachuelos para cultivar el arroz por inundación. Pero en general son civilizaciones de llanura y las montañas les han surtido tradicionalmente de madera o han sido refugio de dispersas poblaciones culturalmente marginadas. En zonas de menores densidades de población, como en Indochina y Filipinas la mayoría de las montañas y tierras escabrosas conservan la jungla, con grandes bosques casi impenetrables. (Ver página 53).

Los ríos navegables y en muchos tramos canalizados para luchar contra las inundaciones del verano han sido excelentes vías de comunicación y de penetración hacia el interior del continente, en especial el Yang-se-kiang.

Los habitantes de estas regiones son en general vegetarianos por necesidad, ya que tan densa población no puede permitirse el lujo de perder proteinas al transformarse en carne asimiladas por los animales. Suelen, por este motivo, carecer de animales para ayudarse en el trabajo, pudiendo pocas familias permitirse el lujo de poseer un búfalo para que haga el durísimo trabajo de acondicionar las parcelas anegadas para el cultivo del arroz. Las dietas de carnes y grasas se las proporcionan animales que aprovechan los desechos y las malas hierbas, como patos, cerdos y aves en general. Constituyendo caso especialísimo la India donde su numerosa ganadería (primera del mundo, aunque de malísima calidad) puede ayudarle en el trabajo, pero no puede ser sacrificada por prohibir su religión comer la carne, si bien aprovechan la escasa leche que producen, utilizan sus cueros y el fiemo o abono. Ganadería que se alimenta de lo que encuentra fuera de las tierras de labor y que en la época del monzón seco es diezmada por el hambre, que sufren en competencia con sus mismos dueños.

Podemos decir que la civilización de los pueblos monzónicos es de vegetarianos, impuesta en la India por la religión, pero en el resto de Asia por necesidad, ya que comen cualquier clase de carne animal cuando la encuentran, perros, ratas, culebras y variadas clases de peces que procuran criar en los estanques y en las mismas aguas de los arrozales.

El gran problema de estas tierras superpobladas ha sido siempre el de mantener la fertilidad de las tierras, para lo que usan como abono plantas verdes, cenizas, cieno o fango de canales y arrollos, excrementos de animales y excrementos humanos, estos especialmente en países como China donde la ganadería es escasísima.

La base de la alimentación la constituye el arroz, replantado desde semillero para ahorrar semillas y favorecer la maduración en arrozal libre de hierbas. El nivel de vida ha sido siempre bajísimo, sufriendo hambrunas periódicamente al fallar la regularidad de las lluvias monzónicas. A veces el hambre y las enfermedades por debilitamiento orgánico adquirían proporciones alarmantes, desapareciendo millones de habitantes, ya que en los deltas y valles fluviales las densidades son las más altas mundiales, con 500 a 1.000 habitantes por kilómetro cuadrado y apenas industrializados.

Pero los países monzónicos están cambiando sus modos de vida, aumentando su cultura, modernizando la agricultura y controlando la natalidad. Desde finales del siglo pasado el Japón hizo una revolución pacífica imitando las formas de vida occidental. Hoy tiene una agricultura técnicamente muy adelantada, mecanizada y abonada racional e intensamente. No tiene apenas ganadería vacuna, pero es abundante en aves y en porcina, de manera que su agricultura surte las tres cuartas partes de las necesidades nacionales, a pesar de que solamente se cultiva un quinto de su territorio, debido a que las montañas demasiado pendientes no soportan otra vegetación que no sea caña de bambú, frutales y árboles diversos. Industrialmente es uno de los pueblos más adelantados del mundo cuyo comercio compite en todos los mercados.

El resto de Asia ha tenido por modelo al Japón. En China, Vietnam y Corea del Norte, el triunfo del comunismo ha implantado una agricultura colectivizada, de que se hizo referencia al hablar de la comuna china. Se han llevado a cabo trabajos colectivos de canalización de ríos, construcción de presas, canales, viviendas higiénicas, escuelas, vías de comunicación, etc. En un principio con el trabajo manual de enormes masas humanas, posteriormente, al progresar la industrialización, ayudados con maquinaria moderna. Siendo el más grave problema a que debe atender su joven industria la fabricación de abonos de toda índole para aumentar la fertilidad de sus tierras, que todavía conservan una alta proporción de población dedicada a la agricultura, necesitando que se trasvase al sector de la industria y los servicios.

El resto de los países monzónicos han recibido ayuda extranjera para la modernización de su agricultura, así como consejeros técnicos para seleccionar semillas de alta productividad, aprovechamiento de aguas, maneras de abonar, etc. Siendo el caso más caracterizado el de Formosa o China nacionalista, que la ayuda norteamericana ha transformado en un país occidentalizado, sin perder su tradición cultural milenaria, con concentración parcelaria, modernización de canales de riego, selectividad de semillas, alternancia de cultivos, análisis de tierras, etc., produciendo junto al tradicional arroz caña de azúcar, maíz, algodón, etc., con altos índices de rendimiento.

La agricultura en los climas ecuatoriales y tropicales

Comprende extensas tierras del centro de Africa, enmarcadas por los desiertos secos del Sahara y de Kalahari. En América comprende toda la Amazonia, prolongada por la mayor parte del Brasil y las llanuras del Orinoco, abarcando también las islas y costas del mar Caribe. En Asia abarca la mayor parte de las islas de Indonesia, Nueva Guinea, la Melanesia y parte septentrional de Australia.

En las zonas de clima ecuatorial propiamente dicho, con dos estaciones lluviosas y otras dos menos lluviosas, calor y humedad constante, apenas si hay habitantes, conservándose una población integrada por gentes que siguen viviendo sin ayuda de la agricultura y ganadería, en los más primitivos estadios de la civilización, al estilo del hombre primitivo, como los pigmeos africanos, los papuas de Nueva Guinea y los indios de la Amazonía. Pero en Africa ecuatorial algunas tribus de negros guineanos conocen una rudimentaria agricultura practicada en claros que hacen en plena selva al talar los árboles menos corpulentos, arbustos, hierbas y lianas, a los que prenden fuego en la época de menos lluvia, para aprovechar las cenizas como abono, sembrando estas tierras con maíz, arroz de montaña, mijo, tallos de batata, de ñame (bulbo gigante) o de mandioca (especie de nabo) valiéndose de simples estacas o rudimentarias azadas para enterrarlos, en cuyas labores trabajan niños y mujeres, ya que los hombres al terminar la tala del bosque alternan la caza con la holganza.

En sabanas y estepas africanas, con escasas lluvias, prospera el mijo, base de la alimentación de personas y animales, impidiendo a la vez la erosión.—(Foto El Correo de la Unesco. Abril de 1975). (fig. 68)

En las sabanas o estepas africanas ya tienen los sudaneses y bantúes una agricultura más diferenciada. El largo período de sequía les permite quemar los restos vegetales de amplias extensiones para abonarlas con sus cenizas, sembrando a azada, antes de la llegada de las lluvias, sorgo, cebada, mijo o maíz, según la abundancia de las lluvias de cada región. También siembran la batata y el llamado arroz de montaña en las zonas más húmedas. Alternando la agricultura con la ganadería, que los hombres se encargan de llevar a tierras lejanas al faltar los pastos con la sequía. Y muy similar era la agricultura de los indios de América central, campos del Orinoco y mesetas del Brasil, fundamentada sobre el cultivo del maíz casi exclusivamente, completando la alimentación la caza y otras especies vegetales silvestres. La llegada de españoles y portugueses introdujo la ganadería y otras plantas para el cultivo.

Pero a medida que estas tierras han sufrido el impacto de la moderna civilización cambiaron de forma de vida, quedando la tradicional agricultura primitiva reducida a pequeñas regiones sin apenas contacto con el mundo exterior. (Fig. 68).

Ya desde el siglo XVI inician los portugueses el comercio de especias tropicales, pimienta, clavo, nuez moscada y canela, trayéndolas a Lisboa desde la India e Insulindia. Pero en el siglo XVII la suplanta Holanda al apoderarse de Insulindia, instalándose también en el Caribe para fomentar las plantaciones de azúcar. Plantaciones azucareras que imitan los españoles en Cuba y los portugueses en Brasil, atrayendo el interés de Inglaterra y Francia que se instalaron en las islas y costas del Caribe para dedicarse a tan fructíferos cultivos, que posteriormente se aumentarían con los de algodón, palo tintoreo de campeche, bananas, etc. Y como las enfermedades y el duro trabajo del cultivo de la caña diezmaba la población india, se inicia la trata de negros, trasladados desde las costas africanas.

El cultivo de la caña y las grandes plantaciones de algodón, desde el siglo XVIII, fomentan la trata de negros, que también se llevan para el trabajo de las minas del interior, no concluyendo hasta mediados del siglo XIX en que se abolió la esclavitud (1868). Así hoy predomina la población negra en las tierras tropicales americanas, estimulando sus necesidades alimentarias los cultivos de maíz, legumbres (frijol o judía negra), arroz, batata, mandioca, bananas, etc. Y desde el siglo XIX la progresiva industrialización de Europa, las necesidades de su incrementada población y la rapidez de comunicaciones, hizo que se mirara a las tierras tropicales y ecuatoriales de Africa como excelentes para instalar plantaciones de productos tropicales. La misma Hispanoamérica inicia entonces la independencia de España ante el estímulo de Inglaterra y Norteamérica que ven en ella campos apropiados donde obtener recursos tropicales y donde colocar los productos elaborados por sus industrias, las más pujantes de entonces.

Las plantaciones de algodón y de azúcar se extendieron así desde el siglo XIX por las tierras húmedas tropicales y ecuatoriales. En el Golfo de Guinea aparecen plantaciones de cacao, café, plátanos, palma de aceite y el mismo hevea productor de caucho. Y hacia los trópicos, en el interior, algodón, cacahuetes, coco, soja, etc. La población, sin las pérdidas de la trata de negros, con mejor higiene y alimentación, ha aumentado mucho, estimulando los cultivos tradicionales de maíz, sorgo, mijo, batatas, mandioca, etc., aumentando también mucho la ganadería en sabanas y estepas. En Insulindia prosperan las plantaciones de algodón y de hevea. Y en América tropical plantaciones de plátanos y café han tenido gran desarrollo juntamente con las tradicionales de algodón y caña de azúcar, que ha fomentado la población y el consumo de productos de su agricultura y ganadería.

La política nacionalista e independiente de las naciones que han aparecido en Africa y Asia ha hecho que las plantaciones de productos comerciales tropicales decaigan, ya que estos monocultivos ponen a las nuevas naciones a merced de las industrializadas, compitiendo entre ellas mismas en precios, no rentables para su industrialización y modernización, exigida para atender a las necesidades de sus poblaciones de alta natalidad. Problema similar al que se plantean las repúblicas hispanoamericanas.

Caso especial de la agricultura de los oasis en los desiertos

Cuando en las áridas regiones de los desiertos surge el agua, con el regadío, se transforman en vergeles, pero a base de un trabajo agotador, contrariamente a lo que cree la gente. (Ver figura 50).

Los pequeños oasis del Sahara van siendo abandonados paulatinamente, ya que sus habitantes, si no quieren que las arenas del desierto los invadan irremisiblemente, tienen que deshacer la labor del viento, trasladando la arena a su lugar de origen, las alturas de los arenales

Un oasis que muere.—(Foto El Correo de la Unesco. Mayo de 1962*).* (fig. 69)

que los rodean, labor de todos los días y de todos los años. También el agua para regar ha de trasvasarse a las tierras de cultivo, pues únicamente las palmeras datileras prosperan sin apenas cuidados. Y en algunos oasis africanos, invadidos por la arena al marcharse sus moradores, quedan como testigo único sobresalientes cabezas de las majestuosas palmeras ya casi totalmente enterradas. (Fig. 69).

La gran Presa de Assuán en el río Nilo, obra cumbre de Nasser para aumentar los regadíos del bajo Egipto y elevar el nivel de vida de sus gentes.—(Foto El Correo de la Unesco. Mayo de 1960*)*. (fig. 70)

Pero hay otras tierras de oasis donde no hay que luchar contra la invasión de las arenas, aunque sí trabajar duramente bajo un sol abrasador para ponerlas en cultivo. Mesopotamia, Egipto, valle del Indo, son oásis en el desierto, origen de nuestra civilización. Las crecidas aportan un limo bienhechor y por primera vez en sus tierras se cultivaron el trigo, la cebada, el algodón, el papiro, plantas hortícolas diversas y se domesticaron los animales que hoy integran nuestras ganaderías.

Desde lo que va de siglo se están produciendo grandes transformaciones en estas zonas, ya que al lado de los tradicionales cultivos para alimentar a su población, se han impuesto plantaciones de algodón, oleaginosas y forrajeras, al aumentar las tierras de regadío también con gigantescos pantanos y grandes canalizaciones. (Fig. 70).

Norteamérica inició estos tipos de explotaciones de lugares desérticos. Con el agua que aportan la construcción de las gigantes presas en el curso del río Colorado puso en regadío extensas zonas de California.

La URSS ha hecho algo parecido en los cursos de los ríos Sir-Daria y Amur-Daria, regando extensas zonas del Turquestán ruso. Además de buscar aguas freáticas de los acuíferos que se extienden por las secas tierras de las cuencas de los mares Negro, Caúcaso y Aral, lo que le ha permitido ser la segunda nación del mundo en la producción de algodón, en alternancia con otros cultivos cerealísticos y hortícolas, con los que atiende a las necesidades de alimentación de una población que se ha industrializado, apareciendo como modelo para los países de climas secos. (Fig. 71).

Millones de kilómetros cuadrados quedan sin posibilidad de utilización en los desiertos, desprovistos totalmente de vegetación como estos acantilados de las cercanías del río Nilo.—(Foto El Correo de la Unesco. Mayo de 1971). (fig. 71)

La vida pesquera

Incluimos en la geografía agraria la forma o modo de vida pesquera, porque la explotación de la fauna acuática va tomando el aspecto de una verdadera ganadería por los cuidados que se toman las naciones para velar por la riqueza pesquera, con tratados internacionales respecto al tonelaje a capturar y respecto a la estrechez de las mallas de las redes de pesca. A la vez que van aumentando las piscifactorías, de peces de agua dulce y de crustáceos y moluscos en las costas marítimas. Previéndose verdaderas repoblaciones artificiales de las especies oceánicas más rentables, a la vez que se favorecerá su hábitat ordinario de desarrollo.

A esto hay que añadir las recolecciones de algas marinas que cada día se miran como una verdadera cosecha en los mares, pudiendo hacerse siembra de las mismas al igual que sembramos en la tierra.

Si los pueblos primitivos depredadores tuvieron como una forma de subsistencia la pesca, en ríos y costas marítimas, hoy la vida pesquera se ha tecnificado en la mayoría de las naciones, aunque todavía queden gentes que utilizan procedimientos de pesca poco evolucionados, con redes y embarcaciones primitivas, en especial en albuferas, deltas y costas de mares tropicales donde viven los pueblos menos desarrollados.

En el mar se distinguen la pesca de bajura y la de altura. La primera realizada en las cercanías de las costas con pequeñas embarcaciones a motor, que suelen salir al atardecer para apovechar las noches faenando, pues entonces los peces se acercan más a la superficie acuática más iluminada que las profundidades.

La pesca de altura utiliza barcos de más tonelaje. Hoy hay modernísimos barcos factoría de gran calado, que se detienen durante semanas y meses en las aguas extraterritoriales de las mejores zonas pesqueras del mundo hasta que completan su carga. Disponen de una verdadera flotilla de embarcaciones para pescar y al tiempo van congelando lo pescado, ya limpio, aprovechando los desperdicios para la fabricación de harinas de pescado para piensos.

Este tipo de pesca de altura y bajura está muy tecnificada, con útiles muy diversos. Palangre de anzuelos múltiples, redes de fibras sintéticas, focos luminosos, arpones de lanzadera para los cetáceos, y hasta el radar para detectar los bancos de peces.

También se siguen los tradicionales métodos de conserva en salazón, secado al aire, al sol y en conservas de latas, en aceite y vinagre. Apareciendo más modernamente el sistema de frigoríficos para la buena comercialización del consumo. De manera que la actividad pesquera es en sí misma una industria, que estimula a otras industrias que la surten de cuantos enseres necesita, dando trabajo a miles de operarios en todos los países del mundo.

Las técnicas pesqueras se han desarrollado en Europa, pero los pueblos orientales se han distinguido por su ingenio para la crianza de peces en piscifactorías, de agua dulce y salada, constituyendo para el futuro una de las soluciones de alimentación de una población en continuo crecimiento.

CAPITULO IX

GEOGRAFIA DE LA INDUSTRIA Y DE LAS COMUNICACIONES

De la industria doméstica y artesanal a la industria fabril

Las sociedades primitivas apenas tenían industrias. Vestían con pieles de animales rudamente elaboradas para abrigarse y se defendían de la intemperie en cuevas naturales o construyendo sencillos cobijos con los materiales que fácil y abundantemente les brindaba la naturaleza.

Las primeras sociedades organizadas aparecen en Egipto y Mesopotamia, en el Neolítico, imitadas por las culturas del Mediterráneo, cretenses, fenicios, griegos y romanos. Las necesidades familiares de vestido, calzado, cobijo, útiles de trabajo, objetos de ocio, alimentos transformados, etc., son satisfechas en el mismo hogar, donde todos trabajan para su elaboración. Es una industria doméstica, autárquica, que todo lo elabora por sí misma y que en las familias más ricas queda en manos del cotidiano trabajo de los esclavos.

Pero la misma organización de la sociedad impone la separación de funciones, en las diversas actividades de constructor, guerrero, comerciante, recaudador de tributos, sacerdote, agricultor propiamente dicho, etc. Pronto aparece una economía dineraria frente a la tradicional economía de trueque o cambio de productos y pago de tributos en especie, facilitando las relaciones comerciales y las acumulaciones de capital. Así aparece también la función del industrial, o artesano que se especializa en la fabricación de armas, herramientas, vestidos, calzados, etc., tipo de industria propio de una sociedad organizada que requiere un pequeño taller donde trabajar el operario y sus ayudantes o aprendices, propia ya de la existencia de la urbe o ciudad, llamándose industria artesanal para diferenciarla de la industria familiar, doméstica, propia de las gentes agropecuarias que viven más alejadas de la civilización, de la vida de las ciudades, a las cuales acuden de tiempo en tiempo para vender sus excedentes de producción y comprar algunos útiles de trabajo, vestidos de lujo, etc. Cuanto más progrese la administración y la organización social menor será el número de familias de economía autárquica, al sentirse incorporados al mundo de la economía dineraria e intensificar la producción agropecuaria que les eleve el nivel de vida y por tanto de venta y compra.

La economía artesanal era pues más floreciente cuanto más racionalmente funcionase la administración que permitía la paz y los intercambios entre pueblos y naciones, en beneficio de todos y aumento de la actividad en las ciudades. Allí surgían múltiples talleres de artesanos, bien de ciudadanos libres, bien integrados por esclavos al mando de un capataz quien representaba al dueño o señor.

Las invasiones bárbaras que acabaron con el Imperio Romano, seguidas después del feudalismo, supusieron un retroceso en la vida industrial del mundo mediterráneo, que apenas se conservó en algún lugar fuera de ciertos conventos religiosos, desapareciendo también, casi totalmente, la esclavitud, sustituida por la servidumbre feudal.

El feudalismo será superado precisamente por la aparición de una clase de hombres libres, los burgueses o habitantes de un burgo o pequeña ciudad, donde reaparecen los oficios industriales de zapateros, tejedores, sastres, carreteros, herreros, etc. Estos burgos están defendidos de los ataques de los señores feudales y de los simples bandoleros por la existencia de murallas, práctica que se desarrolló también hacia el final del Imperio Romano, en que las ciudades construían sus murallas para defenderse de los repentinos ataques de los bárbaros invasores.

Las ciudades o burgos medievales tienen poco espacio amurallado teniendo que apretujar sus casas en estrechas calles y elevarlas en varios pisos. En cada calle solían vivir todas las gentes del mismo oficio o profesión, conservándose aún en muchas de las ciudades de raigambre histórica los nombres de calles de herreros, peleteros, zapateros, carniceros, etc. Y todos los miembros de un mismo oficio formaban gremio, o sociedad de defensa de sus mutuos intereses, controlando la calidad de la producción y evitando que aumentase el número de operarios haciéndose desleal competencia en el mercado. Cada operario que tenía taller propio era un maestro, quien podía dar trabajo a otros operarios, llamados oficiales, bien en el taller, bien llevándose el oficial el trabajo para su propio hogar. Los que querían aprender un oficio eran ayudantes denominados por ello aprendices. El mismo gremio se encargaba del ascenso o promoción para pasar de aprendiz a oficial y de oficial a maestro, verificando diversas pruebas o exámenes.

Los gremios artesanales medievales resolvían así el problema de la competencia y exceso de producción, fijando precios uniformes a los productos, e incluso interviniendo en los problemas de la vida social ordinaria al velar por las necesidades de los trabajadores y sus familiares cuando sufrían enfermedad o muerte. Aunque en la realidad eran manejados por unas cuantas familias que los administraban a su capricho.

Esta organización del trabajo medievalista no podrá defenderse frente a la aparición de la técnica en Europa. La máquina produce mucho más barato, por su rendimientos mucho mayores con disminución de la mano de obra. En la lucha entre los gremios con su organización socio-económica y los empresarios innovadores del trabajo con máquinas, audaces, que con sus riquezas influencian en los poderes públicos, terminarán perdiendo los primeros, máxime si en los mismos gremios muchos maestros prefieren modernizar su taller transformándolo en fábrica.

Desde el siglo XVI florece la industria de la imprenta con máquinas nuevas que apenas tienen que ver con la problemática del taller de artesanado manual. Igual sucedía con las hilaturas y los tejidos mecánicos que venían floreciendo desde tiempos atrás, o con las técnicas mineras ante la mayor demanda de oro y otros metales. Los gremios artesanales no pueden controlar los contratos de trabajadores no especializados, menos la producción de las diversas fábricas, ni su comercio en las grandes ferias regionales, ni el comercio de exportaciones o los contratos que se verificaban en las grandes ferias de carácter internacional como las de la Champaña, Borgoña, Lión, Milán, Medina del Campo, etc. donde acuden empresarios de otros países y cambistas o banqueros para favorecer las transacciones.

A esta economía comercial entre ciudades y naciones se la ha denominado mercantilismo, acumulando capitales ciertas familias, algunas de fama internacional e histórica como los banqueros alemanes Welser y Fuger; las italianas de Médicis, Spínolas y Colonnas; la francesa de Jacques Coeur, etc., todas ellas de la época renacentista. Apareciendo también numerosas familias de judíos cambistas y prestamistas en cuyas manos estaba gran parte de este oficio, porque se consideraba deshonroso el cobro de intereses entre los cristianos. Frente a los gremios se alzan pues también la organización de las finanzas, que hacen aparecer verdaderos bancos desde el medievo, manejados por inteligentes empresarios, que llegan a prestar a los mismos poderosos monarcas nacionales en las épocas de apuros en sus economías y en los períodos de conflictos bélicos.

La aparición de las nacionalidades en España, Francia, Inglaterra, etc., estimula la concentración de capitales, el comercio internacional, el consumismo y la creación de más grandes empresas para atenderlo, favorecidas por el descubrimiento de América, al aportar grandes cantidades de oro para monetalizar y abrir inmensas posibilidades comerciales, a las que se oponen las trabas que representaban en la organización del trabajo la anticuada organización gremial con sus leyes.

El mercantilismo, incipiente en las ferias y mercados de finales del medievo, progresa sin cesar. Las grandes empresas comerciales estimulan la producción. En las ciudades y pueblos diversos se concentran gentes atraidas del campo para trabajar en los talleres ampliados. Los cambistas o banqueros animan con sus préstamos a la creación de nuevas empresas, de tejidos, ferrerías, etc., ante la continua demanda de productos. Las leyes gremiales son burladas por todos ellos y el mercantilismo se impone, pues ya desde el siglo XVII aparecen en Holanda e Inglaterra poderosos Bancos y surgen allí también las primeras Compañías comerciales por acciones, atrayendo el capital de los ahorradores. Así se ponen en marcha las Compañías de las Indias orientales holandesa y la de las Indias occidentales inglesa para comerciar con ultramar. Y el mismo Colbert, ministro de Luis XIV, crea talleres fabriles dirigidos por el Estado, pretendiendo aumentar la producción y riqueza nacional para comerciar en mayor escala. Así se forja la industria fabril frente a la industria artesanal en la llamada economía mercantilista, de mercado o comercio.

La precoz industrialización inglesa en el siglo XVIII

En el siglo XVIII inciden en Inglaterra una serie de circunstancias de carácter político, socioeconómico y técnicas que permiten allí la eclosión de la industria moderna.

Políticamente el parlamentarismo que impusiese Cromwell en 1648 no podrá ser sojuzgado por la restaurada monarquía de los Stuardo. Rigen desde entonces los destinos del país la emprendedora clase burguesa y la inquieta nobleza enriquecida, a través de sus representantes en la Cámara de los Comunes. Y siguiendo las directrices del Acta de Navegación, que también promulgase Cromwell, favorecieron el comercio de los productos ingleses o por ellos transportados, para los cuales buscan mercados exteriores y forjan un imperio colonial al ocupar tierras en todos los continentes, la futura Commonwealth (común comercio o riqueza), enriqueciendo por supuesto a esta burguesía y nobleza de gobernantes, que atesoraron capitales para montar fábricas y agrandar sus fincas (enclosures), arruinando a los labradores pobres que no pueden competir y marchan a las ciudades a ofrecer su trabajo en las fábricas que se abren continuamente.

Técnicamente en el siglo XVIII se complementan una serie de inventos. El carbón mineral, abundantísimo en el subsuelo inglés, es utilizado como combustible industrial, sustituyendo en las ferrerías al carbón vegetal que surtían los bosques, bastante esquilmados por entonces. Se inventa la máquina de hilar que surte de suficientes hilados a las máquinas de tejer. Se inventa la bomba de agua y de aire, para achicar el agua de las minas e insuflar aire en las galerías. Y además se inventa la máquina de vapor de Watt, que alimentada por carbón mineral moverá a las otras máquinas, la de hilar, la de tejer, las bombas de agua y las bombas de aire. Añadiendo a esto la obra de la burguesía y nobleza en el campo al mejorar las especies vegetales y animales con inteligentes cuidados selectivos, que, con la utilización de abonos en los sembrados, harán mucho más fructífera la tierra para alimentar una población que se acumula en las ciudades.

La comercialización de los productos ingleses se vio favorecida también por el pensamiento económico del siglo XVIII, que consideraba que la naturaleza (productora de vegetales, animales y minerales) debería imponer sus reglas, libremente, a las relaciones entre las gentes de las diversas regiones entre sí. Es el famoso aserto del «Laissez faire» de la llamada escuela económica fisiocrática, que pretendía acabar con las trabas que las leyes gremiales entorpecían a la libre empresa.

Desde mediados del siglo XVIII estas doctrinas desembocarían en el llamado librecambismo, que considera a las naciones como empresas, capaces de concurrir libremente a los mercados mundiales, presentando los productos propios de su especialidad, según clima, recursos minerales, desarrollo industrial, etc. Es decir, que la industria inglesa podía concurrir libremente, sin impedimentos aduaneros, a los mercados del mundo entero, sin rivales por las concidiones de calidad y baratura alcanzada en sus productos industriales a causa del adelanto técnico conseguido. Estas doctrinas del librecambismo consideraban que estimularía la productividad en el mundo entero, pues cada país aportaría al mercado los productos típicos, ya agropecuarios o fabriles, contra los que no competirían las naciones no especializadas en dichas producciones particulares. Su máximo divulgador fue Adams Smit (muerto en 1790) con su obra «La riqueza de las naciones».

Desde entonces la ideología del librecambismo y las técnicas industriales inglesas son imitadas en el mundo entero. El mismo Napoleón, siguiendo el lema de la Revolución Francesa de igualdad, libertad y fraternidad, fue su propagador por Europa (aunque enemigo de Inglaterra) desde el Báltico al Mediterráneo, difundiéndose por el mundo entero la aceptación de la libertad comercial.

Expansión industrial en el siglo XIX

Durante todo el siglo XIX Inglaterra siguió a la cabeza de las naciones industrializadas. El librecambismo le abría todos los mercados del mundo para vender su gran producción de paños de lana, tejidos de algodón, herramientas diversas, máquinas de tejer, de hilar, hierro e incluso carbón, ya que muchas naciones lo necesitan para su incipiente industria.

La aplicación de la máquina de vapor en los barcos, el invento de la locomotora y la expansión del ferrocarril desde mediados del siglo, dieron un impulso gigantesco a la industrialización mundial, aumentando el volumen de las transacciones al aumentar la rapidez de las comunicaciones y al poder penetrar en las tierras interiores de todos los continentes, para explotar y transportar sus riquezas, estimulando a su vez la producción de hierro, acero y carbón para alimentar y construir tantas máquinas. De tal modo que la Historia considera desde mediados del siglo XIX como una segunda revolución industrial.

En el siglo XIX fue rápida la industrialización de aquellas naciones que poseían carbón mineral y mano de obra artesanal, pues pudieron cambiar los gremios con producción de subsistencia en grandes fábricas de comercialización, de hilados, tejidos, metales y máquinas en general, a partir de modernos altos hornos. Cambios que exigieron concentración de capital, por lo que florecen también los bancos y las empresas por acciones cotizadas en Bolsa.

A principios del siglo XIX Inglaterra tenía más industria que el resto de las naciones del mundo juntas. Su Banca y su Bolsa marcaban la marcha de la economía del mundo, ya que controlaban la comercialización de todas las materias primas, como la lana, el algodón, los metales, los cereales, etc., además de ser prestamista para las empresas de nueva creación en las naciones que se incorporaban, con su industrialización, al mundo de los negocios. En Londres se controlaban las más grandes empresas y las actividades comerciales realizadas en todo el mundo.

Pero a finales del siglo XIX, aunque Inglaterra sigue en cabeza como nación más industrializada y su marina es la mayor del mundo, cuenta con rivales poderosos: Norteamérica, Francia y Alemania, seguidas a mayor distancia por Bélgica, Holanda o Italia, pero ya inician su industrialización Rusia y el Japón, dos colosos en el futuro.

La instalación de vías férreas, modernización de puertos, canales, caminos, minas, etc., exigen concentración de capitales, pero son estímulos a la misma industrialización por sus demandas voluminosas. Las bolsas de Nueva York, París y Berlín comienzan a hacer sombra a la de Londres. Las rivalidades comerciales hacen que se revisen los postulados del librecambismo, imponiendo trabas aduaneras y protecciones para defender los mercados interiores y coloniales, al tiempo que para abrir los mercados exteriores. Precisamente para asegurarse mercados propios se colonizan las tierras africanas, marcando en el mundo tácitas zonas mundiales de preponderancia e influjo económico. Ya desde principios del siglo el presidente norteamericano Monroe había dado la alarma al declarar, frente a España y Europa, que América debería ser para los americanos, es decir, las jóvenes naciones hispanoamericanas que se independizaban entonces eran miradas como campo de expansión preferente de Norteamérica, en competencia con Inglaterra desde entonces.

Pero todavía los norteamericanos tenían ante sí su propio mercado nacional al que abastecer y forjaban las grandes empresas industriales, por concentración de capitales, en todas las ramas de la producción, base de su futuro colosal poderío. La región de los Apalaches le surtía de carbón, hierro y otros minerales. Pitburo, en Pensilvania, es la ciudad del acero y las industrias mecánicas y textiles se entienden por la fachada atlántica en Filadelfia, Baltimore, New York, etc.

En Holanda, Bélgica y Francia que contaban con antiquísima tradición artesanal, les fue fácil incorporarse al movimiento industrial, concentrando capitales para las explotaciones de su hulla, hierro y metales diversos. La privilegiada situación de los puertos belgas y holandeses, Amberes, Ostende, Amsterdan, Roterdam, etc., facilitan su comercio y las importaciones de algodón, lana y minerales para surtir a las numerosas industrias que establecen, extendiéndose por todo el país a causa de la existencia de dispersas ciudades con artesanado tradicional competente. Igualmente les sudece a los puertos franceses de Nantes, Brest, El Havre, Calais, etc., pero en esta nación las industrias se extienden principalmente por el Norte, desde Calais hasta el alto Rin, pasando por las Ardenas, Mosela, Lorena, Alsacia, los Vosgos, etc., ya que aquí están sus principales yacimientos de hierro y carbón, coincidiendo también con tradición artesanal, de tal modo que, todavía hoy, las tres cuartas partes de los altos hornos de la nación se encuentran en la Lorena por la riqueza de sus yacimientos de hierro. Industrializándose la cuenca de París y la del Ródano en Lión-Saint Etienne con industrias metálicas, mecánicas y textiles, en Lión sobre la base de su tradición de los tejidos de seda.

En Alemania la industrialización se extendió por todas sus ciudades de tradición artesanal, pero principalmente por los puertos de Hamburgo y Brema, vías de acceso al interior, y por la cuenca del Rin, donde a la tradición artesanal une la existencia de riquísimos yacimientos de carbón de hulla. La unificación de Alemania en 1870 y la protección que Bismark concedió a la industria, atrayendo obreros con las leyes sociales más adelantadas de su tiempo, explican el gigantismo que pronto alcanzó la economía alemana. La industrialización se fundamentó especialmente en el carbón de la cuenca del Ruhr-Lipe, afluentes del Rin, (ciudades de Bochum, Dormunt, Wupertal, Essen, Dusseldorf, Gelsenkirchen, etc.), teniendo que importar materias primas de algodón, lana y minerales diversos. Precisamente la guerra francoprusiana de 1870 tuvo como objetivo preferente apropiarse de los ricos yacimientos de hierro de la Lorena. Desde entonces, por la tecnificación racional de sus empresas y por la organización comercial, alcanza elevados índices de productividad, que le permite presentarse como competidora frente a Inglaterra y ha de buscar instalarse como nación colonizadora en Africa. Esta rivalidad comercial será una de las causas fundamentales de la guerra europea de 1914.

En cambio las demás naciones europeas apenas si inician la industrialización. Italia por carecer de combustibles y minerales ha de intensificar la industria textil y de maquinaria en el valle del Po (Turín, Milán) comprando carbón para energía. Posteriormente contará con la abundante energía hidroeléctrica de los Alpes. En España aparece la industria del hierro muy pronto en Vizcaya y la textil y mecánica en Cataluña. Aquí en 1848 funciona el primer ferrocarril español de Mataró a Barcelona. En Rusia las principales industrias aparecen en San Peterburgo, Moscú y Kiev. Se instala una red ferroviaria, pero los inmensos recursos de su amplio territorio no pueden ser explotados por su escasa burguesía, en contraposición con una retrasada población rural en régimen servil hasta 1868, por lo que acude capital extranjero a su desarrollo. Por fin el Japón imitará ciegamente la industria de occidente y desde su revolución pacífica de 1868, poniendo las familias feudales (Mitsui, Yasuda, etc.) su capital al servicio del progreso. Contratan numerosos técnicos europeos al tiempo que envían lo mejor de su juventud a estudiar en las mejores universidades del mundo. Atención por la enseñanza que les hará pronto destacar en la técnica, consiguiendo tal progreso industrial que se pone de manifiesto en la guerra con la Rusia zarista a la que vence en 1904. Ya entonces sus núcleos más industrializados se concentran en Osaka, Kobe, Yokoama y Tokio sede de la industria mecánica preferentemente; la siderúrgica en Yawata (Kiusiu) y Wanisi (Yeso) y la textil en Tokio y, en general, distribuida por toda la nación al dispersarse los saltos de agua que la surten de energía.

Problemas de la industrialización mundial en el siglo XX

A principios del siglo XX los países industriales habían llegado a un alto grado de desarrollo, con buenos puertos, ferrocarriles, altos hornos, talleres mecánicos, etc. La expansión de su influjo abarcaba a todos los países del mundo y la nueva fuente de energía del petróleo, tanto para el recién inventado motor de explosión, como para energía termoeléctrica o para la industria petroquímica, prometían un futuro esperanzador. Pero el ansia de obtención de la máxima ganancia en la comercialización de los diversos productos elaborados, en perjuicio de la retribución de las masas que intervenían en el trabajo, así como la rivalidad por asegurarse la adquisición de materias primas y la conquista de mercados en una economía de librecambio, las arrastró al primer conflicto bélico de carácter universal, aunque se conozca con el nombre de guerra europea de 1914-18.

Las naciones europeas se destrozaron, pareciendo que iba a sucumbir todo el sistema socioeconómico que le servía de base. En las colonias de ultramar aparecen los primeros intentos independistas. En Rusia triunfan los bolcheviques comunistas dirigidos por Lenin, aunque se sofocase similar intento de revolución en Alemania y Hungría. Norteamérica se alzó con la hegemonía económica del mundo, que detenta desde entonces, saliendo acreedor de las arruinadas naciones de Europa occidental y extendiendo su comercio por cuantas tierras de las naciones sudamericanas o de las colonias europeas le venía en gana. Algunas colonias de la Commonwealth tal como Canadá, Sudáfrica, Australia y la India fortalecen entonces su joven industria, mejorando su autonomía. Y el Japón aparecía como amenazante competidor en el Pacífico, mientras que China trataba de despertar de su largo letargo social.

Pero el poder de la técnica era tan poderoso que pronto todas las naciones volvían a prosperar, llenándolas de optimismo porque también las clases trabajadoras se beneficiaban de mejores condiciones económicas e incipientes seguros sociales. Falsos progresos hijos del falso planteamiento de la economía de mercado, que necesariamente tiene que desembocar en suicidas competencias que llevan a las crisis, por mirar exclusivamente a las ganancias generadas por una producción exhaustiva, sin valorar la realidad de la sociedad consumidora y sus auténticas necesidades de orden material y espiritual.

En Norteamérica la aplicación de potentes máquinas en la agricultura, la producción industrial en cadena, los estímulos a la productividad de los trabajadores, la racional división del trabajo (estudios de Taylor o tailorismo), aplicada desde principio de siglo por grandes empresas como la Ford, y la comercialización racional para las ventas, llevaron a una concentración industrial empresarial y regional sin precedentes, con buenos salarios para los trabajadores y fabulosas ganancias a los accionistas y empresarios. Las altas cotizaciones en Bolsa, por especulación financiera, crean un valor irreal de las acciones, un valor tan alto que es un dinero que no existe como capital real de la empresa a que representa y que, por tanto, ha de beneficiarse con menos intereses auténticos. Como se puso de manifiesto cuando el exceso de producción no pudo ser absorvido por la masa consumidora, originando los primeros stocks, los cierres parciales por secciones y con ellos el desempleo, incrementando el ya existente por despidos ante la aparición de máquinas superespecializadas.

La falta de consumidores para los enormes excedentes de producción hace que aparezca la crisis, las acciones pierden entonces valor, arruinando a muchos inversores, que también dejan de consumir y el círculo se completa con nuevos cierres de las empresas peor financiadas o que viven del crédito y no pueden pagar los vencimientos de los intereses. Es el caos de la Bolsa y de la Banca de Nueva York, la bancarrota del año 1929 que afectó a toda la economía norteamericana y que se propagó inmediatamente a Europa, montada sobre los mismos principios y porque dependía en gran parte de los créditos norteamericanos desde la guerra del 14, en especial Alemania, que restañaba su destruida industria con préstamos más cuantiosos.

Para superar la crisis hubo de intervenir el Estado, resucitando la industria americana, por obra del presidente Rooselveth, al fomentar cuantiosos gastos para la infraestructura del país, al proteger y absorber la misma producción de la industria, exigiendo como contrapartida seguridades sociales para los trabajadores, e interviniendo en la fiscalización de los grandes trusts, aunque estos burlan cuanto pueden los controles a que les someten, pues la misma crisis les fortalece absorbiendo las empresas poco poderosas y creando áreas territoriales de especialidad industrial. Y, en efecto, salen de la crisis más fortalecidas las ya tradicionales regiones industriales del país. Pensilvania y la ruta de los grandes lagos, hasta sus gigantes minas de hierro de Masebi, concentran la más poderosa industria siderúrgica jamás conocida, con altos hornos en Pitburgo, Cleveland, Detroit, Búfalo, etc., extendiéndose hasta las minas de carbón y hierro de los Apalaches con el foco industrial de Birminghan. Las industrias mecánicas y textiles siguen en la fachada atlántica con ciudades millonarias como Filadelfia, Boston, Baltimore, Nueva York, Richmon, Norfolk, etc. Industrias cárnicas, harineras, mecánicas, etc., por el S.O. de los grandes lagos en Kansas City, Saint Louis, Gary, Chicago, etc. En California industrias mecánicas, textiles, alimenticias y aparece la petroquímica, con centro en Los Angeles, San Francisco, Sacramento, etc.

También en Europa se fue superando la crisis con una mayor intervención estatal y mejoras sociales a las descontentas masas trabajadoras que sufrieron más duramente las consecuencias del paro. Pero en Italia y Alemania los trust y la acomodada burguesía, por temor a un triunfo del comunismo, ante unas masas que exigían reformas y seguridades sociales acuciadas por la miseria, favorecieron la aparición del fascismo de Musolini y el nacismo de Hitler repectivamente.

Los regímenes fascistas fomentaron la industrialización por el trabajo constante de sus trabajadores, disciplinados y enfervorizados por patrióticas ideologías, evitando que formen partidos políticos socializantes que les enfrenten con las empresas en sus demandas de mejoras.

Pronto la industria alemana satura su propio mercado de no mucha capacidad de consumo y como tiene que importar, para su fuerte industria resucitada (materias primas textiles, minerales e incluso alimentos), ha de compensarse con una fuerte exportación. Pero le resultaba muy difícil encontrar mercados y chocaba con la fuerte competencia de las otras naciones exportadoras también. Desde entonces Hitler se lanza a la preparación para conquistar sus propios mercados por la fuerza, la búsqueda del que llama espacio vital para la raza germana, poniendo la colosal industria alemana al servicio del rearme, que además le absorbe toda la mano de obra por trabajar todas las empresas a pleno rendimiento. La euforia patriótica y racista encuentra cooperación en Italia y el Japón en Oriente, en especial esta nación asiática que sufría también la presión de una industria que necesitaba exportar para compensar sus importaciones de materias primas, poseyendo una mano de obra disciplinada, frugal, sin seguridades sociales y con la jornada laboral más larga del mundo del trabajo. El rearme solucionaba sus problemas momentáneos, fomentando el patriotismo que los justificase y soñando con una expansión territorial por tierras de la URSS, hacia donde también se dirigían las miradas hitlerianas. Así se forma el eje Berlín, Roma, Tokio, anticomunista y anticapitalista, con gran aparato militar y propagandístico. Y precisamente para defenderse de estas amenazas la URSS precipitará su equipamiento bélico y la forzará por el camino de la industrialización staliniana.

Este ambiente de presión bélica, de competencia de mercados, forzará las alianzas que desembocarían en la cruel guerra mundial de los años 1939-45.

Nuevamente Europa queda arruinada tras una guerra mundial pavorosa, donde se puso de manifiesto la capacidad técnica de nuestra civilización, pero por desgracia aplicada a la destrucción en lugar de dedicarse a salvar las tareas de la humanidad.

Regímenes comunistas tutelados por la URSS victoriosa se afianzaron en Europa oriental. La casi totalidad de la industria de la URSS sufrió en cambio el zarpazo destructor del nacismo, que llegó a ocupar gran parte de su territorio. Norteamérica por el contrario vio estimulada su economía al abrigo de la industria bélica logrando índices de productividad jamás antes alcanzados en todos los sectores, agropecuario, minero, energético, mecánico, etc.

Otra vez Estados Unidos sale acreedora de las naciones de Europa occidental, en beneficio y para superviviencia de su propio comercio, concediendo préstamos financieros y ayudas económicas en mercancías por medio del llamado Plan Marshall. Los excedentes de capitales estadounidenses encuentran también colocación participando en las sociedades anónimas europeas que tratan de sobrevivir al caos, verdaderas filiales así de los intereses de la potentísima nación americana que por medio de estas empresas multinacionales pretende el dominio económico del mundo, meta que codiciaba desde la crisis del 29. Parece que su objetivo consistirá en ser proveedora de mercancías elaboradas para todo el mundo, acaparando cuantas materias primas necesite su superindustria, interviniendo en las demás regiones industriales con capital, que crea filiales al comprar acciones de las industrias foráneas, cuya gerencia controla, siendo el dólar la moneda de uso internacional equiparada al valor del oro que comparte.

Desde la década del 60 las naciones europeas exigen participar en el concierto mundial al poseer una industria modernizada y poderosa. Desde el Tratado de Roma de 1957 están decididas a formar una sola unidad económica y social en el llamado Mercado Común. Su comercio exterior es el más voluminoso del mundo y no deja de crecer, en competencia con EEUU y el Japón, también modernizada su industria postbélica. Estas naciones de libre empresa, capitalistas, extienden sus tentáculos por el mundo entero y hasta establecen relaciones comerciales con las naciones de regímenes comunistas. Pero el exceso de producción, la inflación provocada en el dólar, que se extiende a las demás monedas, y la presión de los países productores de materias primas, en especial los poseedores de petróleo, que acumulan masas de divisas, los petrodólares, provocan la crisis, el empobrecimiento de las naciones de escasos recursos y la amenaza del agotamiento de las materias primas.

En el mundo comunista la URSS, sin crisis económica, por ahora, aparece como coloso similar a EEUU, que no ha cesado de industrializarse desde la última guerra. Sus planes quinquenales exigen la participación entusiasta de los trabajadores en la producción, con buena organización del trabajo y múltiples centros de estudio para promocionarlos. Las exigencias de la guerra aceleraron la industrialización de las tierras orientales sugiendo los complejos de los Urales (Perm, Sverdlovsk, Cheliabinsk, Magnitogorki, etc.), del Altai sobre la cuenca hullera de Kuzbass (Novosibirsk, Novokuznetsk, Toms, Barnaul, Rubtsovsk, etc.), del lago Baikal (Irkutsk, Chita, Bratsk, etc.) y el del extremo oriental (Jabarovsk, Komsomolsk, Vladivostok, etc.). Restaurando también los tradicionales complejos de la Rusia europea que fuesen básicos para su primitiva industrialización tras la revolución comunista, en la zona de Moscú (Jaroslavk, Gorki, Tula, Kuluga, Riazán, etc.) en la zona de Leningrado, en la zona de Ukrania, en la del Donbass, etc., con total reconstrucción de la ciudad de Volgogrado (antigua Stalingrado), símbolo de la fe en el progreso y la continuidad del empuje comunista.

La China comunista de Mao también se ha industrializado. El tenaz esfuerzo realizado a partir de un campesinado sin experiencia y numerosísimo la presenta como ejemplo ante el mundo del subdesarrollo, en competencia proselitista con el comunismo ruso.

Panorámica del mundo actual

Múltiples son los problemas derivados de la industrialización, con nuevas formas de vida de adaptación a las técnicas, que surgiesen en Europa occidental desde el resurgir científico del Renacimiento.

En lo político es innegable que la hegemonia del mundo se la reparten entre EEUU y la URSS. En los momentos de decisiones poco han contado la superpoblada China, ni la industrializada Europa, Japón, Australia, etc. Pero al menos se cuenta con una especie de Parlamento mundial en la Organización de Naciones, la ONU, que en el futuro pudiera ser eficaz instrumento de gobierno y concordia.

En el orden económico, prácticamente no ha variado el panorama industrial del siglo pasado, excepción de la gran industrialización de la URSS y la que está consiguiendo China. Las demás naciones han acrecentado su industria concentrándola en grandes empresas, por lo general en las zonas donde se disponía de carbón abundante, beneficiándose las zonas portuarias también por la facilidad de aportar materias primas y petróleo. Además la producción de los países industrializados ha alcanzado índices nunca soñados. Piénsese, como ejemplo, que Inglaterra, primera potencia mundial a finales del siglo XIX, no llegaba entonces a producir 20 millones de Tm. entre hierro y acero juntos. Cuando en la actualidad Francia o Alemania producen más de 20 millones de Tm. solamente en hierro o en acero. Y en la URSS o en EEUU, de cada uno de estos metales producen más de los 100 millones de Tm. Pasando algo parecido con el resto de la producción industrial, minera y agropecuaria, debido a la intensa mecanización, que ha hecho despoblar el campo y concentrarse la población en ciudades con buenos transportes y creciente parque automovilístico.

A finales de siglo Inglaterra tenía ya solamente el 10 % de la población en el campo, a causa de su fuerte industrialización, mientras que las demás naciones tenían del 50 % al 70 % de la población en el campo. Actualmente solamente los países subdesarrollados tienen estos elevados porcentajes de población rural, pues en los industrializados han disminuido enormemente. Inglaterra solamente tiene un 8 % de población rural, EEUU un 6 %, Alemania un 12 %, Francia un 16 %, España un 23 %, etc.

Por ello más de las tres cuartas partes de la energía mecánica consumida en el mundo corresponde a los países industrializados, EEUU, Japón y Europa occidental. De hecho absorben la mayor parte de la energía producida en el mundo, a excepción de los países comunistas. Analizadas las estadísticas de producción y consumo, como por ejemplo las del Anuario Agostini, podemos comprobarlo con facilidad, resultando, con mucha diferencia, que Norteamérica es la primera productora y consumidora. Con el 6 % de la población mundial consume más de un tercio de la riqueza obtenida en el planeta.

Astilleros de la empresa Euskalduna en la ría bilbaína. Unos kilómetros más hacia el mar se encuentran los Altos Hornos, que le surten del hierro necesario. Ambas márgenes del Nervión son asiento de industrias siderúrgicas. (fig. 72)

Los gastos de armamento perjudican el desarrollo cultural.—(Foto El Correo de la Unesco. Noviembre de 1975). (fig. 73)

Consecuencia de este consumo de energía por las naciones industrializadas es el alto nivel de vida, jamás antes en ellas alcanzado, con más de 2.000 dólares anuales per cápita en Europa y más de 4.000 dólares en Norteamérica, Canadá y Australia. Pero en cambio, los países subdesarrollados apenas alcanzan los 200 dólares per cápita.

Otra consecuencia de tales índices de producción es la trágica realidad de que la riqueza del planeta es limitada. La angustia es cada día mayor ante la disminución irreparable de reservas de materias primas y de energía. Pero además tal derroche de recursos ha acarreado los graves problemas de contaminación que amenaza la vida del futuro. Triste herencia para las nuevas generaciones, con escasez de agua potable, contaminación de los ríos, de la atmósfera y aun de los océanos, que deberán ser las fuentes de riqueza del futuro.

En el orden social y cultural las repercusiones de la industrialización han sido sorprendentes también. Las crisis económicas y las destructoras guerras aglutinaron a las masas de trabajadores que se sentían explotadas. Las corrientes socializantes en Europa y todo el Occidente y la eclosión de regímenes comunistas en China, la URSS, Europa oriental y otras naciones, han despertado la conciencia del mundo del trabajo, donde la propaganda y el proselitismo se vieron favorecidas por la rapidez de la transmisión de ideas, por periódicos, revistas, libros, radio, televisión y cine. Los partidos socializantes alcanzaron para sus afiliados altos niveles de vida y mejoras sociales. Amplísimos sectores del mundo trabajador se han aburguesado, tanto en Occidente como en la URSS.

Es cierto que en el mundo solamente un tercio de su población vive en condiciones decorosas sociales y culturales, en contraste con los dos tercios restantes que sufren de la pobreza y el analfabetismo. Pero el despertar de las gentes es general en sus exigencias de mejora del nivel de vida. Los gobernantes de todas las naciones del mundo toman conciencia de que la Humanidad tiene problemas comunes a resolver. Surgen alianzas y bloques económicos entre países desarrollados y subdesarrollados. Hay congresos mundiales donde acuden los representantes de las naciones para tratar de los graves problemas de la natalidad en el mundo, de la educación, de los sistemas de pagos, del consumo de energía, de la distribución de las materias primas, etc. Por todas partes se reclama una mejora de la calidad de vida y se va tomando conciencia del respeto de las mutuas particularidades nacionales en todos los órdenes de la vida socio-cultural y política. Las protestas se generalizan contra la intolerancia, las discriminaciones racistas y los abusos de poder. A pesar de las injusticias que puedan existir en lo político, socioeconómico y cultural, nunca fue mayor y más generalizado el clamor por el triunfo de la justicia y la libertad. (Fig. 73).

Medios de comunicación y transporte

Los descubrimientos y conquistas técnicas aplicables a la agricultura, ganadería, industrias, enseñanza, etc., han podido divulgarse por la existencia de medios de comunicación que relacionan a las naciones y a las gentes entre sí, intercambiando sus ideas junto con sus productos. Por ello cuanto mejores sean las comunicaciones entre los pueblos y más rápidos sus medios de transporte, más fáciles y beneficiosos son los intercambios entre las colectividades.

Las comunicaciones e intercambios se favorecen construyendo vías de acceso entre los diversos países, enlazándoles por medio de redes ferroviarias y de carreteras que atraviesan las montañas con túneles y los ríos por puentes. O bien, construyendo puertos y aeropuertos para las relaciones interoceánicas y aéreas.

El intercambio de noticias e ideas se realiza por medio de tendidos alámbricos en el teléfono y el telégrafo y por medios etéreos con la radio y televisión.

Por tanto, junto a las actividades de obtención de materias primas en los tres reinos de la naturaleza y de su transformación por las industrias diversas, son necesarios los transportes o red de infraestructuras para que distribuyan dichas materias primas y mercancías elaboradas, desde los centros de producción hasta los de transformación y consumo.

Transportes por tierra, mar y aire

Los transportes por tierra pueden verificarse por carretera y por ferrocarril.

Cada día ha aumentado la importancia del transporte por carretera al aumentar la velocidad y capacidad de los vehículos de carga. Y al perfeccionarse y divulgarse el automóvil para uso familiar y colectivo. Coches, autobuses y camiones invaden las carreteras, que han debido de aumentar sus redes y perfeccionar su trazado, suavizando las pendientes, consolidando sus firmes, superponiendo sus cruces por el sistema de trébol y ampliando sus vías, haciéndolas dobles y triples en opuestas direcciones en las modernas autopistas.

El transporte por ferrocarril trata de competir con el de carreteras, tanto en lo que se refiere a grandes masas de mercancías, como en lo que se refiere a personas y pequeñas cargas, éstas por el servicio de puerta a puerta con recogida y entrega domiciilaria. Además se ha hecho más rápido, limpio y cómodo al electrificarse las líneas férreas o implantar la tracción por medio de máquinas alimentadas con combustibles líquidos o generadoras ellas mismas de energía eléctrica. Pronosticándose los mejores auspicios para el ferrocarril de un próximo futuro, tanto en el enlace entre las grandes urbes como en los servicios urbanos del llamado metro, subterráneo y exterior.

El transporte por barco se hace imprescindible en las relaciones comerciales y de traslado de personas, ya interoceánico, ya de cabotaje (intercostero), resultando cómodo y barato. Pero cada día le suplanta el tráfico aéreo para personas y mercancías delicadas. El transporte en barcos se reserva el traslado de mercancías voluminosas y pesadas. Han sustituido el carbón por combustible líquido, soñándose ya con la utilización de la energía nuclear para mayor baratura y comodidad. Y en las naciones de amplias costas tienen especial interés los servicios para viajeros y mercancías en pequeñas y ligeras embarcaciones, así como el transporte interior en las naciones poseedoras de buenas redes de canales interfluviales.

El transporte aéreo ha tomado fabuloso incremento desde la última guerra, para el transporte de mercancías de valor y sobre todo para el rápido traslado de viajeros cuando se trata de largas y medianas distancias, suplantando incluso al automóvil y al ferrocarril.

También se han incrementado las comunicaciones de ideas y noticias por teléfono, radio y televisión, siendo de dominio público.

Evolución de las vías de comunicación

La construcción de las vías de cominicación requieren un cierto grado de civilización y progreso.

Los pueblos de economía primitiva no tienen vías de comunicación. Se trasladan de un lugar a otro aprovechando las zonas más transitables, pudiendo transformarse en senderos o rudimentarios caminos cuando los lugares transitables son usados con cierta continuidad. Pero en los terrenos poco accidentados y de escasa vegetación, como estepas o desiertos, todo el espacio es camino, existiendo únicamente rutas o direcciones determinadas que siguen las gentes y caravanas de animales de carga, como asnos, caballos, mulos, bueyes, camellos, llamas, alpacas, renos, yaks, etc., de conformidad con el clima y las posibilidades de sus habitantes.

Las primeras redes de caminos fueron establecidas por los grandes imperios de la antigüedad, en Mesopotamia, Egipto, India y China, para trasladar sus ejércitos con rapidez y para el cobro de tributos por la administración; pero dichos caminos se interrumpían al llegar a las grandes corrientes fluviales, que bien se vadeaban o pasaban en barca. Eran caminos muy rudimentarios y las tierras agrestes les ofrecían serias dificultades. Los chinos salvaban las fuertes pendientes labrando escaleras en la misma roca. Se evitaban las tierras pantanosas, las arenosas, las de arcillas en climas lluviosos y se bordeaban los bosques y matorrales espesos. Todavía hoy se siguen prefiriendo para el trazado de caminos los roquedos duros y los aluviales que filtran bien las aguas y tienen consistencia.

Los griegos mejoraron las vías de comunicación, pero fueron los romanos los grandes constructores de vías o caminos (las calzadas romanas) a través de todas las tierras ribereñas del Mediterráneo, construyendo firmes resistentes con grandes piedras y pedruscos unidos con argamasa; salvando los ríos con puentes consistentes, las tierras agrestes con terraplenes, talando bosques al atravesarlos y construyendo puertos al alcanzar las costas o terminación de las calzadas. Incluso construyeron faros en los puertos y señalizaciones en las calzadas, con existencia de casas de posta o estaciones de descanso.

Las calzadas romanas se abandonaron con la aparición del feudalismo, destruyendo los puentes los señores feudales más salvajes para sentirse más protegidos con el aislamiento. Pero muchos de los puentes romanos todavía resisten hoy el pesado tráfico de nuestros días (como el de Salamanca sobre el Tormes) y algunas de las modernas carreteras europeas se asientan sobre lo que fue el trazado de las vías o calzadas romanas.

Hay que esperar a los tiempos del Renacimiento, con la aparición de las nacionalidades, para que vuelva la preocupación por la restauración y construcción de puentes, puertos, calzadas y caminos.

En el siglo XVIII el inglés Mac Adam (1757-1837) inventó el camino de cantos apisonados cubiertos por una capa terrosa, abombados, con suave inclinación hacia los lados, por donde discurre el agua de lluvias hacia sendas cunetas o surcos. Es el camino o carretera llamado macadán, fácil de construir, más barato que la calzada romana y origen de nuestras modernas carreteras y autopistas al aplicarse el firme asfaltado.

También en Inglaterra apareció el ferrocarril al inventar la máquina de vapor o locomotora Stephenson (1871-1848).

Ambos inventos revolucionaron el transporte al darle velocidad y al aumentar la carga a transportar, en especial el ferrocarril, por ser conjunto de varios carruajes unidos, capaz de transportar masas de mercancías y personas. Pero el ferrocarril tiene la desventaja frente a la carretera que no puede salvar pendientes de más de 35 por mil, mientras que la carretera puede salvar pendientes de hasta un 12 % y 14 %, que son las que aparecen señalizadas en nuestras carreteras más dificultosas.

También desde el siglo XVIII progresó la navegación a vela con los hermosos barcos de línea, pero el progreso fue gigantesco en el siglo XIX cuando surcan los mares los barcos equipados con máquinas de vapor (vapores), capaces de transportar, con seguridad y velocidades uniformes, grandes cantidades de mercancías y viajeros. Con el motor de explosión aplicado a las embarcaciones de pequeño tonelaje se amplió la fluidez del transporte, la pesca y el tráfico en los canales con pinazas o peniches.

También a partir del siglo XIX se implanta el teléfono, telégrafo y radio para traslado instantáneo de noticias. Mejorando hoy por la radio y televisión que usan de satélites artificiales para la interconexión de ondas.

A estos transportes hay que añadir el transporte de gas y petróleo a través de gaseoductos y oleoductos respectivamente y el traslado rapidísimo de personas y mercancías por los aviones, supersónicos, inclusive.

Industria y comunicaciones

Imposible alcanzar un alto grado de industrialización sin poseer buenas redes de comunicación o infraestructuras.

Iniciada la industrialización de una nación, la parálisis la amenaza si no cuenta con buenas comunicaciones. Los puertos, para enviar los productos que importa hacia el interior y exportar los que de aquí recibe, constituyendo lo que se llama su interland, necesitan de vías de acceso, carreteras, ferrocarriles y canales. Iguales necesidades tiene cualquier núcleo industrial del interior. Pero la instalación de comunicaciones es tan costosa que requiere fuertes concentraciones de capital si es acometida por una empresa privada, teniendo que intervenir directamente el Estado de ordinario, por medio de contratas con empresas constructoras.

El mantenimiento en buenas condiciones de circulación y la modernización ante los progresos técnicos, poco rentables, han hecho que sea el Estado el que vaya acaparando la propiedad de las vías de comunicación, por lo que hoy la inmensa mayoría de las comunicaciones del mundo están nacionalizadas, incidiendo en ello también consideraciones de orden estratégico, de defensa nacional en caso de guerra.

Para completar las vías de comunicación terrestres es necesario las comunicaciones de noticias por correo ordinario, telégrafo, teléfono e incluso la radio y televisión.

La simple visión de un mapa de cualquier nación nos habla de su desarrollo industrial al observar la densidad de sus redes de ferrocarriles y carreteras. En los países industrializados han cambiado totalmente el paisaje al enlazar ciudades populosas y favorecer toda clase de explotaciones agropecuarias, mineras o industriales. En cambio los países subdesarrollados apenas sí tienen transformado el paisaje, ni siquiera en las márgenes de sus carreteras y ferrocarriles recién instalados, en razón de que las grandes explotaciones van surgiendo posteriormente a su instalación. Y es que en los países de densa red viaria, también es más denso el tráfico, que los hace más rentables. Las carreteras de los países subdesarrollados aparecen semidesérticas y por sus ferrocarriles apenas si pasan tres o cuatro trenes diariamente. Precisamente esta gran densidad de tráfico en los países desarrollados les ha forzado a electrificar ferrocarriles y a transformar sus carreteras en autopistas.

En la navegación marítima y aérea sucede de modo similar, ya que los países industrializados son los que hacen más intercambios de mercancías y personas. Entre las naciones de Europa occidental y de América del Norte, a través del Atlántico septentrional, se verfican las tres cuartas partes de los viajes anuales del mundo. Aunque cada día aumentan los intercambios de mercancías, personas y noticias entre las diversas naciones del planeta a medida que se industrializan, porque todas pretenden modernizarse y mejorar su nivel de vida.

La facilidad de comunicaciones ha favorecido el consumo de productos antes exóticos, ha divulgado comodidades en las viviendas, ha uniformado formas de vestir, ha popularizado el consumo de cirrtos alimentos, útiles de hogar, bebidas, etc., y ha despertado el afán por conocer nuevas tierras y gentes, que abre insospechados horizontes a los viajes turísticos de placer, que tanto pueden significar para el buen encauzamiento del ocio.

La única limitación al tráfico de mercancías y viajeros ante el futuro viene dada por la carestía de las materias energéticas y su próximo agotamiento, lo que supondría el caos mundial si no aparecen nuevas fuentes energéticas baratas e inagotables. Parece que los progresos científicos van a conseguir poner pronto a disposición de la Humanidad una energía barata por la utilización de la energía nuclear del hidrógeno, inagotable por las reservas de agua oceánica. Y además dejaría como subproducto el oxígeno, con lo que se beneficiaría la misma atmósfera.

CAPITULO X

GEOGRAFIA POLITICA Y POLIS

Nación y Estado

Los hombres son seres que viven en sociedad para ayudarse en sus necesidades de orden material y espiritual. Así formamos parte de una familia, de una agrupación deportiva, de un centro de enseñanza, de la vecindad de un municipio, etc.

Pero además de formar parte de estas sociedades familiares, deportivas, culturales, vecinales, etc., los hombres nos sentimos unidos por otros lazos comunes y más amplios, como son el idioma, las costumbres, la religión, la historia, etc., y porque habitamos un mismo territorio al que llamamos nuestra Patria. A esta comunidad superior de hombres que habitamos una tierra patria, unidos por las mismas tradiciones o historia, por unos mismos sentimientos y deseos de engrandecerla, es a lo que llamamos nación.

La Nación es pues un concepto amplio que integra a varias gentes, unidas por unos mismos recuerdos y por habitar un territorio común. con similares ideales artísticos, económicos, culturales, científicos, etc,

Cuando una nación o conjunto de sus habitantes acuerdan regirse por unas mismas leyes jurídicas (código civil, penal, de comercio, etc.) y políticas (acuerdos dimanados de sus parlamentos, sindicatos, ayuntamientos, etc.), constituyen lo que se llama un Estado. Es decir, que el Estado es una sociedad organizada jurídica y políticamente para proclamar el derecho y hacerlo cumplir por la fuerza a quien se oponga, por el bien, felicidad y libertad de sus ciudadanos.

Algunas personas confunden el concepto de nación con el de país, pero este es un término más abstracto, más confuso, con el que designamos una unidad de tierras más o menos grande, formando o no nación. Así hablamos del país español, del país europeo, norteafricano, gallego, vasco, etc.

Elementos constitutivos del Estado

Dos son los elementos esenciales para la existencia del Estado. El uno es de población, constituido por las personas o habitantes del mismo. El otro es territorial o físico, por referirse a las tierras y condiciones físicas del territorio en que habitan las personas o población que se erigió en Estado.

Este territorio a que abarca el Estado y lo rige por sus leyes se denomina territorio de soberanía.

Interesante es para la Geografía el estudio sobre la raza, religión, lengua, cultura, riqueza, desarrollo industrial, etc., de los habitantes de una región; pero también nos interesa conocer las divisiones territoriales, formas de gobierno, administración de justicia, organización municipal urbana, etc., dentro de sus fronteras o límites de separación con otras naciones, constituyendo su territorio de soberanía, que es objeto de la Geografía política.

Geografía política: fronteras y comunicaciones del Estado

Múltiples circunstancias han cooperado al trazado de las fronteras entre los diversos Estados del mundo, así como también para el establecimiento de su respectiva capital de nación y el tendido de su red de comunicaciones.

Entendiendo por fronteras de un Estado los límites de su territorio, veremos que las naciones tienden a separarse unas de otras constituyendo fronteras estables, utilizando cuanto pueden accidentes físicos del terreno, como mares, ríos, montañas, lagos, desiertos, etc. Así los montes Pirineos entre España y Francia, los Andes entre Chile y Argentina, el río Bravo entre EEUU y Méjico, el lago Constanza entre Suiza y Alemania, etc. Pero la mayoría de las veces la frontera entre las naciones no puede encontrar fácil separación por coincidir con regiones de densa población, haciéndose trazados artificiales de fronteras, ya coincidiendo con fronteras lingüísticas ya étnicas entre tribus o pueblos similares, como sucede en muchas naciones de Europa y Africa. Otras veces se marcan las fronteras de forma convencional, un tanto arbitrariamente, a través de un desierto o a través de un imaginario paralelo o meridiano, tal como las fronteras entre las naciones que se reparten el desierto del Sahara o las fronteras entre Canadá y Estados Unidos, respectivamente.

La capital de la nación es donde residen las altas jerarquías que gobiernan el Estado, constituidas por los hombres que rigen los destinos de la patria y que dirigen los órganos de la administración y de gobierno. El Gobierno de una nación es pues el órgano por medio del cual el Estado actúa.

Las capitales de las naciones pueden haberse erigido en una ciudad por su abundante población, próspera y culta, por poseer centros económicos y de enseñanza que han irradiado hacia todo el territorio, caso de París, de Buenos Aires, de Lisboa, etc. Pero otras veces la capital es artificial, al elegirse para su instalación lugar céntrico y que no despierte rivalidades entre las demás ciudades de la nación, como sucedió con la elección de Madrid en tiempos de Felipe II, o más recientemente la elección de Wasington como capital de EEUU, la de Camberra como capital de Australia y la moderna Brasilia para Brasil.

También para el trazado de las vías de comunicación se tienen en cuenta factores históricos y físicos. En los países de relieve poco accidentando, llanos, la densidad viaria está en proporción con la riqueza y densidad de población, convergiendo hacia los núcleos urbenos de mayor población y más fuerte economía. Así sucede en Rusia, Canadá, Estados Unidos, etc. Pero otras veces el trazado de vías de comunicación ha sido influenciado por consideraciones políticas y de administración, irradiando las comunicaciones, como los radios de una circunferencia, hacia la capital donde se ha instalado el Gobierno, como ha sucedido con Madrid, centro de las redes de carreteras y ferrocarriles. También lo vemos en París, en Viena, en Méjico, etc. Pero hay otras veces que el factor del relieve y climatológico ha impuesto sus exigencias en el trazado de las vías de comunicación, como sucede con los países bálticos de Suecia, Noruega y Finlandia, o con las naciones hispanoamericanas andinas, Chile, Perú, Colombia, etc.

Colonias, protectorados y fideicomisos

Son todos ellos territorios tutelados y dirigidos por otros Estados llamados metrópolis, los cuales dirigen su economía y toda su vida política. Entre todos ellos hay, de hecho, más diferencia nominal que real.

Las colonias son territorios totalmente gobernados por la metrópoli, que las explota directamente, por lo general enviándoles productos manufacturados a cambio de materias primas allí extraídas, a la vez que recibe capitales y personas de la metrópoli para poner en explotación sus riquezas. La mayoría de estas colonias, cuando sus indígenas, o los descendientes de los colonos allí asentados, adquieren conciencia de su poder, se independizan de las metrópolis para formar nuevos Estados. Así sucedió con las actuales repúblicas africanas y con las hispanoamericanas anteriormente. Teniendo un ejemplo de colonia en las inglesas de Santa Elena, Gibraltar o las Bahamas. Recientemente perdió Portugal sus colonias de Angola y Mozambique. Ya apenas quedan colonias en el mundo.

Los protectorados son territorios que nominalmente conservan su independencia, pero que políticamente están sujetos a la tutela de un Estado. Ese fue el caso de nuestro protectorado de Marruecos y en la actualidad el inglés de Adén, en la península arábiga. Tampoco queda ya casi ningún protectorado en el mundo.

El fideicomiso o mandato es una antigua colonia puesta bajo la administración de la ONU y que esta sociedad a su vez delega en otro Estado. Surgieron en la primera guerra mundial para haserse cargo del imperio colonial de Alemania al derrotarla. Solamente se conserva en esta situación Africa del Suroeste, puesta bajo la administración de la Unión Sudafricana.

Polis o ciudad

Cuando el hombre progresa espiritual y materialmente, alcanzando ciertos niveles culturales y técnicos, aumentan los intercambios de sus productos y se influencian en sus modos de vida, apareciendo agrupaciones de familias formando ciudades. Estas aglomeraciones humanas surgieron en todas las grandes civilizaciones pretéritas, al igual que han surgido con nuestra civilización actual. Cuanto más alto es el grado de civilización mayor es el grado de concentración de las gentes en ciudades.

Los griegos llamaron a estas concentraciones polis y los romanos cívitas, aunque el concepto de polis es más amplio que el de la actual ciudad, ya que la polis griega se asemejaba más a nuestro concepto de nación, de donde la palabra política como gobierno y relaciones de las naciones.

El asiento de las ciudades en un lugar determinado responde a factores comerciales, estratégicos, religiosos, etc. Así vemos que las ciudades que se levantaron con fines de defensa o ciudades castrenses se asientan sobre altitudes fácilmente defendibles, sobre islas, o dominando pasos montañosos, es decir, en lugares de fácil defensa. Las ciudades comerciales se asientan preferentemente en los cruces de rutas o caminos obligados, sobre valles de ríos navegables, costas con abrigos naturales, etc. Las ciudades religiosas surgieron como centros de peregrinación al conservarse en ellas reliquias o ser elegidas para sede de gobierno de una secta religiosa, como el caso de Santiago de Compostela, La Meca, Lasa, etc. Las ciudades administrativas aparecieron como centro de administración de una nación, como Madrid, Brasilia, etcétera. Otras ciudades surgieron como centro universitario, como Oxford o Salamanca. Otras como centros industriales o mineros, ejemplo Pitburgo o Magnetogorki. Otras como lugares de cura o reposo. Existiendo las llamadas ciudades hongos que surgen en un lugar donde aparecen ricos yacimientos de petróleo, oro, plata, etc., desapareciendo algunas de ellas cuando se agotan los yacimientos. Ahora bien, la mayoría de las ciudades han surgido como centros de relaciones socioeconómicas de regiones agropecuarias y mineras.

Sabemos que las civilizaciones antiguas tuvieron grandes ciudades. Tebas de Egipto, Babilonia en Mesopotamia, Atenas de los griegos, Alejandría de los Ptolomeos, la Roma imperial, Constantinopla del imperio cristiano de oriente, etc.

El movimiento comunal europeo, que prospera desde el siglo XII superando la incultura feudal, permite que florezcan también muchas ciudades en diversas naciones. En Italia Florencia y Venecia; en Francia Marsella y París; en Bélgica Bruselas y Amberes; en Holanda Roterdam y Amsterdam; en España Barcelona y Sevilla; en Inglaterra Londres, etc.

Pero el desarrollo de las técnicas industriales y comerciales de la Europa postrenacentista ha dado lugar a la mayor proliferación de ciudades jamás conocida, creciendo en tamaño y en número a medida que estas técnicas se perfeccionaban. En especial desde que hacen su aparición las máquinas, sustituyendo a la energía o fuerza física humana; la luz eléctrica, que permite alargar la jornada de trabajo en talleres, laboratorios, oficinas, etc., y el rápido traslado de la palabra que puede poner en instantáneo contacto los habitantes de regiones muy distantes.

Las grandes ciudades son manifestación de la capacidad del hombre para el trabajo y para la explotación de la naturaleza. El desarrollo de la ciudad presupone problemas complejísimos de distribución de espacio, suministro de agua potable, alcantarillado para aguas sucias, tendido de instalaciones eléctricas, telefónicas, vías de circulación de vehículos, de personas, etc., etc.

La forma de las ciudades

Como las ciudades han surgido al florecer una cultura en una región o país, siempre fueron centros de atracción y acumulación de riquezas, ya que allí residían las gentes más adineradas, señores de alcurnia, los operarios de oficios más especializados, los rectores de empresas comerciales, bancarias, industriales, etc. Pero cuanto mayor riqueza atesoraban mayor expuestas estaban a los ataques de otras naciones, a los asaltos de huestes de bandoleros o de los simples ladrones. Para defenderse de estos ataques se rodeaban las ciudades de murallas, apiñándose en su interior las casas, en estrechas calles, elevándose en varios pisos para aprovechar el escaso y muy caro terreno de edificación.

La mayoría de las ciudades tuvieron formas irregulares y calles tortuosas por adaptarse a las exigencias del relieve del terreno disponible cercado por las murallas.

Los pequeños núcleos rurales, carentes de murallas, se apiñaban sobre colinas en los valles cultivados, o sobre cerros de fácil defensa, como todavía pueden admirarse en los viejos pueblos de las riberas del Mediterráneo.

Solamente en los grandes períodos de paz que tuvieron los florecientes imperios antiguos permitían a las gentes confiarse a vivir en ciudades sin murallas. Así griegos y romanos pudieron fundar en las extensas tierras que conquistaron múltiples ciudades, diseñadas de antemano, con amplias calles rectilíneas para el tráfico de personas, cabalgaduras y carruajes. Dichas ciudades se diseñaron como un tablero de ajedrez, más o menos regular, llamándose hipodámicas, derivado del nombre del arquitecto griego Hipodamos. A este mismo formato respondían las ciudades que los romanos fundaron sobre el solar de sus propios campamentos militares, en los que dos grandes vías (cardo y decumanus) se cruzaban ante la tienda del jefe militar, pretor o cónsul.

La decadencia imperial lleva la inseguridad, los trastornos políticos, las revoluciones y las mismas invasiones de los pueblos fronterizos o bárbaros, por lo que las ciudades, para mejor defenderse, se encerraron entre murallas. La decadencia urbana fue en aumento, desapareciendo las rectilíneas calles, que fueron sustituidas por callejas adaptadas al terreno amurallado y muchas ciudades incluso se desploblaron casi totalmente. Otras resurgieron tras el feudalismo. El fenómeno de la aparición de ciudades abiertas, sin murallas, se ha repetido en los tiempos modernos, desde la formación de las nacionalidades, que favoreció la acumulación de riqueza y la vida municipal.

Todavía conservan hoy su aspecto medieval, con parte de las murallas en buen estado, muchas ciudades europeas, destacando en España

Avila y Zamora. En Francia Avignón y en especial Carcasona. Pero en la mayor parte de las ciudades de raigambre histórica europea las viviendas desbordaron las murallas, que fueron destruyéndose para dar paso a modernas avenidas y paseos. (Fig. 74).

Avila conserva en excelente estado sus murallas medievales. (fig. 74)

La industrialización de los siglos XVIII y XIX obliga a las ciudades a extenderse por las tierras colindantes, en especial como prolongación de las vías de acceso o puertas de la ciudad, desde donde parten nuevas calles con amplias calzadas para la circulación de carruajes y aceras para peatones, origen a su vez de calles trazadas perpendicularmente a la vía principal, apareciendo el ensanche de la ciudad en cuadrículas o cuadras de calles, aunque con cierta irregularidad si han de adaptarse al relieve algo accidentado. Pero generalmente la expansión se realiza por la parte de la ciudad que disponga de terrenos allanados, donde las calles adquieren curvatura, como si se expansionase en arcos concéntricos, por tendencia a vivir cerca del viejo centro comercial y administrativo de la ciudad. Esta parte moderna de las ciudades contrasta pues con el viejo casco urbano de calles más o menos irregulares. También contrasta porque sus edificios muestran la riqueza de las gentes burguesas, que construyen mansiones de bello trazo, en fachadas de balcones salientes, columnas, pilastras adosadas, cornisas salientes, áticos adornados, etc., con cierto aire neoclásico en el conjunto de las edificaciones.

El siglo XX aporta la divulgación, cada año más popular, de los vehículos a motor. El coche sustituye a la diligencia de caballos. Camiones y trenes a los carros y carretas. La fuerte industrialización incrementa la población urbana con gran demanda de espacio para edificar viviendas. Surgen ciudades de nueva planta sobre pequeños burgos de regiones con riqueza agropecuaria y minera, a causa del establecimiento de talleres industriales. Y ciudades completamente nuevas en las tierras de colonización como Canadá, EEUU, Australia, la URSS, etc. Los puertos y ciudades que centralizan comunicaciones amplían su industria, comercio y administración. (Fig. 75).

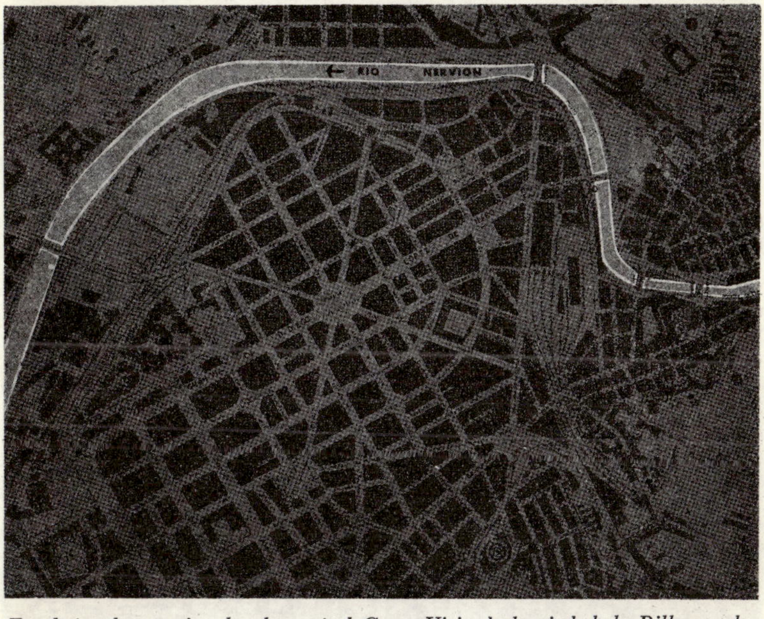

En el ángulo superior derecho está el Casco Viejo de la ciudad de Bilbao, sobre un recodo del Nervión, hasta donde era navegable. En el siglo XIX se hace la estación de ferrocarril en la zona de expansión, donde surgen amplias calles que irradian hacia la Plaza Elíptica de Federico Moyúa, sobre la llanura que bordea el gran arco de la ría con sus muelles portuarios. Las grandes avenidas del siglo XX son su continuación. (fig. 75)

Durante el siglo XX la construcción de viviendas, talleres, centros comerciales, culturales, etc., se acrecienta tan desmesuradamente que incluso aparecen ciudades satélites en los alrededores de las grandes ciudades a causa de la mayor baratura de los terrenos de edificación. Los suburbios o barrios colindantes a la ciudad proliferan por las mismas razones, apareciendo el chabolismo en los lugares accidentados o carentes de servicios de higiene y comunicación. Fenómeno que se universaliza, tanto en las ciudades de los países desarrollados como en las de los países subdesarrollados, contrastando su miseria y suciedad con los barrios de las clases adineradas, de bellas mansiones, incluso rodeadas de jardines y campos deportivos o de juegos.

Los arquitectos tienen que ser ahora verdaderos urbanistas. Hay que resolver serios problemas de tráfico de vehículos individuales, autobuses, transporte de mercancías y pasos de peatones.

Muchas ciudades se han expansionado por amplias avenidas del ensanche en forma radial a partir de una plaza colindante con el antiguo casco urbano, o simplemente irradiando de todas las calles o avenidas periféricas que salen de la ciudad antigua por todos los puntos del horizonte.

En otras ciudades las nuevas edificaciones se han extendido en forma lineal sobre una avenida o arteria solamente, al ver imposibilitada otra zona de expansión por impedirlo el relieve agreste, un río caudaloso, la vía férrea, etc., acumulándose entonces las edificaciones a los lados de esta arteria de ensanche o gran vía de la ciudad.

Por fin otras ciudades se extienden pegadas a la antigua como simple tablero de damas, con calles rectilíneas y perpendiculares entre sí, como las antiguas ciudades grecorromanas.

Las tres formas de planta de ciudad, radial, cuadriculada y lineal se han divulgado en los pueblos o naciones de rápido desarrollo industrial, no faltando ciudades que tienen un plano mixto, donde se superponen grandes barrios o zonas urbanas radiales y cuadriculadas unas a continuación de otras. (Fig. 76).

Buenos Aires, ciudad moderna de avenidas y calles rectilíneas amplias.—(Foto El Correo de la Unesco. Abril de 1960). (fig. 76)

En algunas zonas de gran concentración industrial las ciudades en su expansión llegan a encontrarse o tocarse en sus términos municipales unas con otras, formando una verdadera urbanización continuada que se denomina conurbación.

Cuando observamos un plano de una ciudad, como los que reparten en las oficinas de turismo, podemos comprobar las diferentes formas que adoptan los trazados de las calles y plazas. Siendo corriente que sobre las laberínticas calles del casco viejo se hayan ido añadiendo las modernas urbanizaciones, con variada forma de acuerdo con la naturaleza del relieve y la situación geográfica de la ciudad.

Problemas derivados de la vida en ciudades

Una ciudad es en sí misma una maravilla, un organismo viviente, con complejidad de problemas que debe resolver para que sus ciudadanos puedan convivir y sentirse cómodos.

Para mejor comprensión y análisis de sus problemas consideraremos unos como de carácter físico o material y otros como problemas que atañen más directamente a la convivencia o relaciones espirituales de sus habitantes, por lo que los denominaremos problemas espirituales.

Entre los problemas materiales el principal es el aprovechamiento racional del espacio donde se asienta la ciudad, para que tenga aspecto más agradable y sea más cómoda la vida en la misma. De aquí la tendencia a que las ciudades tengan amplios espacios verdes, procurando aumentar las áreas ajardinadas entre sus calles y reservasr amplios espacios del ensanche para parques. Es decir, disminuir en lo posible el número de habitantes por hectárea. Así en Londres han conseguido llegar a una densidad de 150 habitantes por hectárea, mientras que en París tienen densidades de 300 habitantes por hectárea y en Madrid de unos 500 habitantes por hectárea.

Este equilibrio entre zonas verdes y zonas de viviendas es difícil de conseguir, ya que habría que destruir muchos barrios populosos que han surgido por imperativo de las necesidades. Así sucede que en las zonas neurálgicas, donde son fáciles las comunicaciones, se concentran las edificaciones, ganando en altura para mejor aprovechar el espacio, resultando densidades muy elevadas, de más de 1.000 habitantes por hectárea, con fuerte contaminación atmosférica, ruidos excesivos, congestión de tráfico, etc., pero, desgraciadamente, realidad que se repite en amplios sectores de las grandes ciudades.

En la periferia de muchas ciudades ha podido paliarse este mal de concentración de viviendas, habiendo construido amplias avenidas, parques, casas ajardinadas (bungalows) o altos bloques aislados, verdaderas ciudades dormitorios, campestres, donde las gentes apenas se conocen ni relacionan, pues diariamente acuden, en propio vehículo, al trabajo que tienen en la ciudad (la city de los sajones), en comercios, oficinas, hoteles, bancos y apartamentos de negocios. Y precisamente para construir edificios de nueva planta, destinados a estos menesteres mercantiles se destruyen las viejas edificaciones de los barrios y calles comerciales, que van transformando su fisonomía, en contraste entre activísima concurrencia durante el día y casi absoluta soledad durante la noche.

También en las zonas periféricas peor comunicadas o de agreste terreno suelen aparecer los deprimentes espectáculos de inhóspitos barrios, miserables y sucios, que en España llamamos chabolas y en América latina favelas y bidonvilles.

En relación con el aprovechamiento del espacio está la organización del tráfico en la ciudad, para hacerlo fluido, sin embotellamientos paralizantes, facilitando el traslado de grandes masas de personas que han de desplazarse a sus trabajos y el continuo rodar de toda clase de vehículos. La resolución de este problema del transporte de personas y mercancías está pues íntimamente relacionado con el aprovechamiento o utilización del espacio urbano. Sin embargo casi imposible de solucionar en las zonas céntricas de las grandes ciudades en las llamadas horas puntas, conflictivas por coincidir con las entradas y salidas del trabajo.

El mejor medio de transporte de viajeros es el tren urbano o metro. Muchas ciudades siguen conservando su antigua red de travías eléctricos o trolebuses, no contaminantes. Otras dan preferencia de trato a las líneas de autobuses. Pero todas las ciudades han de soportar un nutrido tráfico mecánico por la popularización del automóvil, moto y bicicletas, más la necesaria concurrencia de camiones de reparto de mercancías para suministro de cuanto consume la población urbana y los que acuden a hacer allí sus compras.

Problema material relacionado con el consumo de la población urbana es la retirada diaria de miles de toneladas de desperdicios variadísimos, para los cuales se destinan en la periferia zonas de almacenamiento de basuras. Focos infecciosos si no se tratan debidamente, pues si se queman producen humos insoportables para las gentes que habiten en las cercanías, de lo contrario fermentaciones peligrosas para la contaminación general y siempre son excelentes criaderos de ratas. Por lo que las ciudades tratan de montar modernizados crematorios, aprovechando los residuos metálicos y cenizas como subproducto. O bien manipulan adecuadamente las basuras para aprovechar los residuos metálicos, papel, madera, cristal, dejando las materias orgánicas para ser tratadas químicamente y transformarlas en abonos.

Otro de los problemas materiales de las ciudades es la traída de agua potable para el consumo de sus habitantes, proporcional al nivel de vida de los mismos, al destinarse a higiene, consumo fabril, riego de parques, lavado de vehículos, jardinería, etc. De tal modo que en las ciudades asentadas en regiones secas o de lluvias irregulares han de aportar el agua de lejanos pantanos de almacenamiento con los considerables gastos de construcción de conducciones. Y en todas las ciudades populosas han de aprovechar hasta el máximo las reservas hídricas de los alrededores, recurriendo incluso al reciclaje o depuración de aguas usadas.

Y con la traída de aguas potables está relacionado el problema de las aguas residuales, gran contaminante de los ríos donde viertan, ya que con las aguas fecales van también los líquidos venenosos e impurezas de talleres y fábricas. Miles de toneladas de aguas sucias que matan la vida de los ríos y a su vez disminuyen las disponibilidades de agua potable por contaminación. Las ciudades próximas al mar tratan de resolver el problema de sus aguas residuales con colectores que allí las depositen directamente. Pero también las aguas marinas van dando muestras de contaminación. Conocido es el caso del Mediterráneo, donde su fauna ha disminuido en un 40 % durante los últimos 20 años. Solamente las cloacas de la costa francesa lanzan al Mediterráneo 23 metros cúbicos de aguas residuales por segundo, superando esta cantidad el conjunto de las ciudades italianas, donde tan sólo el 20 % de las mismas están dotadas de depuradoras de aguas residuales, sin contar con los residuos de miles de sus industrias.

Instalando depuradoras de aguas residuales se aprovechan los residuos sólidos para abonos y se permite un reciclaje del líquido elemento purificado, pero su instalación es muy costosa para el pobre presupuesto de muchos municipios. París y Londres las han establecido y así el Támesis ha pasado a ser un río de claras aguas donde han acudido los peces de nuevo, mientras que antes pasaba por ser el río más contaminado del mundo.

Por fin, otro de los problemas materiales de las ciudades es la instalación de sus redes de electricidad y telefónicas, aéreas y subterráneas, que hacen más complicado aún el uso del subsuelo donde van las cañerías de aguas potables, las tuberías de cloacas, los pasos subterráneos de peatones, el metro, etc.

Si importantes son los problemas de las ciudades para resolver sus necesidades de índole material, mucho más importantes son los problemas que denominamos espirituales, por atender a las buenas relaciones entre sus habitantes, a su convivencia cotidiana. Ya que ciudades sin convivencia son focos de desesperación para la humanidad, cada día más concentrada en las urbes, mientras que los campos pierden densidad de población al modernizarse sus explotaciones agropecuarias y mineras.

Las ciudades han de tener lugares agradables e higiénicos para pasear, hacer deporte, dialogar, estudiar, prevenir enfermedades, etc. Instalaciones que exigen estar ubicadas en espacios no alejados de las propias viviendas, de donde su concomitancia con las disponibilidades y aprovechamiento de la superficie del terreno urbano.

Cercanos a las viviendas deben de estar los centros de educación primaria que acogen a la infancia para educarla espiritual y físicamente, en contacto íntimo y continuado con sus propios familiares, padres y hermanos, de modo que la escuela sea verdaderamente una continuación del hogar y de la vecindad, que al estar dotados estos centros educacionales de campos de recreo y deportivos sirvan para su asueto y entretenimiento en las horas de ocio, permitiéndoles hacer competiciones deportivas, juegos, gimnasia, etc., además de utilizar continuamente sus bibliotecas, salas de proyecciones y de representaciones. Luego cada cierto número de escuelas o colegios, conforme a la población de la zona urbana, se instalarán centros de formación profesional, que a su vez, en las grandes ciudades, exigirán la implantación de centros universitarios, todos con instalaciones auxiliares de laboratorios, jardines, campos de deportes, etc.

Adultos y jóvenes necesitan también que se instalen en sus barrios o sectores urbanos bibliotecas públicas, salas deportivas, teatros, etc., además de los jardines y parques, pues las necesidades del ocio son mayores cuanto más refinada y adelantada es la civilización y cuanto menos larga es su jornada laboral. Por ello en los países más adelantados los municipios, de grandes y pequeñas ciudades, tratan de adquirir y ampliar sus posesiones de terrenos para dedicarlas a parques que higienicen y hagan agradable la vida urbana, máxime cuando la progresiva socialización de la sociedad permite expropiar los terrenos que se requieran, en especial aquellos que son poco rentables para las explotaciones agropecuarias a causa de la pobreza de su suelo y subsuelo, destinándose de este modo a repoblaciones forestales para higiene de las urbes y sus habitantes. En Europa del Mercado Común responde a estas directrices el llamado Plan Manshol de la Europa verde.

Por fin han de tener las ciudades establecimientos de servicios públicos suficientes, hospitales, preventorios, servicios contra incendio, policiales, etc., etc.

Cuanto más se aproxime una ciudad a este ideal de perfección, pero ideal alcanzable, mejor será la convivencia entre sus habitantes, es decir, el orden, el bienestar, su equilibrio mental y su satisfacción o felicidad. Por el contrario, cuando las ciudades son incapaces de resolver estos problemas, en que se mezclen el campo y la urbe, los edificios públicos y los privados, entonces se degradarán, se ahogarán y paralizarán en sus relaciones por falta de convivencia. Como decía el arquitecto español Fisac el 27 de abril de 1972 respecto a las urgentes reformas que reclamaba el gran Madrid para que retorne a gozar de grata convivencia.

Convivencia universal y organizaciones internacionales

Ya pasaron los tiempos en que los diferentes pueblos o naciones del planeta vivían desconociéndose unos a otros. Hoy las relaciones económicas, culturales y de contactos humanos a través del turismo y de los mutuos representantes políticos y comerciales, nos hacen aparecer como vecinos de un planeta empequeñecido, transmitiendo sin cesar noticias de nuestras mutuas formas de vida a través de la prensa, la radio y la televisión.

La humanidad siempre sufrió del pestífero azote de las guerras. Pero las dos últimas guerras universales han despertado la conciencia y responsabilidad colectiva de los humanos para tratar de crear organismos supranacionales que velen por la paz y la concordia universales. La escasez de alimentos, de agua potable, y de materias primas y energéticas en general, así como el excesivo índice de crecimiento de la población mundial, exige de todos los hombres de cultura tomar posición para tratar de impedir sus catastróficas consecuencias. Además gravita sobre todos los humanos el peligro de una conflagración atómica que en pocos minutos acabaría con todo síntoma de vida sobre el planeta, pudiendo en cambio dedicarse esta energía nuclear para las necesidades pacíficas y el progreso general.

Ya a raíz de la primera guerra mundial de 1914-18 se constituyó la Sociedad de Naciones, con sede en Ginebra, para velar por la paz mundial. Pero su fracaso como organismo supranacional de paz llevó a la búsqueda de nueva organización internacional que la sustituyese y continuase. Próxima la terminación de la última guerra mundial, el 11 de febrero de 1945, se reunió la conferencia de Yalta (en la rusa península de Krimea) en la que intervinieron los jefes de Estado: Rooselvelt de Norteamérica, Stalin de la URSS, y Churchill de Inglaterra. En ella se acordó que una vez terminada la guerra se reuniría en San Francisco de California una Conferencia universal, para tratar del futuro del mundo y de la creación de una organización o sociedad internacional que resolviese pacíficamente los posibles conflictos entre las naciones.

Al finalizar la guerra, los jefes de Estado de Rusia, Francia, Inglaterra y EEUU, se reunieron en Postdam (Berlín) para tratar de las condiciones de ocupación y desmilitarización de Alemania y el Japón, sus tratados de paz y creación de un nuevo orden universal.

La conferencia internacional de San Francisco de California se celebró el día 26 de junio de 1945, firmándose la Carta fundacional de la Organización de las Naciones Unidas o ONU, organismo parecido a la antigua Sociedad de Naciones y su continuador, encargándose de velar por la paz del mundo y las buenas relaciones entre los pueblos. Y en Londres, a principios del año 1946, se reunieron por vez primera los representantes de las diversas naciones para dar cumplimiento a lo estipulado en la reunión de San Francisco de California y diseñar los organismos que habrían de integrar las Naciones Unidas.

Los representantes de las naciones que acordaron asociarse constituyeron la ASAMBLEA GENERAL de la ONU, encargada de deliberar sobre los asuntos de paz y concordia mundial y de emitir opiniones sobre los informes aportados por otros organismos de ella dependientes, tomándose las decisiones por mayoría de votos.

La Organización de las Naciones Unidas (ONU), tiene su sede en Nueva York, en terrenos cedidos para el caso por el multimillonario Rockefeller, recibiendo la ONU cuantos bienes poseía la antigua Sociedad de Naciones ginebrina, disuelta en abril de 1946, por lo que aparecía en el mundo como su continuadora.

Una junta directiva o comisión permanente constituye el CONSEJO DE SEGURIDAD de la ONU, que vela por la inmediata solución de los graves conflictos que surjan en las relaciones internacionales. Integran este Consejo de Seguridad once miembros, seis elegidos por la Asamblea General y renovados cada dos años, mientras que los otros cinco son de carácter permanente y representan a China, Francia, Gran Bretaña, la URSS y EEUU.

También elige la Asamblea General, juntamente con el Consejo de Seguridad, quince jueces, entre las más notorias personalidades jurídicas del mundo, con el fin de dar solución a los conflictos que surjan entre las naciones diversas, integrando el denominado TRIBUNAL INTERNACIONAL DE JUSTICIA.

Y la Asamblea General de las Naciones Unidas, por recomendación del Consejo de Seguridad, nombra un SECRETARIO GENERAL o verdadero jefe de la ONU, quien, auxiliado por servicios jurídicos y financieros, toma decisiones (representando a la Asamblea General a la que rendirá cuentas) en todas las actuaciones y en todas las visitas que realice a las zonas conflictivas.

Por último la Asamblea General de las Naciones Unidas elige a dieciocho miembros para que estudien la asistencia técnica a los países subdesarrollados, integrando así el CONSEJO ECONOMICO Y SOCIAL (ECOSOC) de las Naciones Unidas.

Posteriormente se fueron añadiendo otros organismos internacionales dependientes del CONSEJO ECONOMICO Y SOCIAL de las Naciones Unidas al cual se integraron el F. M. I. (Fondo Monetario Internacional y el BIRF (Banco Internacional de Reconstrucción y Fomento) creados ya en 1944. Por eso existen para atender a las buenas relaciones internacionales económicas y sociales la CEPE (Comisión Económica para Europa), la CEPAL (Comisión Económica para América Latina), la CEALO (Comisión Económica para Asia y Lejano Oriente), la CEPA (Comisión Económica para Africa), la UNICEF (Fondo de Naciones Unidas para la Infancia), la UNCTAD (Conferencia de las Naciones Unidas sobre Comercio y Desarrollo), la UNESCO (Organización de las Naciones Unidas para la Educación, Ciencia y Cultura), la OIT (Oficina Internacional del Trabajo), la OMS (Organización Mundial de la Salud), la FAO (Organización de la Agricultura y la Alimentación), la OACI (Organización de la Aviación Civil Internacional), la UPU (Unión Postal Universal), la UIT (Unión Internacional de Comunicaciones), la OIEA (Oficina Internacional de Energía Atómica) y la OCMI (Organización Consultiva Marítima Internacional).

Al despertarse los estímulos para resolver los problemas de índole económicosocial y ayuda mutua, se han creado asociaciones internacionales que van haciendo desaparecer las fronteras y aduanas comerciales, como sucede con el Mercado Común Europeo, el COMECON de los países de Europa Oriental, la Alianza o Mercado Común de las repúblicas centroamericanas, etc.

Por tanto va despertándose en el mundo una conciencia de ciudadanía más universal, que borre poco a poco la animosidad entre las gentes, las rivalidades bélicas entre las naciones y las intolerancias personales que nacen de poseer diferente riqueza, lengua, raza, religión e idiologías políticas.

BIBLIOGRAFIA

KONRAD KRETSMER, *Historia de la Geografía*. Editorial Labor.

BERNARD LOVELL, *Conocimiento actual del universo*. Nueva colección Labor.

JEAN F. CHARON, *Cosmología*. Teorías sobre el universo. Edit. Guadarrama.

E. L. SCHATMAN, *Estructura del universo*. Nueva colección Labor.

FRED HOYLE, *Galaxias, núcleos y quasars*. Ed. Alianza Editorial.

ANDRÉ ALLIX, *Geografía general, humana y económica*. Editorial Rialp.

AMANDO MELÓN, *Geografía física general*. Edi. Vicens Vives.

PIERRE BIROT, *Geografía física general*. Ed. Vicens Vives.

EARL C. CASE Y DANIEL BERGSMARK, *Geografía general*. Ed. Omega.

GEORGES VIERS, *Geomorfología*. Editorial Oikos-tau. Barcelona.

MAX DERRUAU, *Geomorfología*. Editorial Ariel.

L. BELLAIR Y CH. POMERAL, *Tratado de Geología*. Editorial Vicens Vives.

JHONS J. W. ROGERS Y JHON A. S. ADAMS, *Fundamentos de Geología*. Ed. Omega.

ROLAND BRINKMANN, *Compendio de Geología general*. Edit. Labor.

ARTHUR HOLMES, *Geología física*. Editorial Omega.

H. ZIM Y P. SHAFFER, *Reino mineral*. Editorial Daimón.

STANLEY N. DAVIS Y ROGER DE WIEST, *Hidrogeología*. Editorial Ariel.

FRANCOIS DURAND DASTES, *Climatología*. Editorial Ariel.

HERMANN FLOHN, *Clima y tiempo*. Nueva colección Labor.

RAIMOND FURON, *El agua en el mundo*. Alianza Editorial.

PIERRE GEORGE, *Geografía activa*. Editorial Ariel.

ANDRÉS MATEOS, *Tres principios básicos para la enseñanza de la Geografía*. Edi. Hijos de Santiago Rodríguez. Burgos.

ALBERT DEMANGEON, *Problemas de Geografía humana*. Editorial Omega.

ENRY JONES, *Geografía humana*. Editorial Labor.

JEAN BRHUNES, *Geografía humana*. Editorial Juventud. Barcelona.

NORBERT KREBS, *Geografía humana*. Editorial Labor.

MAX DERRUAU, *Tratado de Geografía humana*. Editorial Vicens Vives.

MAX SORRE, *El hombre y la Tierra*. Editorial Labor.
BORDEAU, *Geografía humana*. Editorial Espasa Calpe.
WILBURG ZELINSKG, *Introducción a la Geografía de la población*. Ed. Vicens Vives.
C. DARYLL FORDE, *Hábitat, economía y sociedad*. Editorial Oikos tau.
HERBERT WENDT, *Antes del diluvio*. Editorial Noguer.
JULIÁN HUXLEY, *La evolución. Síntesis moderna*. Editorial Losada. Buenos Aires.
FERDERICK S. HULSE, *La especie humana*. Introducción a la antropología física. Editorial Aguilar.
IVES DE LACOSTE, *Geografía del subdesarrollo*. Editorial Ariel.
JOSUÉ DE CASTRO, *Geografía del hambre*. Editorial Cid.
ALFREDO SAUVY, *El hambre, la guerra y el control de la natalidad*. Ed. Vinves Vives.
JOSUÉ DE CASTRO, *Geopolítica del hambre I y II*. Editorial Guadarrama.
H. Y G. TERMIER, *Trauma geológico de la historia humana*. Nueva Colección Labor.
LUCIANO FEBURE, *La tierra y la evolución humana*. Introducción geográfica a la Historia. Dirigida por HENRI BERR en *La evolución de la humanidad*. Tomo IV. Ed. Unión Topográfica. Méjico.
PAULETTE MARQUÉS, *Las razas humanas*. Ed. Alianza Editorial.
ENRIQUE RUÍZ GARCÍA, *Subdesarrollo y liberación*. Alianza Editorial.
ERIC R. WOLF, *Los campesinos*. Nueva colección Labor.
PAUL BAIROCH, *El tercer mundo en la encrucijada*. Despegue económico desde el siglo XVIII al XX. Alianza Editorial.
CLARENCE FIELDING JONES, *Geografía económica*. Fondo de Cultura Económica.
PIERRE GEORGE, *Geografía económica*. Editorial Ariel.
WALTER SCHMIDT, *Geografía económica*. Editorial Labor.
LESOUR GERARD, *Historia económica mundial*. Editorial Vicens Vives.
VICENS VIVES, *Historia económica de España*. Editorial Vicens Vives.
NIVEAU, *Historia económica contemporánea*. Editorial Ariel.
RAMÓN TAMAMES, *Introducción a la economía internacional*. Alianza Editorial.
PIERRE GEORGE, *Panorama del mundo actual*. Editorial Ariel.
H. MAC CARTY Y J. LINDBERG, *Introducción a la Geografía económica*. Fondo Cultura Económica.
W. ROSTOW, *Las etapas del crecimiento económico*. Fondo de Cultura Económica.
GEORGES LASSERRA, *Cooperativismo*. Colección ¿Qué es? Edi. Oikos-tau.
PIERRE GEORGE, *Geografía del consumo*. Colección ¿Qué se? Edi. Oikos-tau.
PETER WORSLEY, *El tercer mundo una nueva fuerza vital en los asuntos internacionales*. 3.ª ed. Siglo XXI.
MAURICE DOBB, *Economía del bienestar y economía del socialismo*. Siglo XXI.
T. J. HUGHES Y D. LUARD, *La China Popular y su economía*. Fondo de Cultura Económica.
PIERRE JALEÉ, *El tercer mundo en la economía mundial*. Ed. Siglo XXI.
PIERRE VILAR, *Oro y moneda en la Historia*. L. 450-1.920. Editorial Ariel.

KURT WALTER, ARNOLD LEISTICO, *Anatomía de la economía.* Una introducción a la economía política. Alianza Editorial.

HARRY G. JOHNSON, SHACKLE Y OTROS, *Panoramas contemporáneos de la economía. Dinero, interés y bienestar.* Alianza Editorial.

JOSEPH A. SCHUMPETER, *Diez grandes economistas de Marx a Keynes.* Alianza Editorial.

ROBERT LEKACHMAN, *La era de Keynes.* Alianza Editorial.

E. HERNÁNDEZ ESTEVE, *Estructura y funciones de la Banca en los países socialistas.* Editorial Ariel.

J. R. HICKS, *Ensayos críticos sobre teoría monetaria.* Editorial Ariel.

HOWARD F. GREGOR, *Geografía de la agricultura.* Editorial Vicens Vives.

PIERRE GEORGE, *Geografía rural.* Editorial Ariel.

PIERRE GEORGR, *Geografía industrial del mundo.* Editorial EUDEBA.

NORMAN J. C. POUNDS, *Geografía del hierro y del acero.* Neva colección Labor.

R. C. ESTALL Y R. BUCHANAN, *vidad industrial y Geográfica económica.* Nueva Colección Labor.

MANUEL FERRER REGALES, *La industria en la España Cantábrica.* Ed. Moretón.

MARIO ZAGARI. *El desafío europeo.* Ed. Cuadernos para el diálogo.

JACQUES BERGIER Y B. THOMAS, *La guerra secreta del petróleo.* Plaza Janes.

CÁMARA DE INDUSTRIA, COMERCIO Y N. DE BARCELOMA, *El mercado polaco.*

RICHARD, S. THOMAS Y E. CONKLING, *Geografía del comercio* internacional. Vicens Vives.

BRIEN J. BERRY, *Geografía de los centros de mercado.* Ed. Vicens Vives.

ARTURO DIX, *Geopolítica.* Editorial Labor.

PIERRE GEORGE, *Geografía urbana.* Editorial Ariel.

ARNOLD J. TOYNBEE, *Ciudades en marcha.* Alianza Emecé.

FRANCOIS CHOAY, *Urbanismo. Utopía y realidad.* Editorial Lumen.

G. CHABOT, *Las ciudades.* Editorial Labor.

ALEXANDER MITSCHERLICH, *La inhospitalidad de nuestras ciudades.* Alianza Editorial.

SCIENTIFIC AMERICAN, *La ciudad.* Alianza Editorial.

FERNANDO CHUECAGOITIA, *Breve historia del urbanismo.* Alianza Editorial.

J. BEAUJEU, GARNIES, G. CHABOT, *Geografía urbana.* Alianza Editorial.

HENRI LEFEBURE, *La revolución urbana.* Alianza Editorial.

HENRI LEFEBURE, *De lo rural a lo urbano.* Ediciones península.

HENRI LEFEBURE, *El derecho a la ciudad.* Ediciones Península.

JANE JACOBS, *Muerte y vida de las grandes ciudades.* Ediciones Península.

BARBARE WARD Y RENÉ DUBOS, *Una sola Tierra.* El cuidado y conservación de un pequeño planeta. Fondo de Cultura Económica.

INDICE

Pág.

Presentación 7

CAPITULO I

COSMOGRAFIA

El Universo. 9
Clases de astros 9
Constelaciones, cúmulos y nebulosas o galaxias. 10
Nuestro sistema solar. 11
Composición del Sol y equilibrio universal. 12
Eclipses de Sol y de Luna. 13
Concepto actual del Universo 14

CAPITULO II

LA TIERRA Y SU REPRESENTACION

Forma y dimensiones de la Tierra 17
Líneas y círculos de la esfera terrestre. 18
Longitus y latitud geográfica 18
Procedimientos de orientación 29
La rosa de los vientos 20
Antípodas, antecos y periecos 21
Movimiento de rotación terrestre y sus consecuencias 21
Husos, horarios y línea de cambio de fecha 21
Movimiento de traslación y sus consecuencias. 22
El año civil 26
Prácticas con la esfera terrestre 27
Croquis y planos como formas más simples de representación terrestre 27
Diversas formas de representación de la Tierra. 28
Escalas. 29
Elaboración de mapas o cartografía 29
Sistemas de proyección geográfica 29
Proyecciones acimutales 30
Proyecciones cilíndricas. 30
Proyecciones cónicas 33
Mapas topográficos 34
Prácticas con mapas 36

CAPITULO III

LITOSFERA

Pág.

Origen y formación de la Tierra 37
Magnetismo terrestre. 39
Litosfera y su constitución. 40
Rocas volcánicas. 42
Rocas plutónicas 42
Rocas sedimentarias o estratificadas 42
Rocas metamórficas o cristalofílicas. 43
Modelado del relieve terrestre 43
Erosión fluvial. 44
Nacimiento, desembocadura, cauce, cuenca caudal y régimen de los ríos 44
Curso de un río y perfil de equilibrio 45
El trabajo de erosión fluvial. 46
Erosión glaciar 50
Erosión eólica. 53
Erosión del mar en sus costas 54
Acción erosiva de plantas y animales 55
Caso especial de las formaciones coralígenas 56
Agentes endógenos del modelado terrestre. 56
Volcanes 56
Movimientos sísmicos. 58
Movimiento epirogénicos 59
Movimientos orogénicos o estructurales 59
La morfogénesis del planeta. 62
Prácticas sobre la morfología local 67

CAPITULO IV

HIDROSFERA

Masa acuática y tierras emergidas 69
Océanos y mares 69
Configuración submarina 71
Propiedades del agua del mar. 72
Movimiento del mar. 73
Gráficas de distribución de tierras y mares. 75
Aguas continentales 76
Fuentes 77
Lagos 77
Los glaciares 78
El agua potable problema del hombre actual 78

CAPITULO V

ATMOSFERA

Composición de la atmósfera 81
Presión atmosférica 82

Pág.

Los vientos y sus clases 85
Ciclones y anticiclones 87
Temperatura atmosférica y líneas isotermas 89
Precipitaciones atmosféricas 91
Distribución geográfica de las lluvias y líneas isoyetas 91
Meteoros 93
Clima y tipos de climas. 93
Climas cálidos. 93
Clima ecuatorial. 94
Clima tropical. 95
Clima desértico 96
Clima monzónico 98
Climas templados 100
Clima oceánico 100
Clima continental 101
Clima mediterráneo o subtropical 103
La modalidad de clima de montaña o alpino 104
Climas fríos. 105
Prácticas en la atmósfera o clima local 105

CAPITULO VI

BIOSFERA Y GEOGRAFIA DE LA POBLACION

Biogeografía o Geografía biológica 107
La Fitogrografía y el medio geográfico 107
Zoogeografía y medio geográfico. 108
La Antropogeografía y el medio geográfico 109
El hábitat de las comunidades humanas. 110
El paisaje humanizado de nuestra civilización 110
El ecumene. 111
Geografía de la población y su progresivo aumento 111
Grandes naciones y grandes ciudades 115
Razas humanas y su expansión 116
Principales lenguas habladas en el mundo. 117
Población y religión 118
Población y óptimo de vida 119
Natalidad y mortalidad: gráfica de crecimiento 120
Composición de una población y pirámide de edades 122

CAPITULO VII

GEOGRAFIA DE LAS FORMAS ECONOMICAS

El hombre busca su bienestar 125
Principales productos suministrados por el reino vegetal 126
La ganadería 128
Principales productos del reino mineral 129
Diversas formas de actividad o trabajo del hombre 131

Pág.

Países subdesarrollados o del tercer mundo 133
Industrialización y clases de industria. 135
Dos formas distintas de concebir la economía 137
Economía de libre empresa en los Estados capitalistas. 138
Economía dirigida de los Estados comunistas. 141
Progresiva socialización de la economía liberal 143
Formas de paliar la crisis en la economía de mercado. 143
Patrón oro y problemas monetarios. 144

CAPITULO VIII
GEOGRAFIA AGRARIA O AGROPECUARIA

Adaptación al medio geográfico y progresos técnicos 153
Agricultura mediterránea 157
Agricultura del N. O. de Europa o de climas oceánicos 160
La agricultura en los países nuevos. 162
La agricultura de Asia monzónica 167
Agricultura de los climas ecuatoriales y tropicales 169
Caso especial de la agricultura de los oasis en los desiertos . . . 172
La vida pesquera 174

CAPITULO IX
GEOGRAFIA DE LA INDUSTRIA Y DE LAS COMUNICACIONES

De la industria doméstica y artesanal a la industria fabril 177
La precoz industrialización inglesa del siglo XVIII. 190
Expansión industrial en el siglo XIX 181
Problemas de la industrialización mundial en el siglo XX 183
Panorámica del mundo actual. 187
Medios de comunicación y transporte. 190
Transportes por tierra, mar y aire 191
Evolución de las vías de comunicación 182
Industria y comunicaciones 193

CAPITULO X
GEOGRAFIA POLITICA Y POLIS

Nación y Estado. 195
Elementos constitutivos del Estado 196
Geografía política: Fronteras y comunicaciones del Estado. . . . 196
Colonias, protectorados y fideicomisos 197
Polis o ciudad. 197
La forma de las ciudades 199
Problemas derivados de la vida en ciudades 203
Convivencia universal y organización internacional. 203

BIBLIOGRAFIA 209